Maike Finnern
Markus Holm
Marcus Löffler

Besser in

Mathematik

8. Klasse

Gymnasium

Cornelsen
SCRIPTOR

Über die Autoren:

Maike Finnern unterrichtet Mathematik an einer Realschule.
Markus Holm arbeitet freischaffend als Autor und Redakteur für Mathematik- und Informatikbücher und hat sich auf Schul- und Lernbücher spezialisiert.
Marcus Löffler unterrichtet Mathematik und Geschichte an einem Gymnasium.

Bibliografische Information der Deutschen Nationalbibliothek
Die Deutsche Nationalbibliothek verzeichnet diese Publikation in der Deutschen Nationalbibliografie; detaillierte bibliografische Daten sind im Internet über http://dnb.d-nb.de abrufbar.

2. Auflage

Bibliographisches Institut GmbH, Mecklenburgische Straße 53, 14197 Berlin

Redaktionelle Leitung: Constanze Schöder
Redaktion: Dr. Angelika Fallert-Müller
Illustrationen: R. J. Fischer, Lennart Fischer, Berlin; Matthias Böcking, Bochum
Herstellung: Annette Scheerer
Layoutkonzept: Horst Bachmann, Weinheim
Umschlaggestaltung: glas AG, Seeheim-Jugenheim
Satz/Layout: Dagmar Lemme, Berlin
Druck und Bindung: Heenemann GmbH & Co. KG, Bessemerstraße 83–91, 12103 Berlin
Printed in Germany

ISBN 978-3-411-87085-1

Liebe Schülerin, lieber Schüler,

dieser Band der Reihe „Besser in Mathematik“ hilft dir, deine Kenntnisse im Fach Mathematik zu verbessern. Du kannst gezielt Stoff nachholen und wiederholen, um sicherer zu werden!
Zu allen Bereichen des Mathematikunterrichts werden kleine Aufgaben angeboten, mit denen du selbstständig arbeiten kannst.
Die Schwerpunkte sind:

- ▷ Definitionen und Regeln kennen und anwenden,
- ▷ Aufgaben strukturieren und strategisch bearbeiten,
- ▷ Diagramme und Formeln erstellen und interpretieren,
- ▷ Zusammenhänge begründen und überprüfen.

Die Texte und die Aufgaben in diesem Buch sind so ausgewählt und zusammengestellt, dass dir die Bearbeitung möglichst leichtfällt.

TIPPS UND INFOS **Zum Arbeiten mit diesem Buch**

- ▶ Lege dir ein **eigenes Arbeitsheft** zu, in das du schreibst.
- ▶ Bist du dir beim Lösen der Übungsaufgaben nicht ganz sicher, sieh dir die Beispiele noch einmal genau an.
- ▶ Vergleiche deine Ergebnisse mit dem Lösungsheft.
  Überprüfe bei Fehlern immer genau, was du falsch gemacht hast. Korrigiere deine Fehler.
- ▶ Am Ende eines jeden Kapitels kannst du in einem kleinen Test überprüfen, ob du den Stoff nun beherrschst. Wenn nicht, bearbeite die entsprechenden Aufgaben in einigen Tagen noch einmal.

Viel Spaß und Erfolg beim Lernen!

1 Terme und Gleichungen

WAS DU SCHON KÖNNEN MUSST

▷ Die Begriffe Summe, Differenz, Produkt, Faktor und Potenz kennen

DAS MUSST DU WISSEN – Terme und Variable

- **Terme** sind Rechenvorschriften, in denen die Rechengesetze der Addition, der Subtraktion, der Multiplikation und der Division gelten und den Vorrang von Rechenoperationen regeln.
- Eine **Variable** steht stellvertretend für eine noch unbekannte Zahl und wird mit Buchstaben (oft: *a*, *b*, *c*, *x*, *y*, *z*) bezeichnet.

1.1 Terme mit mehreren Variablen

DARUM GEHT ES

Terme vereinfachen und gleichartige Terme erkennen

DAS MUSST DU WISSEN – Summen und Differenzen

In Summen und Differenzen fasst man **gleichartige Terme** zusammen. Beispiele:

a)

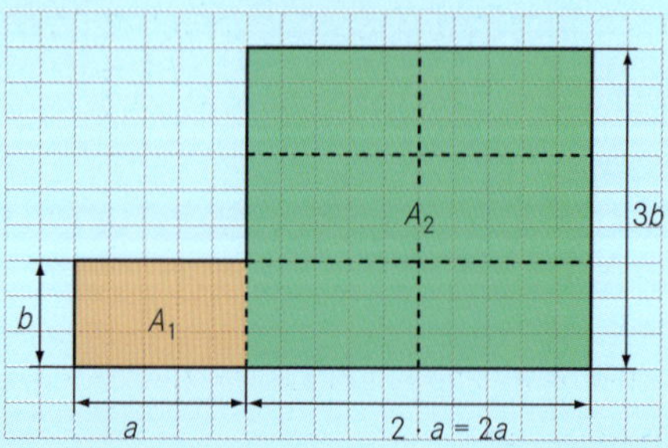

$A_1 = a \cdot b$

$A_2 = 2a \cdot 3b = 6ab$

$A_G = A_1 + A_2 = ab + 6ab$

$= 7ab$

b)

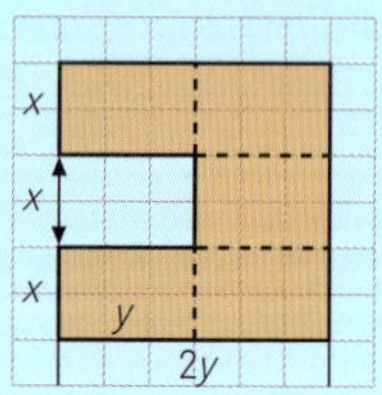

$A = 3x \cdot 2y - x \cdot y$

$= 6xy - xy$

$= 5xy$

Terme sind gleichartig, wenn sie gleiche Teilprodukte (hier: *ab* bzw. *xy*) aufweisen. Beim Addieren (Subtrahieren) von gleichartigen Termen addierst (subtrahierst) du die entsprechenden Zahlen.

Tipp: Übersichtlicher wird es, wenn du bei gleichartigen Termen das Malzeichen weglässt.

Beispiel: Vereinfache den Term $3 \cdot a + 3 \cdot a \cdot b + 2 \cdot b - 4 \cdot a - 2 \cdot a \cdot b$

$3a + 3ab + 2b - 4a - 2ab$	(Malzeichen weggelassen)
$= 3a - 4a + 3ab - 2ab + 2b$	(Teilterme vertauscht)
$= (3-4)a + (3-2)ab + 2b$	(Teilterme zusammengefasst)
$= -1a + 1ab + 2b$	
$= -a + ab + 2b$	(1 kann weggelassen werden)

DAS MUSST DU WISSEN – Produkte

In Produkten fasst man gleiche Faktoren zu Potenzen zusammen.

Beispiel 1: Der nebenstehende Quader hat die Seitenlängen x, $2x$ und $3x$. Der Term zur Berechnung des Volumens (Breite · Länge · Höhe) ist

$V = x \cdot 2x \cdot 3x$.

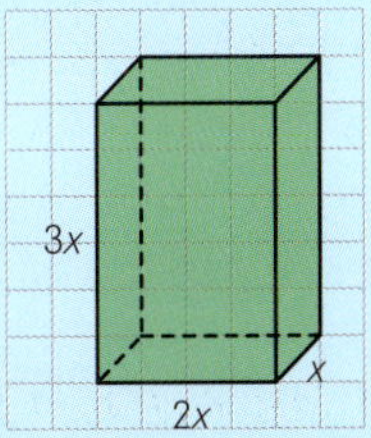

Die Umformung ergibt:

$V = x \cdot 2x \cdot 3x$	(Vertauschen/Kommutativgesetz)
$= 2 \cdot 3 \cdot x \cdot x \cdot x$	(Zahlen miteinander multiplizieren, Variablen zur Potenz zusammenfassen)
$= 6x^3$	

Beispiel 2: Die Oberfläche des Quaders besteht aus sechs Flächen, wobei jeweils zwei Flächen doppelt auftreten.

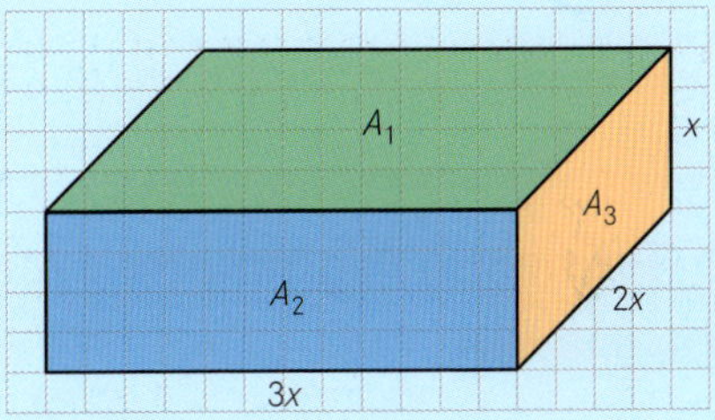

$A_1 = 3x \cdot 2x = 6x^2$

$A_2 = 3x \cdot x = 3x^2$

$A_3 = 2x \cdot x = 2x^2$

$A_G = 2 \cdot A_1 + 2 \cdot A_2 + 2 \cdot A_3$

$= 2 \cdot 6x^2 + 2 \cdot 3x^2 + 2 \cdot 2x^2$

$= 12x^2 + 6x^2 + 4x^2$

$= 22x^2$

Das Ergebnis zeigt Dir, dass sich die Oberfläche aus genau 22 Quadraten mit der Seitenlänge x und somit der Fläche x^2 zusammensetzt.

1 Fasse die Terme zusammen.

a) $2xy + 7ab + 3ab + 10xy$
b) $3a + 7b - 2a - 11b$
c) $3a^2b + a + 7a^3b + 3a$
d) $13ab^2 - 11ab^2 + 10b - 11b$

2 Vereinfache die Produktterme.

a) $3x \cdot 5y$
b) $2x \cdot 3x \cdot 0{,}5x$
c) $4x \cdot x \cdot 3y$
d) $(-2)x \cdot 7x$

3 **Vereinfache und fasse zusammen.**

a) $a \cdot 3b + 7ab + 2b \cdot 3b + 4b^2$

b) $-a \cdot 2a + b \cdot 2b + a \cdot 3a - b \cdot 3b$

c) $4xy - 12x + 6xy - 12y - 8$

d) $2(a + b) - 3(e - f) - 3(a + b) + 4(e - f)$

4 **Terme**

a) Stelle einen möglichst einfachen Term für das Volumen des nebenstehenden Körpers auf.

b) Stelle einen möglichst einfachen Term für die Oberfläche des nebenstehenden Körpers auf.

c) Wie oft passt ein Würfel mit dem Volumen a^3 in den Körper?

d) Welche Größe hat die Oberfläche für $a = 2\,\text{cm}$?

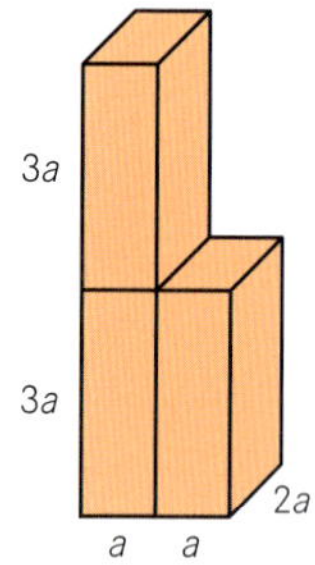

5 **Gib den Umfang U in Abhängigkeit von c und d an.**

a)

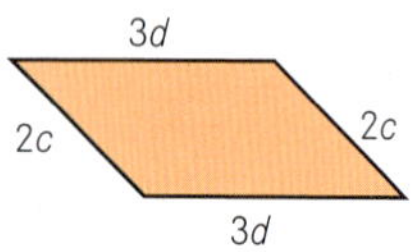

b)

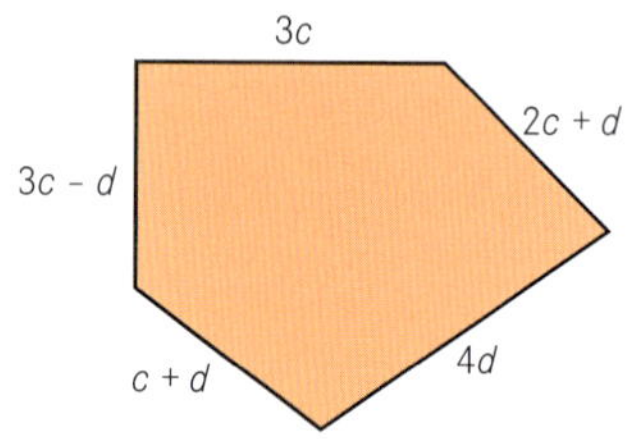

1.2 Terme mit Klammern – Ausmultiplizieren und Ausklammern

DARUM GEHT ES

- ▷ Klammern auflösen
- ▷ Terme miteinander multiplizieren, binomische Formeln anwenden
- ▷ Terme in Produkte umwandeln

DAS MUSST DU WISSEN | **Summen mit einem Faktor multiplizieren**

Ein Faktor wird mit einer Summe multipliziert, indem man den Faktor mit jedem Summanden in der Klammer multipliziert (Distributivgesetz).

Beispiel: $x \cdot (y + 5 + x) = xy + 5x + x^2$

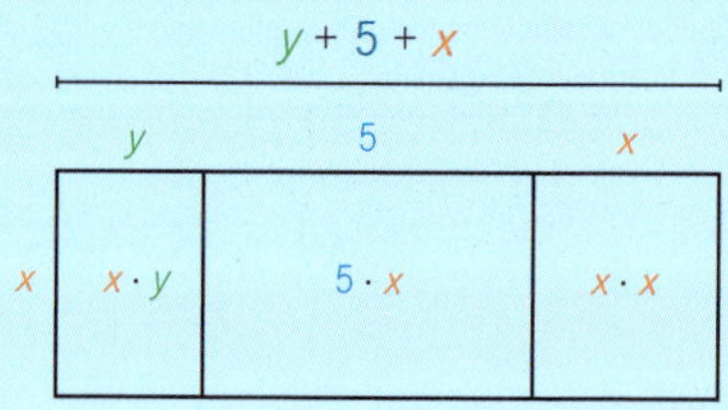

BEISPIEL **Klammern ausmultiplizieren**

▷ Eine Zahl x wird mit einer weiteren, um drei vergrößerten Zahl y multipliziert. Der Term dafür lautet: $x \cdot (y + 3)$. Das Distributivgesetz wendest du folgendermaßen an: $x \cdot (y + 3) = x \cdot y + x \cdot 3 = xy + 3x$.

▷ Bei einer „Minusklammer“ multiplizierst du ebenfalls aus, dabei entspricht das Minuszeichen „-“ dem Faktor „- 1“.
- Der Term $x \cdot (-y - 1)$ wird durch Ausmultiplizieren zu $x \cdot (-y) + x \cdot (-1) = -xy - x$.
- $x - (y + 3) = x + (-1) \cdot (y + 3) = x + (-1 \cdot y) + (-1 \cdot 3) = x - y - 3$.

▷ An den Tankstellen I, II und III werden an einem Tag die Gesamtmengen A, B und C an Gas getankt. Der Preis für ein Kilogramm Gas variiert täglich und wird deswegen mit x bezeichnet.
Der Term $Ax + Bx + Cx$ beschreibt die Einnahmen eines Tages für den Verkauf von Gas aller Tankstellen zusammen.
Der Faktor x (Preis für 1 kg Gas) tritt in jedem der drei Produkte auf. Deswegen kannst du das x ausklammern und die Faktoren A, B, C addieren: $(A + B + C) \cdot x$.
In der Klammer steht nun die Summe der Gasmengen. Das Produkt liefert dir den Gesamtpreis.

Tipp: Steht vor dem gemeinsamen Faktor kein weiterer Wert, dann denke dir eine 1.

1 **Löse die Klammern auf und verwandle in eine Summe.**

a) $3 \cdot (x + y)$ b) $7x \cdot (6 + 2y)$ c) $-2 \cdot (u + v)$
d) $5 \cdot (11 - y)$ e) $x \cdot (-y + 13)$ f) $uv \cdot (u + v)$

2 **Schreibe als Produkt.**

a) $8x + ax$ b) $9r^2 + 9s^2$ c) $y + 13y + by$
d) $11u - uv$ e) $3xy + c \cdot xy$ f) $7xy - 14xs + 49ax$

3 **Gib den Oberflächeninhalt des Quaders in Abhängigkeit von *a* und *b* an. Vereinfache den Term so weit wie möglich.**

a)
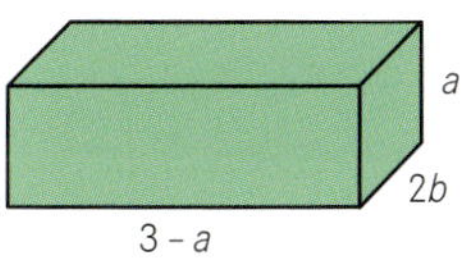

b)
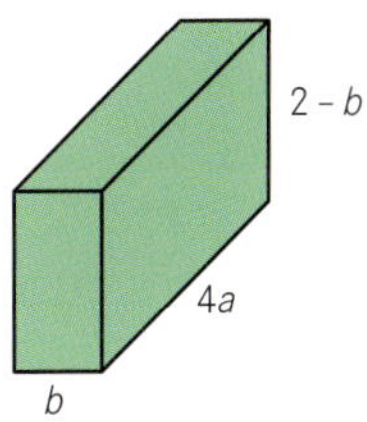

1.3 Produkte von Summen – binomische Formeln

DARUM GEHT ES

Wie in den beiden vorhergehenden Kapiteln geht es bei Produkten von Summen um die Vereinfachung oder Umformung von Termen. Du wirst erfahren, wie du solche Terme umwandeln kannst. Für spezielle Produkte von Summen lernst du Regeln kennen, um Terme schneller umformen zu können.

DAS MUSST DU WISSEN – **Summen miteinander multiplizieren**

Zwei Summen werden miteinander multipliziert, indem man jeden Summanden der einen Summe mit jedem Summanden der anderen Summe multipliziert.

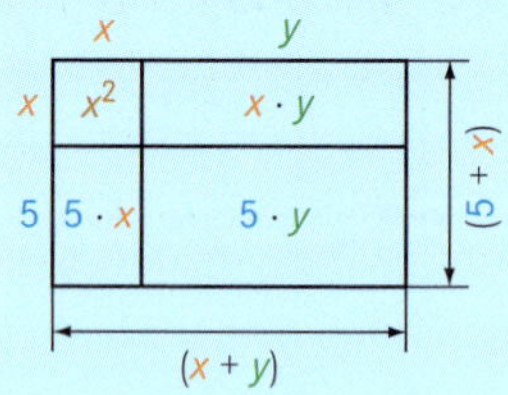

Beispiel a:

$(x + 5) \cdot (x + y) = x^2 + xy + 5x + 5y$

Beispiel b: Eine um zwei vergrößerte Zahl wird mit einer weiteren, um 5 vergrößerten Zahl multipliziert. Der Term hierfür lautet: $(x + 2) \cdot (y + 5)$. Du wendest nun zweimal das Distributivgesetz an. Multipliziere die zweite Klammer zunächst mit der Variablen x. Du erhältst dadurch den Term $x \cdot y + x \cdot 5$. Nun multiplizierst du den zweiten Term mit der Zahl 2 und erhältst den Term $2 \cdot y + 2 \cdot 5$. Anschließend addierst du beide Terme und vereinfachst diese:
$x \cdot y + x \cdot 5 + 2 \cdot y + 2 \cdot 5 = xy + 5x + 2y + 10$.

DAS MUSST DU WISSEN – **Binomische Formeln**

1. binomische Formel: $(a + b)^2 = (a + b) \cdot (a + b) = a^2 + 2ab + b^2$
2. binomische Formel: $(a - b)^2 = (a - b) \cdot (a - b) = a^2 - 2ab + b^2$
3. binomische Formel: $(a + b) \cdot (a - b) = a^2 - b^2$

Die binomischen Formeln sind Spezialfälle der Multiplikation zweier Summen.

Beispiel a:

$(x + 2)^2 = x^2 + 2 \cdot 2x + 2^2 = x^2 + 4x + 4$ — 1. binomische Formel

$(2u - v)^2 = (2u)^2 - 2 \cdot 2uv + v^2 = 2^2u^2 - 4uv + v^2$
$= 4u^2 - 4uv + v^2$ — 2. binomische Formel

$(3t + 7)(3t - 7) = (3t)^2 - 7^2 = 9t^2 - 49$ — 3. binomische Formel

Beispiel b: Die binomischen Formeln kannst du auch verwenden, um Summen in Produkte zu verwandeln.

$u^2 + 12x + 36 = u^2 + 2 \cdot 6x + 6^2 = (u + 6)^2$ — 1. binomische Formel (rückwärts)

$9y^2 - 121 = (3y)^2 - 11^2 = (3y + 11)(3y - 11)$ — 3. binomische Formel (rückwärts)

1 **Wende die binomischen Formeln an.**

a) $(x+y)^2$ b) $(5u+v)^2$ c) $(xy+8)^2$ d) $(x-9)^2$
e) $(4a-b)^2$ f) $(-s+k)^2$ g) $(x+y)(x-y)$ h) $(4u+12)(4u-12)$

2 **Verwandle die Terme mithilfe der binomischen Formeln in ein Produkt.**

a) $y^2+50y+625$ b) $x^2-12x+36$ c) $4-v^2$
d) $a^2b^2-2ab+1$ e) $196u^2-1$ f) $72by+81b^2+16y^2$

3 **Gib den Umfang *U* und den Flächeninhalt *A* durch die gegebenen Variablen an.**

a) 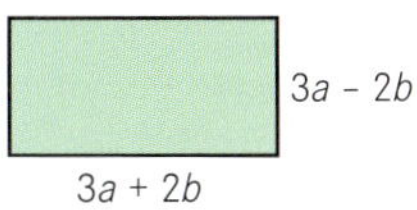

b) 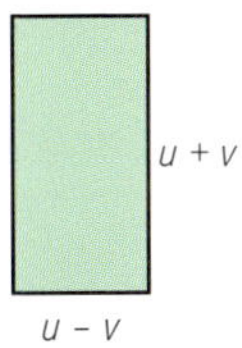

c) 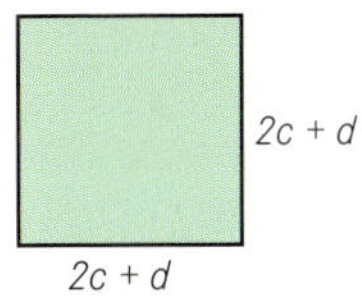

1.4 Gleichungen

DARUM GEHT ES

Gleichungen mit einer Variablen durch Termumformungen bzw. äquivalente Umformungen lösen

Was ist eine Gleichung?

Verbindet man einen Term mit einer Zahl, einer Variablen oder einem anderen Term durch das Gleichheitszeichen „=“, so spricht man von einer **Gleichung.**

Beispiel: Eine einfache Gleichung ergibt sich aus dem Term $2x+4$ und der Zahl 8. Die Gleichung lautet dementsprechend $2x+4=8$.

Bei einer Gleichung wird der Wert für die Variable gesucht, sodass die Gleichung auf beiden Seiten den gleichen Wert annimmt. In unserem Beispiel muss die Variable x den Wert 2 annehmen: $2 \cdot 2+4=8$, $x=2$ oder $L=\{2\}$ nennt man **Lösung** einer Gleichung.

Äquivalenzumformungen

Äquivalenzumformungen verändern nicht die Lösungsmenge einer Gleichung.

Beispiel a: Die Gleichung $2x+4=10+x$ kann man durch beidseitiges Addieren und Subtrahieren äquivalent umformen, bis die Variable x allein steht:

$$\begin{aligned} 2x+4 &= 10+x && \mid -x \\ 2x-x+4 &= 10+x-x \\ x+4 &= 10 && \mid -4 \\ x+4-4 &= 10-4 \\ x &= 6 \end{aligned}$$

Die Lösungsmenge der Gleichung ist $L=\{6\}$.

Zur Kontrolle ist es sinnvoll, eine **Probe** durchzuführen, das heißt, du setzt die Lösung in die Ausgangsgleichung ein. Die linke Seite der Gleichung ergibt dann $2 \cdot 6 + 4 = 16$. Die rechte Seite ergibt $10 + 6 = 16$. Beide Seiten stimmen überein, also stimmt die Lösung.

Beispiel b: Die Gleichung $\frac{4}{x} = 2$; $x \neq 0$ kann man durch beidseitiges Multiplizieren und Dividieren umformen, bis die Variable x allein steht:

$$\frac{4}{x} = 2 \quad | \cdot x$$
$$\frac{4 \cdot x}{x} = 2x \quad | : 2$$
$$4 = 2x \quad | : 2$$
$$2 = x$$

Die Lösungsmenge der Gleichung ist $L = \{2\}$.

Beispiel c:

$$7(x + 2{,}5) = 4x + 13$$
$$7x + 17{,}5 = 4x + 13 \quad | - 4x$$
$$3x + 17{,}5 = 13 \quad | - 17{,}5$$
$$3x = -4{,}5 \quad | : 3$$
$$x = -1{,}5$$

Probe: $7 = 7$

Die Lösungsmenge der Gleichung ist $L = \{-1{,}5\}$.

DAS MUSST DU WISSEN **Besondere Gleichungen**

Beispiel a: Die Gleichung $x(x + 4) = 0$ besitzt die Faktoren x und $x + 4$. Die Gleichung ist erfüllt, wenn $x = 0$ oder $x + 4 = 0$ ist:

$$x + 4 = 0 \quad | - 4$$
$$x = -4$$

Die Lösungsmenge der Gleichung ist $L = \{-4; 0\}$.

Beispiel b: Die Gleichung $(x - 2)(x + 4) = 0$ besitzt die Faktoren $x - 2$ und $x + 4$. Die Gleichung ist erfüllt, wenn $x - 2 = 0$ oder $x + 4 = 0$ ist:

$$x - 2 = 0 \quad | + 2 \qquad\qquad x + 4 = 0 \quad | - 4$$
$$x = 2 \qquad\qquad x = -4$$

Die Lösungsmenge der Gleichung ist $L = \{-4; 2\}$.

1 **Bestimme die Lösungsmenge der Gleichung.**

a) $12x + 7 = 31$ b) $9x - 2 = 4x + 13$ c) $2(3x + 9) = -3$

d) $\frac{3}{x} + 2 = \frac{15}{x}$ e) $5(9 - 11y) = -40y$ f) $x(4x - 6) = (2x - 2)^2$

2 **Bestimme die Lösungen der Gleichung.**

a) $x(x + 3) = 0$ b) $3(x - 3)(x + 4) = 0$

c) $x^2 + 4x + 4 = 0$ d) $x^2 - 81 = 0$

3 Preissenkung
Im Schlussverkauf wird der Preis eines T-Shirts um ein Zehntel seines Preises und um weitere 2 € gegenüber dem Anfangspreis vermindert. Nun kostet es 16 €. Erkläre den Term $0{,}9t - 2 = 16$ und berechne den Ausgangspreis.

4 Das Produkt zweier gebrochener Zahlen, die sich um $\frac{2}{3}$ voneinander unterscheiden, ist Null. Welche Zahlen sind das?

Test

1 Vereinfache und fasse so weit wie möglich zusammen. |8|

a) $x \cdot x + 4x^2$
b) $ef + fe - f + 5f$
c) $3a - (7 \cdot ab + a^2) - b$
d) $yz + yx - 3xy - zy + 13xz$

2 Multipliziere und fasse zusammen. |12|

a) $(1{,}5x - 2{,}25) \cdot 4x$
b) $(-3a + c)(-1 + 2c)$
c) $(-d + 7f)^2$
d) $\left(\frac{1}{2}r + \frac{2}{3}t\right)\left(\frac{1}{2}r - \frac{2}{3}t\right)$

3 Terme zur Oberflächen- und Volumenberechnung eines Quaders |10|
Betrachte das nebenstehende Netz eines Quaders.

a) Stelle den Term zur Berechnung der Oberfläche des Netzes des Quaders auf.
b) Wie groß ist das Volumen für $x = 3$ cm. Stelle zunächst einen Term zur Berechung des Volumens auf.

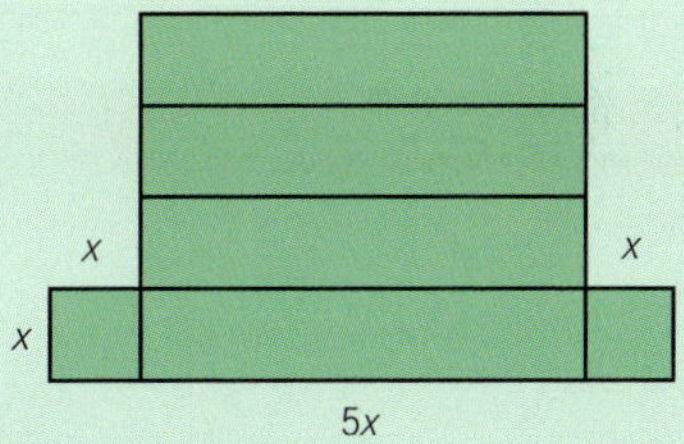

4 Löse die Gleichung und überprüfe die Lösung durch Einsetzen. |10|

a) $(x + 2)^2 = x^2 + 8$
b) $5a - 2 \cdot (a + 3) = a + 8$

5 Berechne Oberfläche und Volumen eines Quaders.
Ein Quader mit quadratischer Grundfläche hat eine Kantenlänge von 60 cm. Die Länge der Kante, welche die Grundfläche begrenzt, ist dreimal so lang wie die Höhe des Quaders. Berechne O und V dieses Quaders. |10|

||50||

Wie viele Punkte hast du? Erreichst du mehr als 39 Punkte, beherrschst du den Inhalt des Kapitels wirklich gut. Erreichst du weniger als 20 Punkte, dann solltest du dieses Kapitel wiederholen.

2 Lineare Funktionen

WAS DU SCHON KÖNNEN MUSST

- Zuordnungen mithilfe von Tabellen und Graphen darstellen
- Terme umformen und Gleichungen nach einer Variablen auflösen

DARUM GEHT ES

- Beurteilen, ob eine Zuordnung eine Funktion ist
- Erkennen, welche Veränderungen im Funktionsterm einer linearen Funktion eine Veränderung des Graphen bewirken
- Aus einer Funktionsvorschrift der Form $f\colon x \rightarrow m \cdot x + b$ eine Tabelle anlegen und den Graphen zeichnen
- Zu einem Graphen einer linearen Funktion eine Funktionsgleichung aufstellen
- Lineare Gleichungen der Form $ax + b = c$ grafisch und rechnerisch lösen

2.1 Eindeutige Zuordnungen – Funktionen

DARUM GEHT ES

In diesem Abschnitt geht es um besondere Zuordnungen, die Funktionen. Woran kannst du erkennen, ob eine Zuordnung auch eine Funktion ist?

DAS MUSST DU WISSEN Zuordnungen

Zuordnungen können durch Pfeile, Tabellen und Graphen dargestellt werden.

Beispiel a: Pfeile

Musiker → Musikrichtung

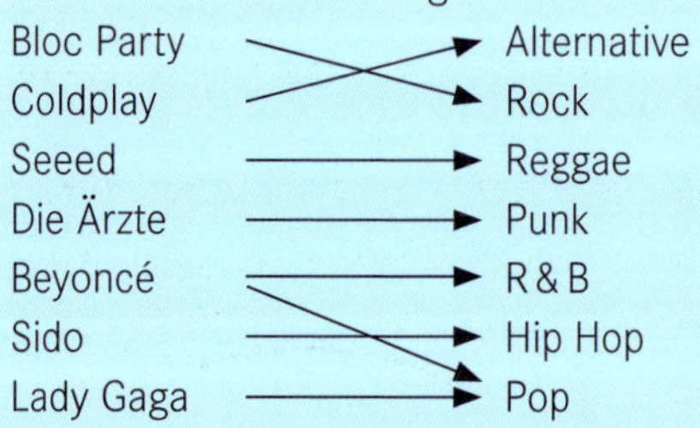

Beispiel b: Tabelle

Land → Einwohnerzahl

Land	Einwohnerzahl
China	1 231 Mio.
Indien	1 148 Mio.
USA	304 Mio.
Indonesien	226 Mio.
Brasilien	189 Mio.
Russland	142 Mio.
Deutschland	82 Mio.

In den Beispielen kannst du beobachten, dass es zu jedem Land **genau eine** Einwohnerzahl (b) gibt. In (a) siehst du, dass von einer Musikerin zwei Pfeile ausgehen.

DAS MUSST DU WISSEN **Funktionen**

Eine Zuordnung $x \rightarrow y$, die jedem Wert für x genau einen Wert für y zuordnet, heißt Funktion.

Die Zuordnung Land → Einwohnerzahl im Beispiel b ist also eine Funktion. Dagegen ist die Zuordnung Musiker → Musikrichtung im Beispiel a keine Funktion.

Beispiele:
Die blau dargestellten Graphen sind Zuordnungen der Form $x \rightarrow y$.

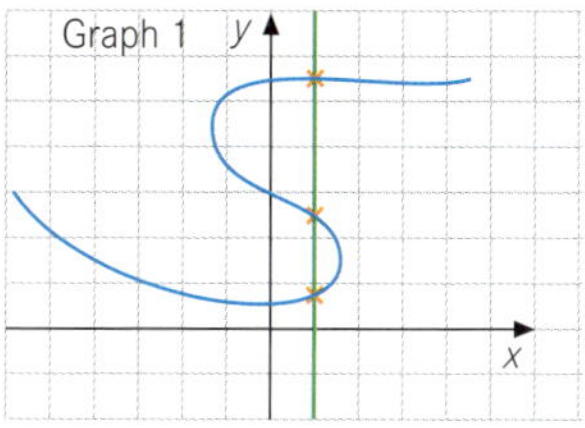

Die grüne Senkrechte schneidet den Graphen an drei Punkten. Einem x-Wert werden drei y-Werte zugeordnet.
Graph 1 ist keine Funktion.

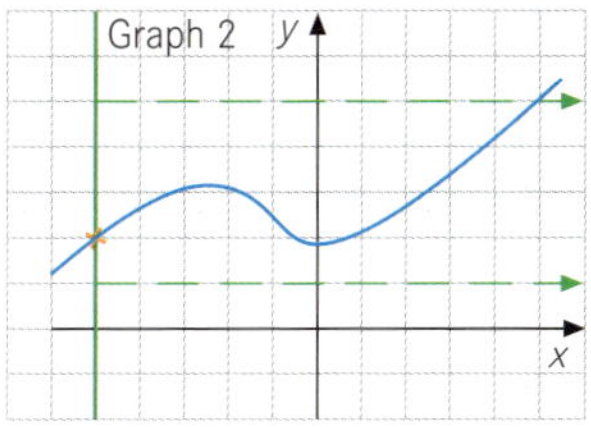

Die grüne Senkrechte schneidet den Graphen stets nur in einem Punkt. Einem x-Wert wird immer nur ein y-Wert zugeordnet.
Graph 2 ist eine Funktion.

1 In den unten aufgeführten Mengen findest du Namen und Tiere.

a) Gib mithilfe von Pfeilen eine Zuordnung Name → Lieblingstier so an, dass sie eine Funktion ist.

b) Gib mithilfe von Pfeilen eine Zuordnung Name → Lieblingstier so an, dass sie **keine** Funktion ist.

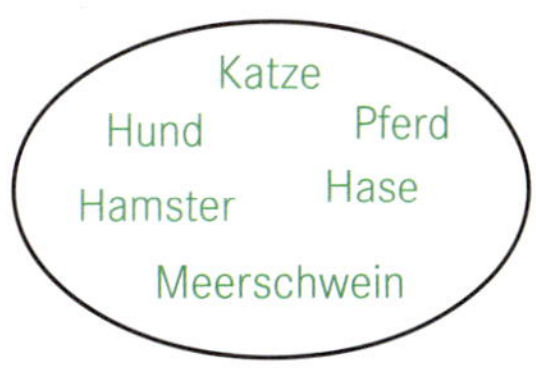

2 Entscheide, ob es sich bei den Zuordnungen um Funktionen handelt. Begründe kurz deine Entscheidung.

a) Alter → Körpergröße
b) Zahl → Quadratzahl
c) Körpergröße → Alter
d) Monate → Anzahl der Tage

3 Gib an, ob der Graph zu einer Funktion gehört oder nicht. Begründe deine Entscheidung.

a)
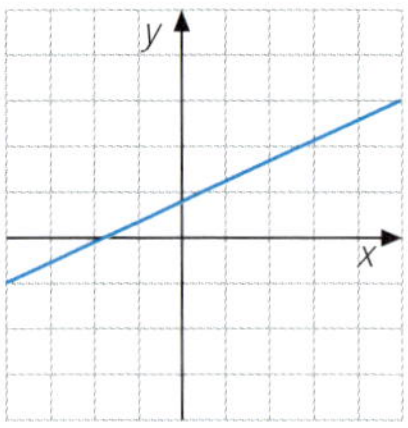

b)
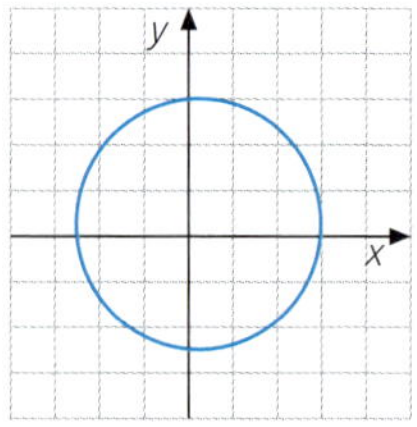

c)
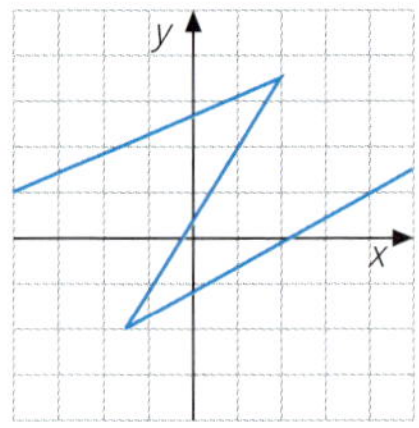

d)
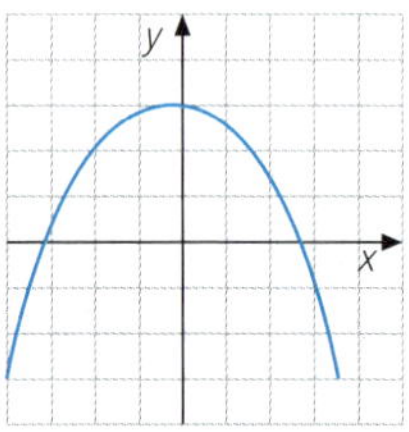

e)
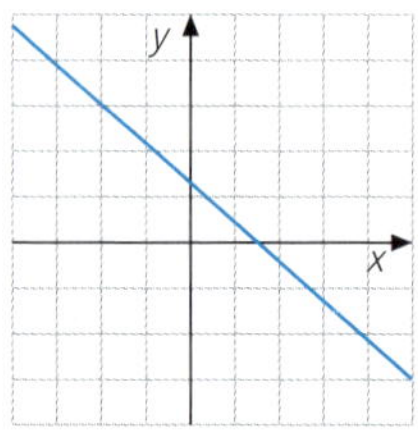

f)
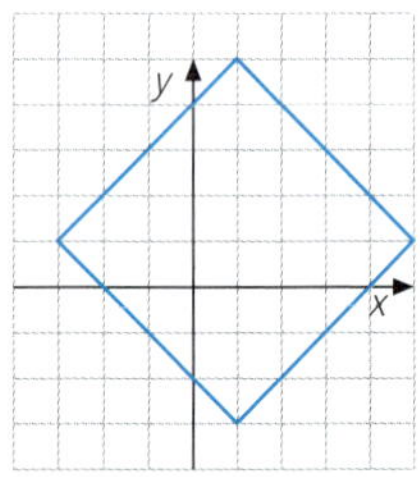

2.2 Darstellung von Funktionen durch Graph und Tabelle

BEISPIEL

Geburtstagskerze

Die Höhe einer abbrennenden, 6 cm hohen Geburtstagskerze kannst du zu unterschiedlichen Zeitpunkten messen.

Die Ergebnisse liefern dir die Funktion: Zeit → Höhe.

1. **(Werte-)Tabelle**

   Messung in Minutenabständen:

Zeit (in min)	0	1	2	3	4	5	6	7	8	9	10
Höhe (in cm)	6	5,6	5,2	4,8	4,4	4,0	3,6	3,2	2,8	2,4	2

Hier kannst du direkt die einzelnen Höhen ablesen.

2. (Funktions-)Graph

Messung in Abständen von 30 Sekunden:
Hier erkennst du, dass die Höhe der Kerze gleichmäßig abnimmt. Weil die Kerze während der ganzen Zeitspanne brennt, darfst du die Punkte zu einer Geraden verbinden. Mithilfe des Graphen kannst du auch Höhen zu anderen Zeiten ablesen.

Beispiel: 2,5 min → 5 cm

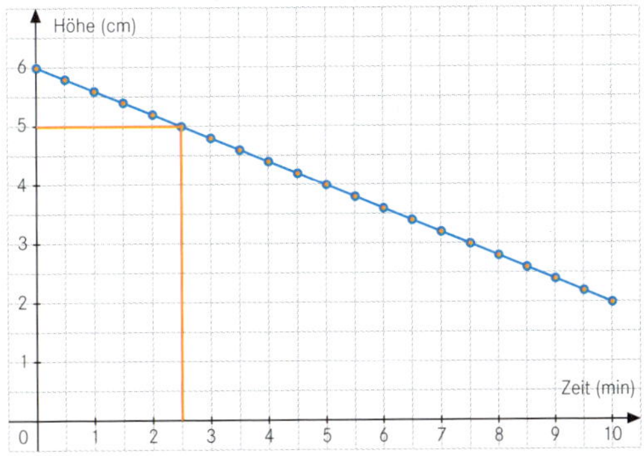

Hinweis: Der Graph einer Funktion kann auch eine Kurve sein (siehe Aufgabe 3 b), Seite 18).

Die Ergebnisse solcher Messungen kannst du als Wertepaare auffassen und in eine **Wertetabelle** eintragen. In einer Wertetabelle werden immer zwei Größen einander zugeordnet.
Die Wertepaare trägst du als Punkte in ein Koordinatensystem ein. Verbindest du die Punkte zu einer Geraden oder zu einer Kurve, erhältst du den **Funktionsgraphen** einer Funktion.

1 Ergänze die Wertetabelle.

a) Lies im Beispiel oben die entsprechenden Kerzenhöhen aus dem Graphen der Beispielaufgabe ab.

Zeit (in min)	0,5	1,5	2,5	4,5	7,5	8,5	9,5
Höhe (in cm)			5				

b) Zu welchem Zeitpunkt hat die Kerze eine Höhe von 4,6 cm?

2 Zeichne mithilfe der Wertetabelle den Graphen der Funktion.
Abbrennhöhe einer Kerze: Zeit → Höhe

Zeit (in min)	0	1	2	3	4	5	8	7	8
Höhe (in cm)	5,5	5	4,5	4	3,5	3	2,5	2	1,5

3 Vervollständige anhand des Graphen die Tabelle.

a)

x	- 6		- 2	0	2		6
y	1	0			3	4	

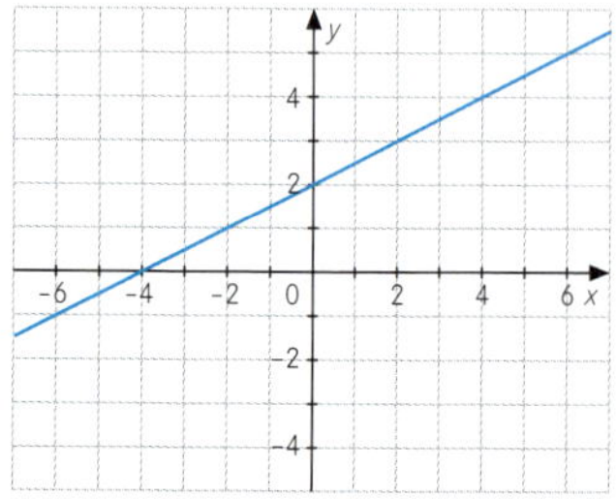

b)

x	- 6		- 2		2		6
y		0	3	4		0	- 5

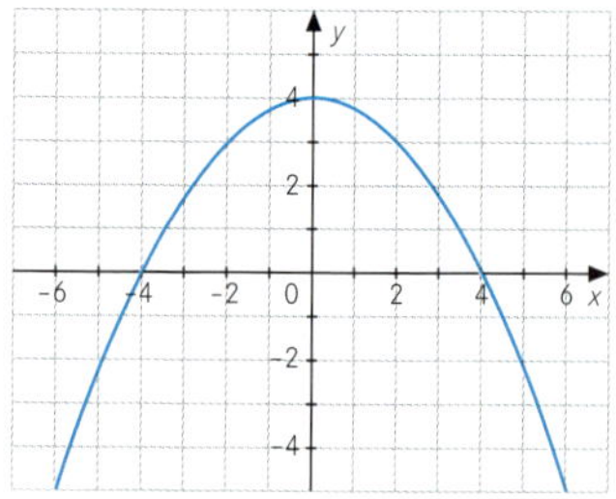

2.3 Funktionsgleichung und lineare Funktion

DARUM GEHT ES

Du hast bereits gelernt, was Funktionen sind und wie ihre Graphen aussehen können. Jetzt betrachten wir die Zuordnung bei Funktionen genauer.
Wie funktioniert eine Zuordnung und wie formuliert man eine Funktionsvorschrift? Dabei lernst du auch eine spezielle Funktion kennen, die lineare Funktion.

DAS MUSST DU WISSEN **Gleichungen**

Du hast bereits Terme mit zwei Variablen als Rechenvorschriften und Gleichungen kennengelernt.
Beispiel: Gleichung $y = x + 2$
Für x kannst du verschiedene Werte einsetzen. Du erhältst dann jeweils einen Wert für y. Die Wertepaare $(x|y)$ erfüllen die Gleichung. Die **Wertetabelle** zeigt dir ganzzahlige Wertepaare im Bereich von - 4 und 4:

x	- 4	- 3	- 2	- 1	0	1	2	3	4
$y = x + 2$	- 2	- 1	0	1	2	3	4	5	6

Aus den vorangehenden Abschnitten weißt du, dass mit dieser Tabelle eine **Funktion** $x \rightarrow y$ vorliegt.
Im Folgenden lernst du, welche Rolle die Gleichung für die Formulierung und die Darstellung einer Funktion spielt.

Zum Beispiel:

Gleichung: $y = x + 2$

Funktion: $x \rightarrow y$

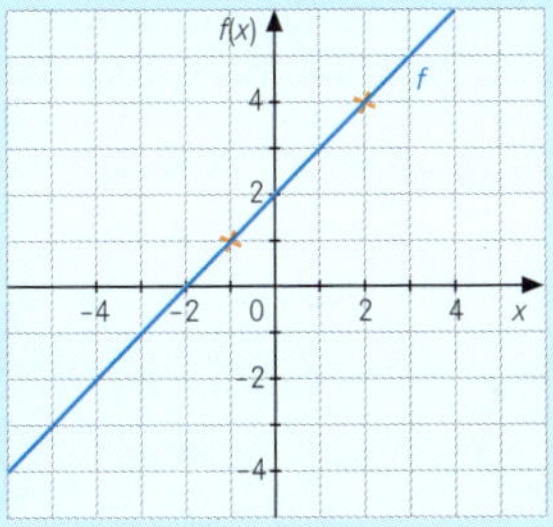

Funktionsgleichung: $f(x) = x + 2$

$f(-1) = -1 + 2 = 1$

oder

$f(2) = 2 + 2 = 4$

x	-4	-3	-2	-1	0	1	2
$f(x)$	-2	-1	0	1	2	3	4

Funktionsgleichung

Da eine Funktion f jeder Variablen x eindeutig einen Funktionswert y zuordnet, handelt es sich bei der Zuordnungsvorschrift f: $x \rightarrow y$ um eine **Funktionsvorschrift.**
Beispiel: Durch Einsetzen des Funktionsterms $x + 2$ erhältst du f: $x \rightarrow x + 2$. Diese Funktionsvorschrift kannst du auch als **Funktionsgleichung** formulieren: $f(x) = x + 2$.

	Funktionsname	
Funktionsvorschrift	$f: x \rightarrow x + 2$	Funktionsterm
Funktionsgleichung	$f(x) = x + 2$	Funktionsterm
	Funktionswert	
	„Funktionswert an der Stelle x“	

Beachte: Der Doppelpunkt in der Funktionsvorschrift f: ist kein Rechenzeichen, sondern bedeutet, dass nun festgelegt wird, wie die Zuordnung „funktioniert“.

DAS MUSST DU WISSEN **Funktionswert berechnen**

Mithilfe einer Funktionsgleichung kannst du zu jedem x-Wert den zugehörigen Funktionswert berechnen.

Beispiel: $f(x) = x + 10$

$f(3) = 3 + 10 = 13$ *„Der Funktionswert an der Stelle 3 ist gleich 13.“*

1 **Berechne die fehlenden Funktionswerte zur Funktion $f: x \rightarrow 2x$.**
Beispiel: $f(1) = 2 \cdot 1 = 2$ und $f(3) = 2 \cdot 3 = 6$

x	1	2	3	4	5	6,5	10	13
$f(x)$	2		6					

2 **Zeichne den Graphen zur Funktion $f: x \rightarrow -0{,}5x - 1$, mit $-6 \leq x \leq 4$. Vervollständige zunächst die Tabelle.**

x	-6	-5	-4	-3	-2	-1	0	1	2	3	4
$f(x)$	2					-0,5	-1	-1,5			-3

3 **Erstelle ebenso jeweils eine geeignete Tabelle und zeichne den Graphen zu den Funktionen.**

a) $f: x \rightarrow 0{,}5x$, für $-4 \leq x \leq 4$

b) $g: x \rightarrow -x + 2$, für $-4 \leq x \leq 4$

DAS MUSST DU WISSEN **Die Punktprobe**

Beispiel: Ist eine Funktion $f: x \rightarrow x + 2$ gegeben, dann kannst du überprüfen, ob zwei Punkte $P(2\,|\,3)$ und $Q(-3\,|\,-1)$ zum Graphen der Funktion gehören.
Rechnung: Setze die x-Werte in die Funktionsgleichung $f(x) = x + 2$ ein.
Punkt P: $f(2) = 2 + 2 = 4 \neq 3$. Der Funktionswert stimmt nicht mit der y-Koordinate überein. P liegt nicht auf dem Graphen von f.
Punkt Q: $f(-3) = -3 + 2 = -1 = -1$. Der Funktionswert stimmt mit der y-Koordinate überein. Q liegt auf dem Graphen von f.
Überprüfe rechnerisch, ob die Punkte $A(5\,|\,7)$ und $B(-2\,|\,1)$ zum Graphen gehören.

TIPPS UND INFOS **Fehlende Punktkoordinaten finden**

Fehlt eine Koordinate eines Punktes, dann musst du den fehlenden Wert berechnen.
Beispiel: $f(x) = x + 2$, $A(1\,|\,f(1))$, $B(x\,|\,2)$
Punkt A: $f(1) = 1 + 2 = 3$ → Punkt $A(1\,|\,3)$
Punkt B: Setze für $f(x) = 2$

$$2 = x + 2 \quad |\,-2$$
$$2 - 2 = x$$
$$0 = x$$

→ Punkt $B(0\,|\,2)$

4 **Überprüfe rechnerisch, ob die Punkte auf dem Graphen der Funktion liegen.**

a) $P(2\,|\,3)$, $Q(-4\,|\,-2)$, $f: x \rightarrow 0{,}5x$ b) $A(6\,|\,0)$, $B(-3\,|\,1)$, $g: x \rightarrow \frac{1}{3}x - 2$

5 **Ergänze die fehlenden Koordinaten, sodass die Punkte auf dem Graphen der Funktion liegen.**

a) $f: x \rightarrow x - 3$, $A(4\,|$ ___ $)$, $B(1\,|$ ___ $)$ b) $f: x \rightarrow x + 4$, $A($ ___ $|\,4)$, $B($ ___ $|\,2)$

Einige Graphen, die du bisher gezeichnet hast, sind als Geraden darstellbar. Entsprechende Funktionen dazu sind zum Beispiel: $f: x \rightarrow 2x$ oder $g: x \rightarrow x + 2$.
Solche Funktionen haben einen eigenen Namen.

DAS MUSST DU WISSEN – Lineare Funktionen

Linear heißen alle Funktionen, deren Graphen durch eine Gerade darstellbar sind.

Beispiele:

a)

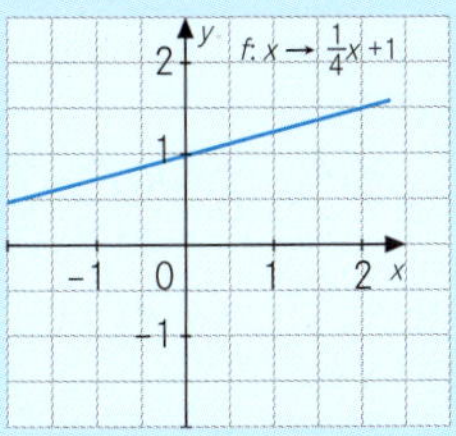

lineare Funktion

b)

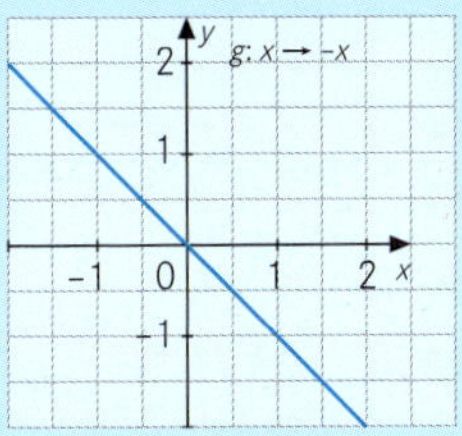

lineare Funktion

c)

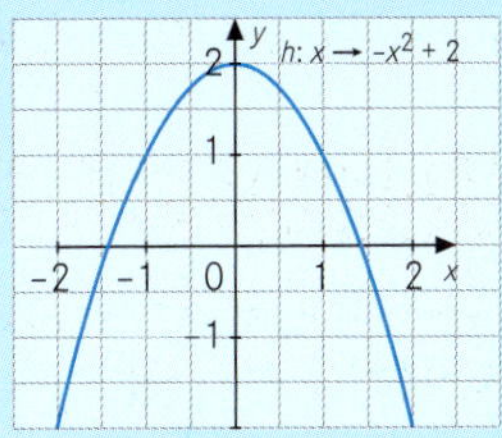

keine lineare Funktion

DAS MUSST DU WISSEN – Graphen linearer Funktionen zeichnen

Geraden sind durch zwei Punkte festgelegt. Da der Graph einer linearen Funktion eine Gerade ist, musst du nur zwei beliebige Punkte mithilfe der entsprechenden Funktionsgleichung berechnen.

Beispiel:

Funktionsvorschrift $f: x \rightarrow x - 1$

Funktionsgleichung $f(x) = x - 1$

Punkt A: $f(0) = 1 \cdot 0 - 1 = -1$ → Punkt $A(0\,|\,-1)$

Punkt B: $f(2) = 1 \cdot 2 - 1 = 1$ → Punkt $B(2\,|\,1)$

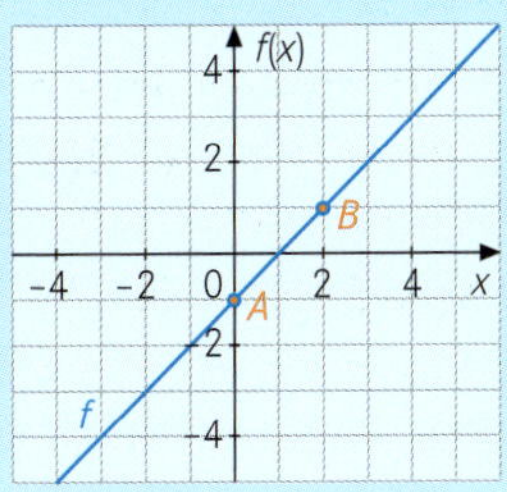

6 **Zeichne die Graphen zu folgenden Funktionen. Berechne zunächst zwei Punkte.**
Tipp: Verwende einfache x-Werte zur Berechnung der Punkte, wie z. B. $A(0\,|\,...)$, $B(1\,|\,...)$.

a) $f: x \rightarrow -x$ b) $g: x \rightarrow 0{,}5x$ c) $h: x \rightarrow 0{,}5x + 3$
d) $k: x \rightarrow 0 \cdot x + 1$ e) $m: x \rightarrow 0 \cdot x - 3$

DAS MUSST DU WISSEN — **Terme und Gleichungen linearer Funktionen**

Funktionsterme linearer Funktionen
Die Funktionsterme linearer Funktionen haben eine gemeinsame Form.
Beispiele:
$f: x \rightarrow 1 \cdot x + 2$ $g: x \rightarrow 0 \cdot x + 1$
$h: x \rightarrow -1 \cdot x + 3$ $k: x \rightarrow 2 \cdot x + 0$
$l: x \rightarrow 3 \cdot x + (-2)$
Im Term ändern sich jeweils der Faktor vor der Variablen x und der addierte Wert danach.

Funktionsgleichungen linearer Funktionen
Die Funktionsgleichung einer linearen Funktion hat die Form
$f(x) = m \cdot x + b$.
Ist $m = 1$ bzw. $m = -1$, schreibt man kurz
$f(x) = x + b$ bzw. $f(x) = -x + b$.
Beispiel: $f(x) = x + 2$; $g(x) = -x + 1$

Sonderfälle linearer Funktionen

Proportionale Funktionen
Beispiele:
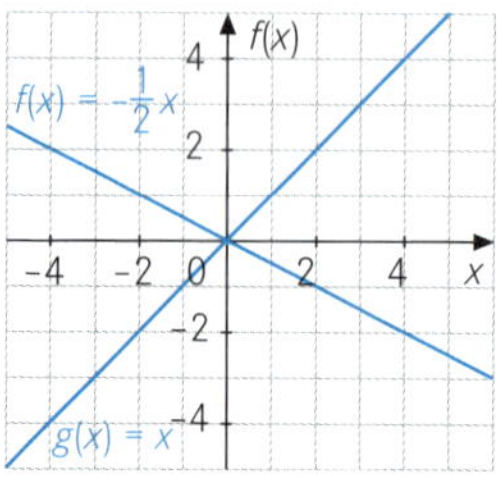

Allgemeine Form:
$b = 0$: $f(x) = m \cdot x$

Parallelen zur x-Achse
Beispiele:
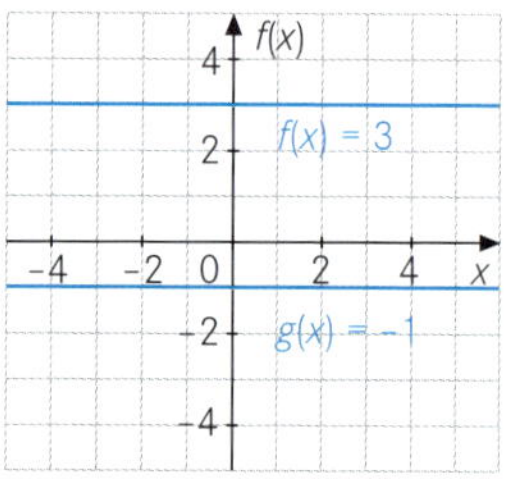

Allgemeine Form:
$m = 0$: $f(x) = b$

7 **Markiere den Funktionsterm proportionaler Funktionen grün und paralleler Geraden rot.**

a) $f(x) = 3x + 1$ b) $f(x) = 3x$ c) $f(x) = -2x$ d) $f(x) = 5$
e) $f(x) = -3{,}7$ f) $f(x) = x - 1$ g) $f(x) = -x$

8 **Zeichne, ohne Punkte zu berechnen, die Graphen der Funktionen.**

a) $f(x) = 1$ b) $g(x) = -3$ c) $k(x) = 1{,}5$

2.4 Merkmale linearer Funktionen

DARUM GEHT ES

Ausgehend von der Funktionsgleichung $f(x) = x$ der Ursprungsgeraden beschäftigst du dich in diesem Kapitel mit den linearen Funktionen der Form $f\colon x \rightarrow m \cdot x + b$. Wie verändert sich der Graph der Funktion, wenn du bestimmte Änderungen am Funktionsterm vornimmst?

Merke: Der Graph zur proportionalen Funktion $f\colon x \rightarrow x$ ist die **Ursprungsgerade.**

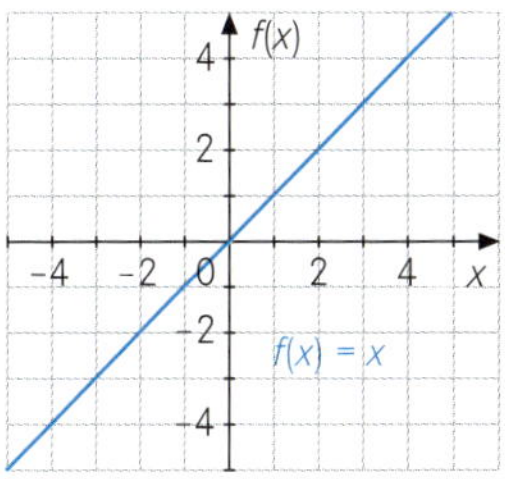

Aus dem vorangehenden Abschnitt weißt du, dass eine lineare Funktion die allgemeine Form $f(x) = m \cdot x + b$ hat. Schau dir in den folgenden Übungen an, welche Veränderung der Faktor m bei der Ursprungsgeraden bewirkt.

1 **Zeichne den Graphen der Funktionen $f\colon x \rightarrow \frac{1}{2}x$ und $g\colon x \rightarrow 2x$, für $-4 \leq x \leq 4$. Lege eine Tabelle an.**

x	-4	-3	-2	-1	0	1	2	3	4
$f(x)$	-2				0				2
$g(x)$	-8				0				8

2 **Zeichne den Graphen zur Funktion $f\colon x \rightarrow -x$.**

3 **Zeichne ebenso den Graphen der Funktionen $f\colon x \rightarrow -\frac{1}{2}x$ und $g\colon x \rightarrow -2x$, für $-4 \leq x \leq 4$.**

Steigung der Geraden

In den vorangegangenen Übungen hast du gelernt, dass der Faktor m in der allgemeinen Funktionsgleichung $f(x) = m \cdot x + b$ die Steigung des Graphen angibt.

Beispiele:

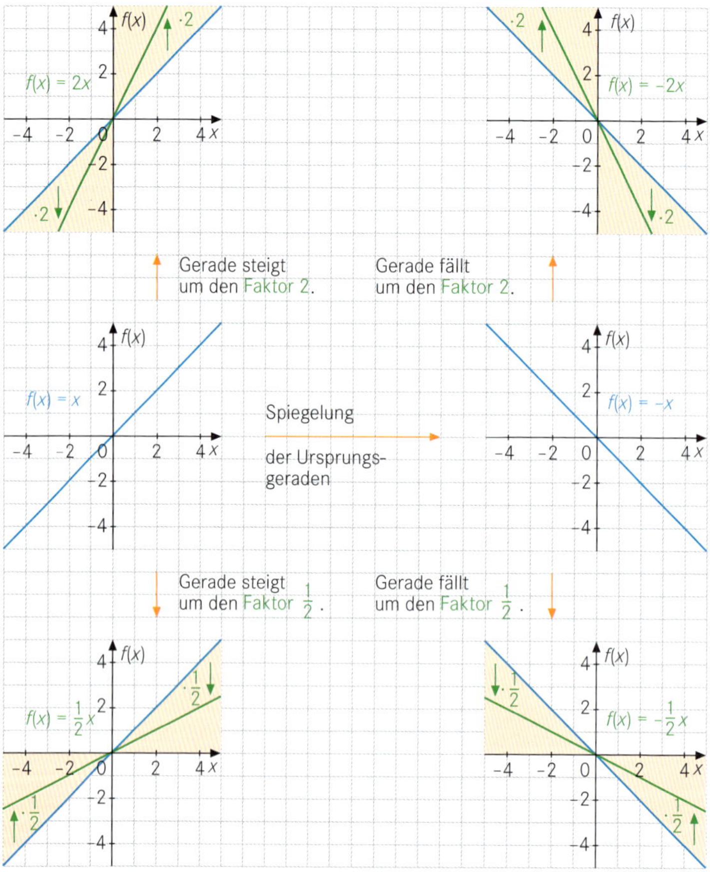

DAS MUSST DU WISSEN | **Die Steigung**

$f(x) = m \cdot x$

↑ Gerade steigt um den Faktor m (positive Steigung)

$f(x) = x$

↓ Gerade fällt um den Faktor m (negative Steigung)

$f(x) = -m \cdot x$

→ ***m* ist die „Steigung" einer Geraden**

4 **Steigung: Zeichne den Graphen der Funktionen $f: x \rightarrow x + 2$ und $g: x \rightarrow x - 2$, für $-4 \leq x \leq 4$. Lege eine Tabelle an.**

x	-4	-3	-2	-1	0	1	2	3	4
$f(x)$	-2				2				6
$g(x)$	-6				-2				2

Verschiebung der Ursprungsgeraden

Betrachte nun, wie sich das b der allgemeinen Funktionsgleichung $f(x) = m \cdot x + b$ auf die Ursprungsgerade auswirkt.

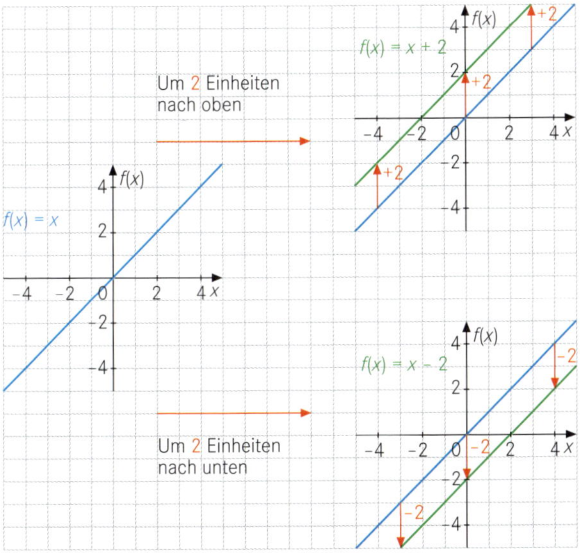

DAS MUSST DU WISSEN **Die Verschiebung**

$f(x) = x + b$ ↑ *um b* Einheiten nach oben

$f(x) = x$ → ***b* ist der „*y*-Achsenabschnitt“**

$f(x) = x - b$ ↓ um *b* Einheiten nach unten

Merke: Du kannst **Steigung und Verschiebung miteinander verketten,** das heißt nacheinander ausführen. Schau dir dazu in der Grafik die Funktion $f(x) = \frac{1}{2}x - 2$ an, die von der Ursprungsgeraden ausgehend entwickelt wird.

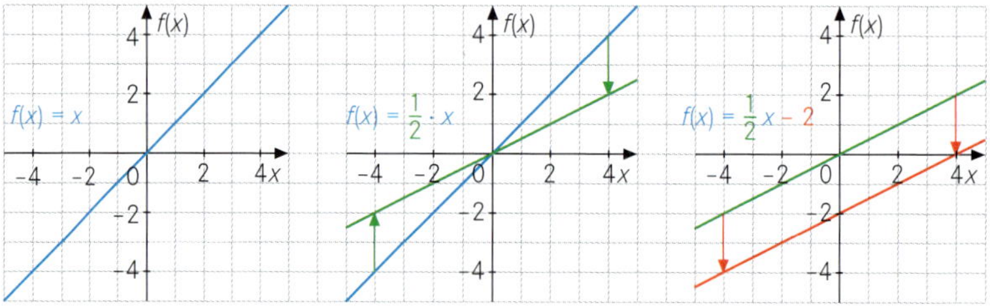

Lage der Funktionsgraphen

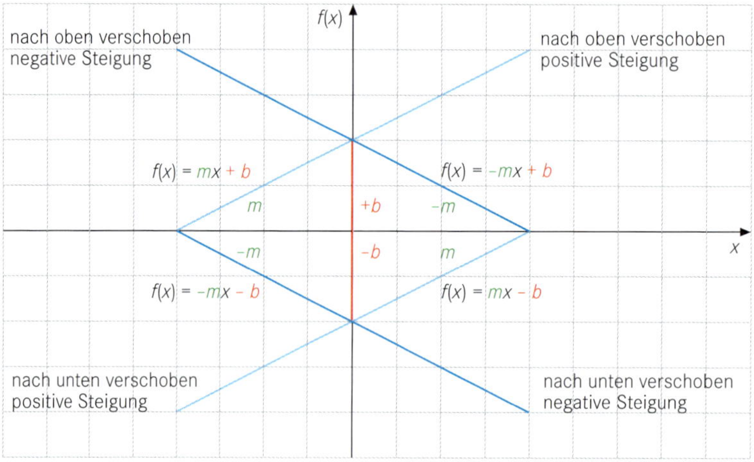

5 **Beschreibe anhand des Funktionsterms den Verlauf des Graphen. Zeichne den Graphen.**

Beispiele:

a) $f(x) = x - 1$
„Die Gerade ist um 1 Einheit nach unten verschoben."

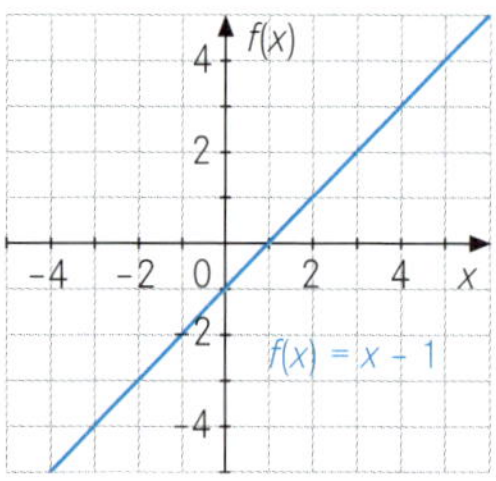

b) $f(x) = 1{,}5x$
„Die Gerade steigt um den Faktor 1,5."

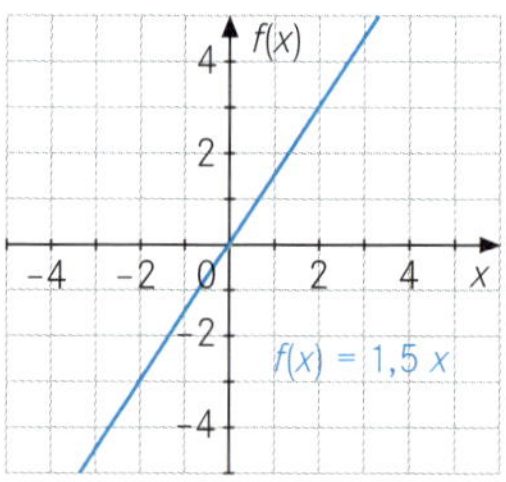

a) Verschobene Geraden:

1. $f(x) = x + 3$
2. $f(x) = x - 7$
3. $f(x) = x + 1{,}5$
4. $f(x) = x - 5$
5. $f(x) = x - 3{,}25$
6. $f(x) = x + \frac{1}{2}$

b) Geraden mit unterschiedlichen Steigungen:

1. $f(x) = 3x$
2. $f(x) = \frac{1}{3}x$
3. $f(x) = -x$
4. $f(x) = -7x$
5. $f(x) = 3{,}2x$
6. $f(x) = -0{,}7x$

6 **Beschreibe ohne Zeichnung den Verlauf des Graphen.**

BEISPIEL

$f(x) = 1{,}5x - 2{,}5$
„Die Gerade steigt um den Faktor 1,5 und ist um 2,5 Einheiten nach unten verschoben."

a) $f(x) = 3x + 1$
b) $f(x) = -\frac{1}{3}x + 2$
c) $f(x) = -x - 4$
d) $f(x) = 7x - 1{,}5$
e) $f(x) = x + 1{,}2$
f) $f(x) = -0{,}7x - 1$

2.5 Bestimmung linearer Funktionen

DARUM GEHT ES

In diesem Kapitel lernst du, mithilfe eines Graphen beziehungsweise zweier gegebener Punkte eine Funktionsgleichung zu entwickeln.

In **Funktionsgleichungen** der Form
$f(x) = x + b$ bzw. $f(x) = x - b$
wird die Ursprungsgerade um b nach oben bzw. um b nach unten verschoben.

▷ Den Wert für b liefert dir auch der Graph einer solchen Funktion.
▷ Den y-Achsenabschnitt kannst du ebenfalls direkt am Graphen ablesen.

Beispiel a: $f(x) = x + 1$

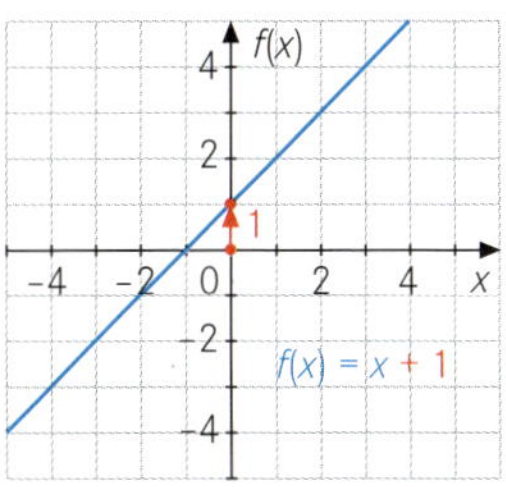

Beispiel b: $f(x) = x - 1{,}5$

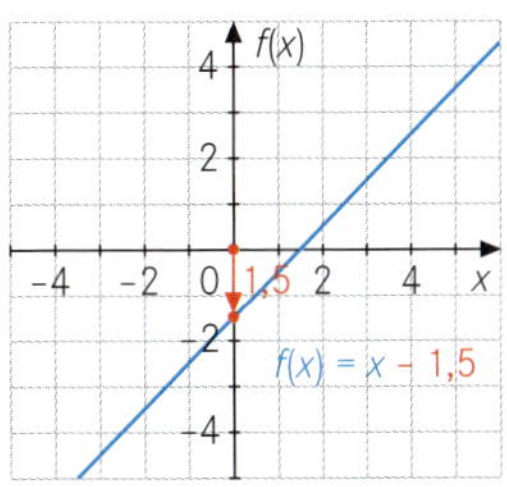

1 **Vervollständige mithilfe des Graphen den Funktionsterm.**

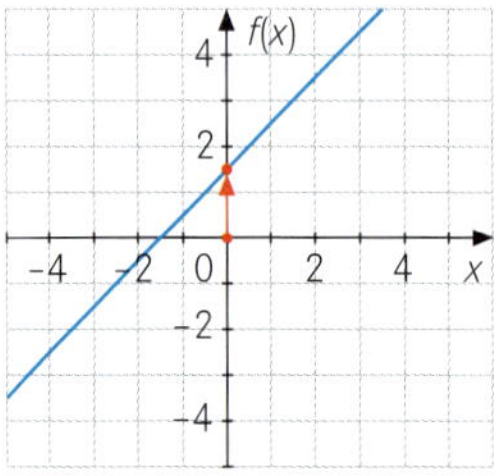

$f\colon x \rightarrow x$ ______

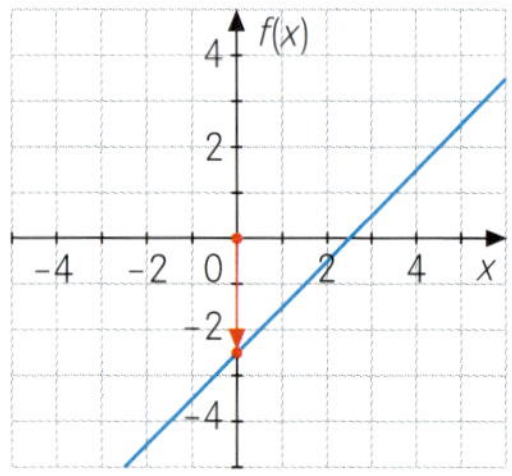

$f(x) = x$ ______

Steigungsdreieck

Der Graph einer linearen Funktion besitzt eine **Steigung.** Die Steigung kannst du mithilfe eines Dreiecks verdeutlichen.
Größe und Position des Dreiecks spielen dabei für die Steigung keine Rolle.

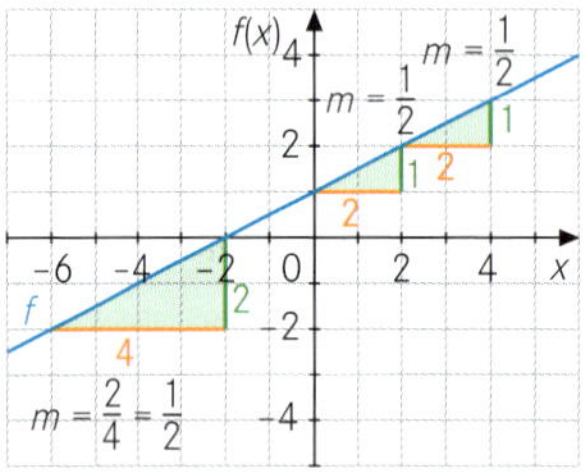

Den Wert der Steigung erhältst du aus dem Verhältnis zwischen „Höhe“ und „Breite“ eines eingezeichneten Dreiecks:

$$m = \frac{\text{„Höhe“}}{\text{„Breite“}}.$$

Beispiel: Bestimme jeweils die Funktion zu den dargestellten Geraden. Wähle zunächst zwei Punkte auf der Geraden, die auf Gitterpunkten des Koordinatensystems liegen. Zeichne dann ein Steigungsdreieck ein.

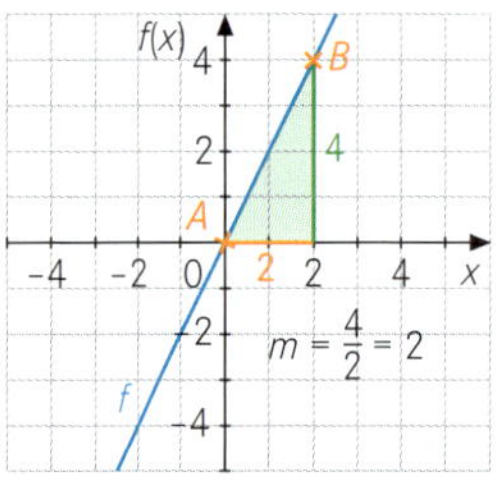

$$m = \frac{\text{„Höhe“}}{\text{„Breite“}} = \frac{4}{2} = 2$$

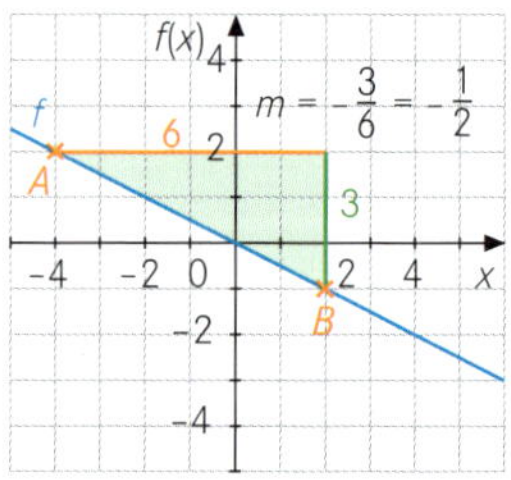

Die Gerade fällt, daher muss die Steigung negativ sein: $m = -\frac{\text{„Höhe“}}{\text{„Breite“}} = -\frac{3}{6} = -\frac{1}{2}$.

2 Ergänze die fehlenden Werte im Steigungsdreieck und bestimme die Steigung. Kürze, wenn möglich.

a)
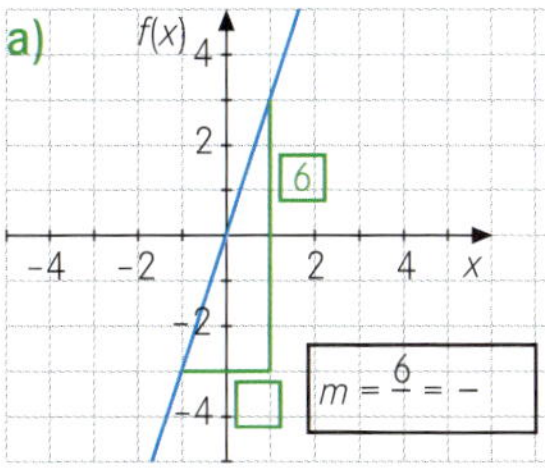

b)
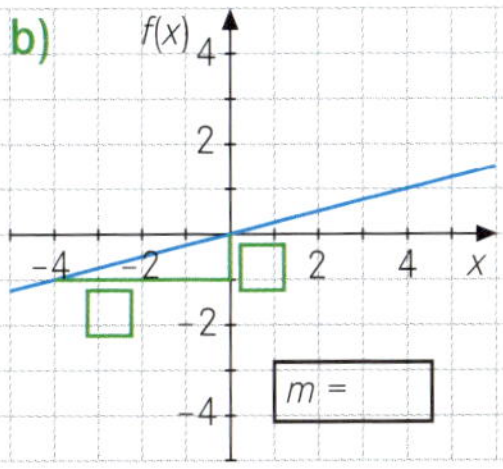

c)
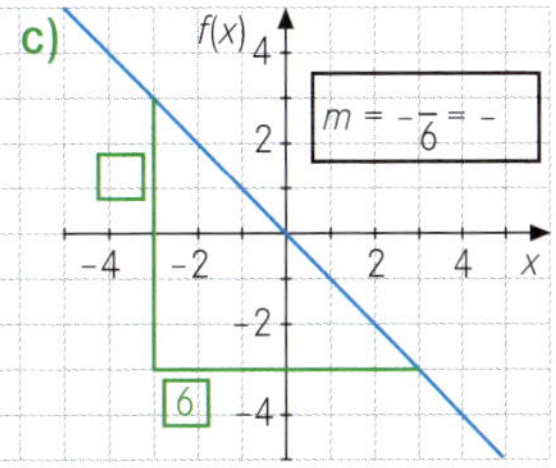

d)
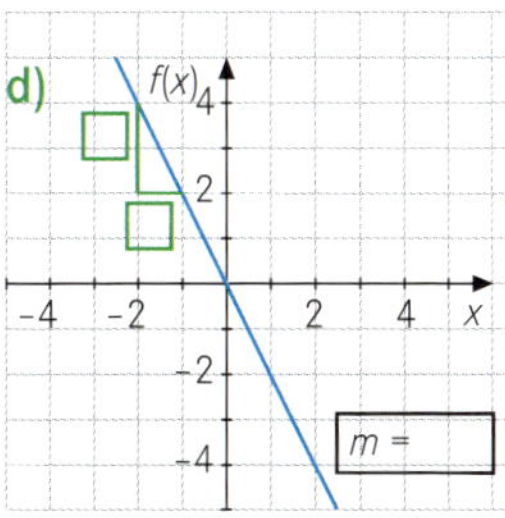

e)
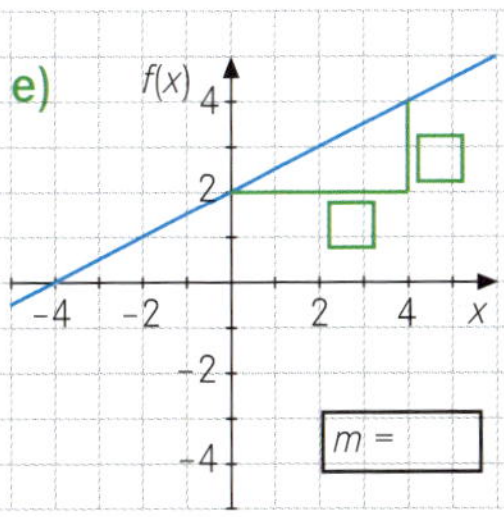

f)
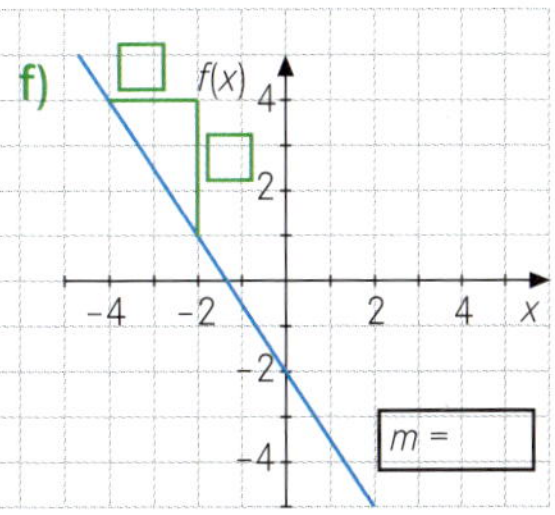

3 Gib die Funktionsgleichung zum Graphen an. Berücksichtige dabei auch den *y*-Achsenabschnitt.

BEISPIEL

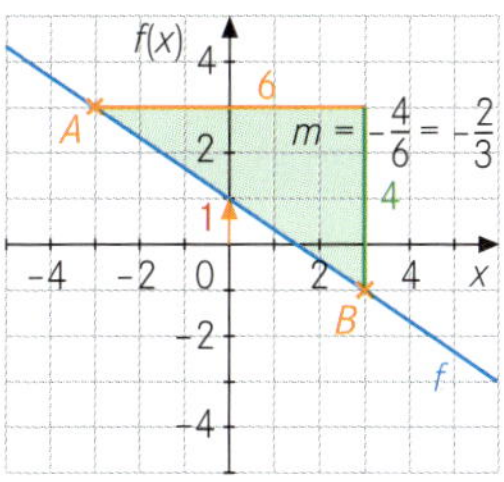

Ergebnis: $f(x) = -\frac{2}{3}x + 1$

a)
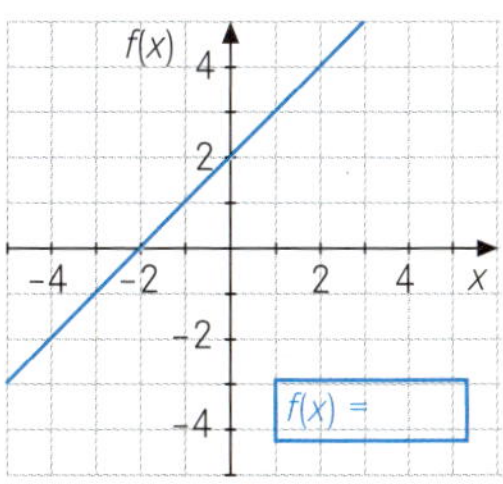

b)
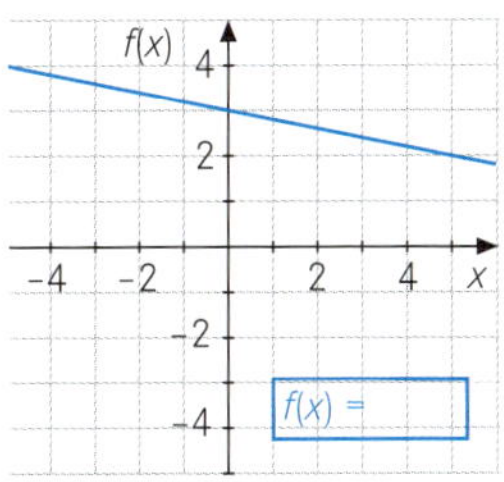

c)
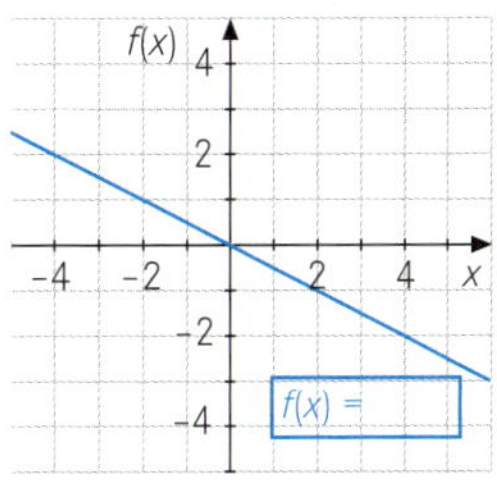

DAS MUSST DU WISSEN – Funktionsgraphen zeichnen

Du kannst **mithilfe des Steigungsdreiecks** ohne Berechnen zweier Punkte den Graphen einer Funktion zeichnen.

Beispiel: Zeichne den Graphen zur Funktion $f: x \rightarrow -\frac{3}{4}x + 1{,}5$.

Der Funktion entnimmst du: $m = -\frac{3}{4}$ und $b = 1{,}5$.

Schau dir folgende Vorgehensweise genau an:

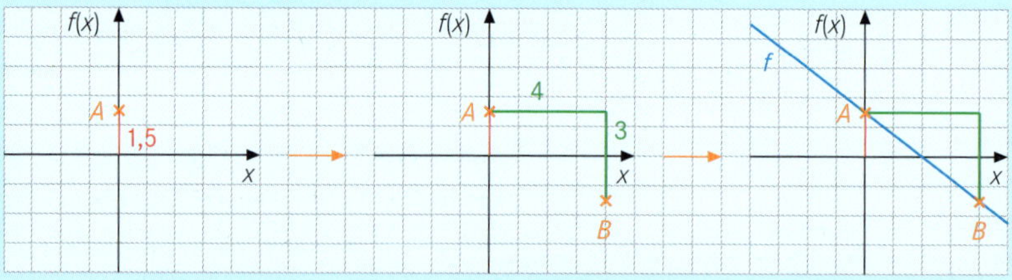

Setze im Achsenabschnitt bei 1,5 Punkt *A*.

Gehe von *A* 4 nach rechts und 3 nach unten. Setze dort Punkt *B*.

Zeichne die Gerade *f* durch die Punkte *A* und *B*.

DAS MUSST DU WISSEN – Günstige Wahl des Steigungsdreiecks

Ist der Wert der Steigung eine ganze Zahl, dann wählst du für die „Breite“ des Steigungsdreiecks immer den Wert 1.

Beispiel: $f: x \rightarrow 2x - 3$

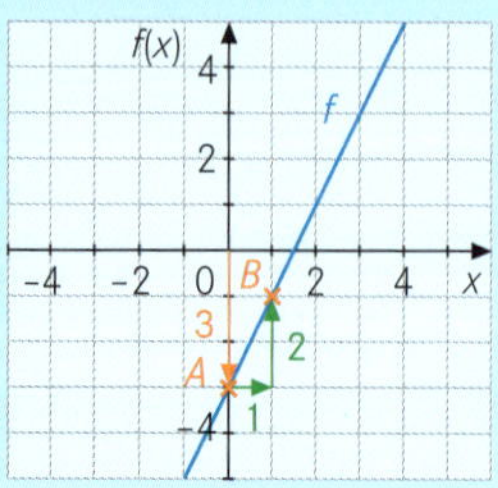

4 **Zeichne die Graphen der linearen Funktionen mithilfe des Steigungsdreiecks.**

a) $f: x \rightarrow 2x + 1$

b) $g: x \rightarrow -\frac{1}{2}x + 3$

c) $h: x \rightarrow x - 2$

d) $k: x \rightarrow -x + 0{,}5$

e) $m: x \rightarrow -\frac{3}{4}x$

f) $n: x \rightarrow -\frac{4}{3}x$

Aufstellen der Funktionsgleichung anhand zweier Punkte

Der Graph einer linearen Funktion ist eine Gerade und durch zwei Punkte eindeutig bestimmt. Deswegen genügen zwei Punkte, um eine lineare Funktion zu bestimmen. Mithilfe der Punkte kannst du die Steigung der Funktionsgraphen berechnen.
Im Beispiel ist die Berechnung der Steigung anhand der Punkte verdeutlicht.

BEISPIEL

Gib die Funktion an, deren Graph durch die Punkte $A(4 | 2)$ und $P(8 | 5)$ verläuft.

1. Schritt: Bestimmung der Steigung

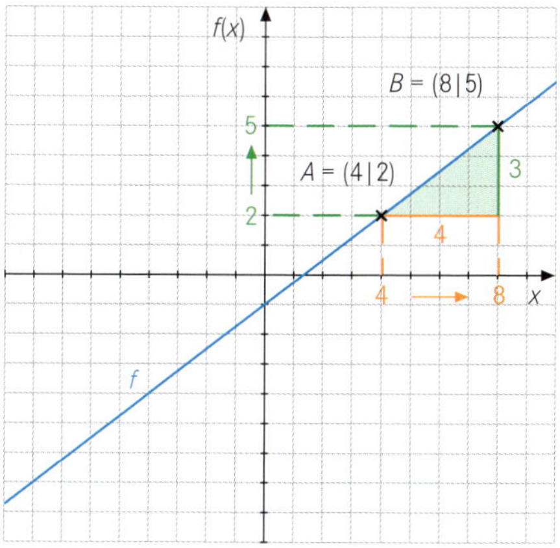

Betrachte genau das eingezeichnete Steigungsdreieck. Die Werte für die „Höhe" und die „Breite" erhältst du, indem du die y-Koordinaten bzw. x-Koordinaten der Punkte voneinander abziehst:

Für die **Steigung** gilt:

$$m = \frac{\text{„Höhe"}}{\text{„Breite"}} = \frac{5-2}{8-4} = \frac{3}{4}.$$

Als Funktionsgleichung erhältst du nun:
$f(x) = \frac{3}{4} \cdot x + b$.

2. Schritt: Berechnung des y-Achsenabschnitts:

Der Punkt $A(4 | 2)$ der Geraden muss die Funktionsgleichung erfüllen.
Setze die Koordinaten in die Gleichung ein:

$$\begin{aligned} 2 &= \tfrac{3}{4} \cdot 4 + b \\ 2 &= 3 + b \qquad | -3 \\ -3 + 2 &= b \\ -1 &= b \end{aligned}$$

3. Schritt: Als **Funktionsgleichung** erhältst du nun: $f(x) = \frac{3}{4} \cdot x - 1$.

5 **Bestimme die Funktionsgleichung der Geraden durch die Punkte A und B.**

a) $A(1 | 1)$; $B(2 | 2)$
b) $A(1 | 1)$; $B(5 | 2)$
c) $A(0 | 3)$; $B(2 | 1)$
d) $A(-2 | -1)$; $B(1 | 1)$
e) $A(1 | -1{,}5)$; $B(2 | -4{,}5)$
f) $A(-4 | 3)$; $B(3 | 2)$

6 **Bestimme die Gleichung der Geraden durch den Punkt P mit der Steigung m.**

a) $P(0 | 3)$; $m = -\frac{1}{4}$
b) $P(1 | 1)$; $m = \frac{1}{3}$
c) $P(-2 | 1)$; $m = 0$
d) $P(-1 | -3)$; $m = 2$
e) $P(-1{,}5 | 1)$; $m = -1$
f) $P(1{,}5 | -3)$; $m = 3$

2.6 Lineare Gleichungen

DARUM GEHT ES

In diesem Kapitel erfährst du, wie du Funktionsgraphen und Funktionsgleichungen nutzen kannst, um lineare Gleichungen der Form $a \cdot x + b = c$ grafisch und rechnerisch zu lösen. Umgekehrt lernst du auch, wie du mithilfe von linearen Gleichungen Nullstellen berechnen kannst.

Aus den vorangehenden Kapiteln weißt du, dass alle Graphen linearer Funktionen an der Stelle $x = 0$ einen Schnittpunkt mit der y-Achse haben, den y-Achsenabschnitt. Wir wollen nun untersuchen, wann ein **Graph die x-Achse schneidet.**

Beispiel a:

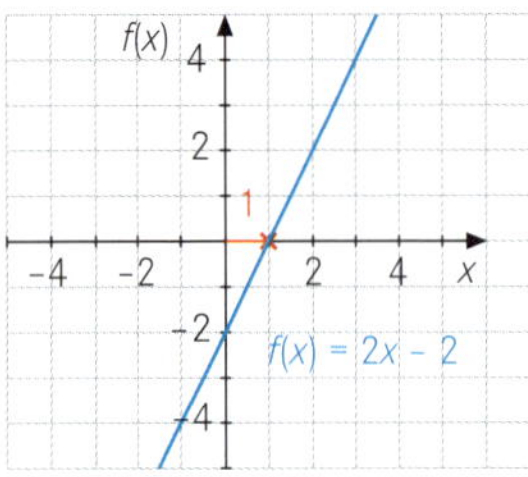

Schnittpunkt für $x = 1$

$f(1) = 2 \cdot 1 - 2 = 0$

Beispiel b:

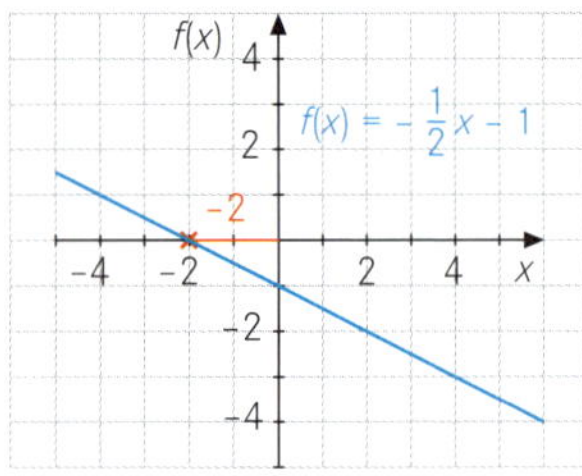

Schnittpunkt für $x = -2$

$f(-2) = -\frac{1}{2} \cdot (-2) - 1 = 0$

Beispiel c:

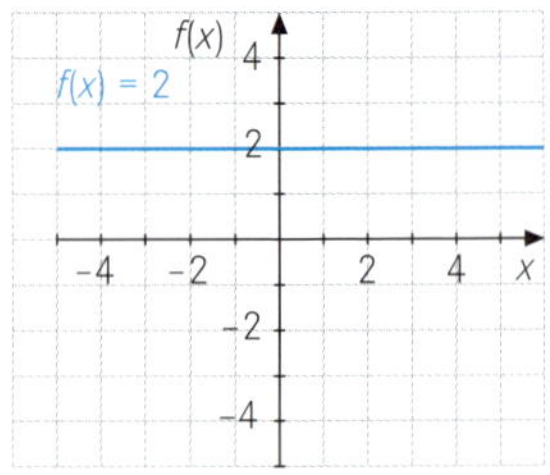

kein Schnittpunkt, da die Steigung $m = 0$ ist

Die Schnittstellen ergeben in den beiden ersten Fällen den Funktionswert 0. Der Graph schneidet also dann die x-Achse, wenn die Funktionsgleichung den Wert 0 annimmt.

Diese Beobachtung kannst du verallgemeinern:

DAS MUSST DU WISSEN | **Schnittpunkt mit der x-Achse**

Die Lösung der linearen Gleichung $a \cdot x + b = 0$ liefert den Schnittpunkt des Graphen der Funktion $f(x) = a \cdot x + b$ mit der x-Achse. Für die Steigung a gilt $a \neq 0$.

Gleichungen der Form $ax + b = 0$ heißen **lineare Gleichungen mit einer Variablen.** Beim rechnerischen Lösen dieser Gleichungen formst du diese so um, dass die Variable x auf einer Seite der Gleichung steht.

Beispiel:

$-x + 2 = 0 \quad | -2 \text{ und } \cdot (-1)$

$x = 2$

Wie du die linearen Gleichung $-x + 2 = 0$ grafisch lösen kannst zeigt dir das Beispiel zur nachfolgenden Aufgabe 1.

1 Lies die Lösung der linearen Gleichung anhand des Graphen ab.

BEISPIEL

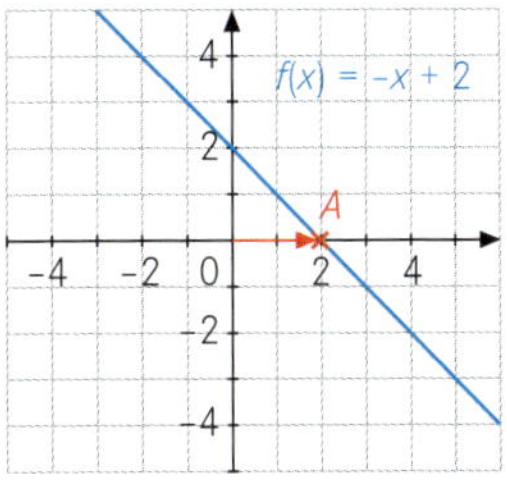

Gleichung: $-x + 2 = 0$

Die Gleichung $-x + 2 = 0$ hat die Lösung $x = 2$.

a) $-\frac{1}{2}x + 1 = 0$

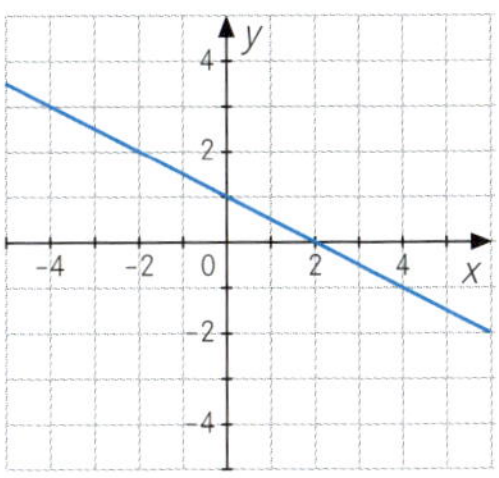

$x =$ 2

b) $\frac{1}{2}x + 1{,}5 = 0$

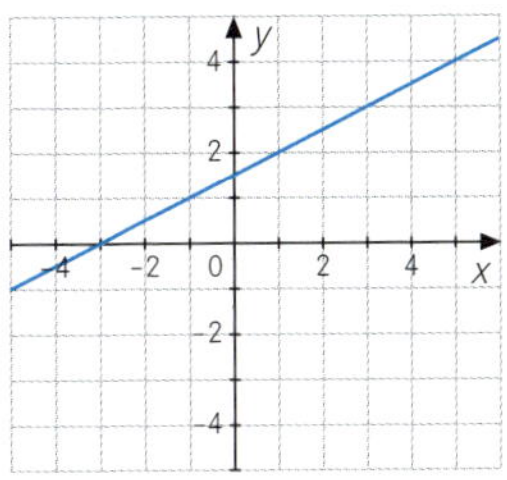

$x =$

c) $-x + 2 = 0$

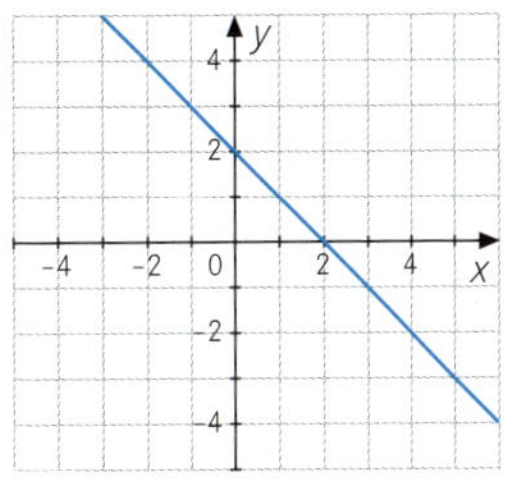

$x =$

d) $-x - 3 = 0$

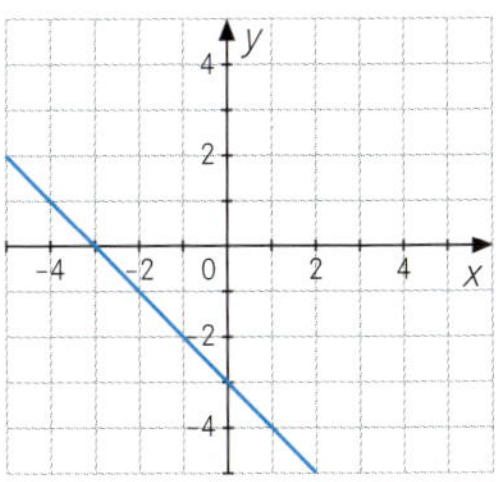

$x =$

e) $\frac{1}{4}x - 0{,}25 = 0$

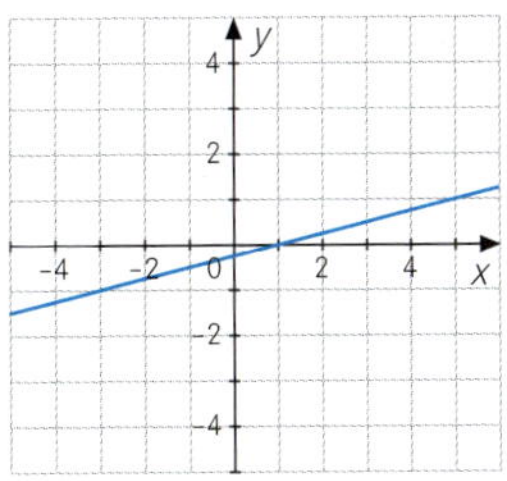

$x =$

f) $-\frac{1}{2}x - 0{,}5 = 0$

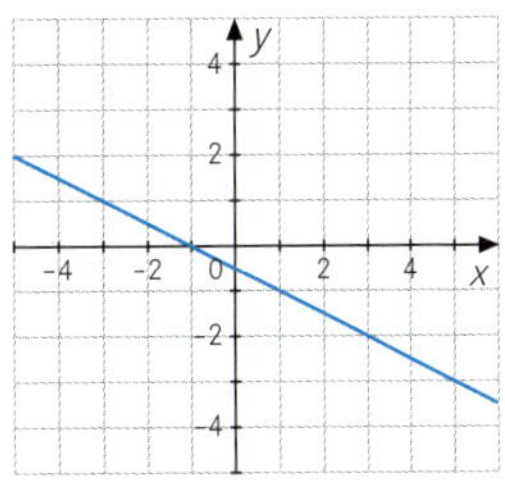

$x =$

2 Bestimme grafisch die Lösungen der linearen Gleichungen. Zeichne dazu jeweils mithilfe des angegebenen Terms einen Graphen.

a) $x + 1 = 0$

b) $x - 3 = 0$

c) $-\frac{1}{2}x + 1{,}5 = 0$

d) $2x - 1 = 0$

e) $-2x + 1{,}5 = 0$

f) $\frac{1}{4}x + 1 = 0$

Wie du beim Lösen der Übung 2 gesehen hast, ist es bei einigen Gleichungen bereits schwierig, die Lösungen der linearen Gleichung am Graphen genau abzulesen. Wir werden uns deshalb im Folgenden dem rechnerischen Lösen zuwenden.

DAS MUSST DU WISSEN – **Die Nullstelle**

Die Schnittstelle des Graphen mit der x-Achse heißt **Nullstelle.** Zur Berechnung der Nullstelle setzt du den Funktionsterm gleich null.

Beispiele: Bestimme rechnerisch die Nullstelle der Funktion.

a) $f: x \rightarrow 2x - 3$

Setze den Term $2x - 3$ gleich null, löse dann nach x auf:

$2x - 3 = 0 \quad | + 3$

$2x = 3 \quad | : 2$

$x = 1{,}5$

Die Nullstelle liegt bei $x = 1{,}5$.

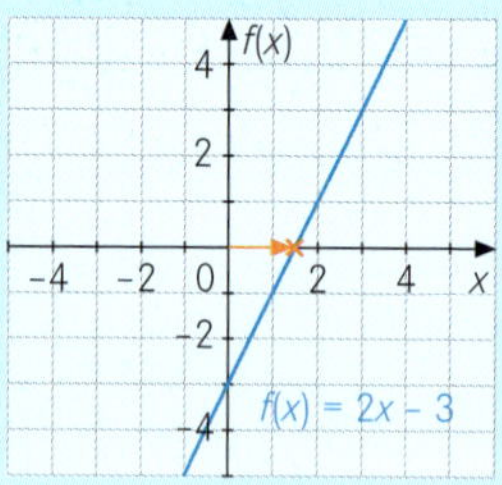

b) $f: x \rightarrow 0{,}8x + 1{,}2$

$0{,}8x + 1{,}2 = 0 \quad | - 1{,}2$

$0{,}8x = -1{,}2 \quad | : 0{,}8$

$x = -1{,}5$

Die Nullstelle liegt bei $x = -1{,}5$.

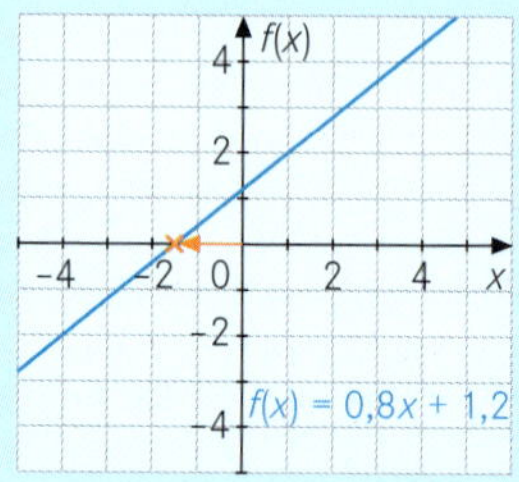

3 **Berechne die Nullstellen der Funktionen.**

a) $f: x \rightarrow 4x - 12$

b) $f: x \rightarrow x + 13$

c) $f: x \rightarrow -2x + 4$

d) $f: x \rightarrow \frac{1}{3}x - 1{,}5$

e) $f: x \rightarrow \frac{4}{5}x + 2$

f) $f: x \rightarrow -\frac{1}{7}x + 0{,}1$

Schnittpunkt mit einer Parallelen zur x-Achse

Bei der Berechnung der Nullstelle hast du bereits den Graphen einer linearen Funktion mit einer Geraden, der x-Achse, geschnitten. Die Funktionsgleichung der Geraden auf der x-Achse lautet $f(x) = 0$.

Jetzt betrachten wir Schnittpunkte von Graphen linearer Funktionen mit Parallelen der Form $f(x) = c$. Schau dir dazu folgenden Graphen genau an.

Beispiel:

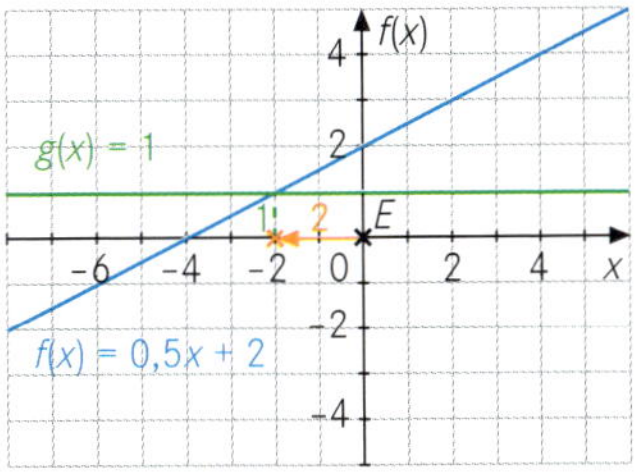

Die beiden Funktionen haben an der Stelle $x = -2$ einen gemeinsamen Funktionswert, nämlich 1. Da der Funktionswert der Funktion $g: x \rightarrow 1$ stets 1 ist, musst du nur nach einem x suchen, sodass der Funktionswert der Funktion $f: x \rightarrow 0{,}5x + 2$ ebenfalls 1 ergibt.

Das entspricht dem Lösen der Gleichung

$0{,}5 \cdot x + 2 = 1$.

$$0{,}5 \cdot x + 2 = 1 \quad | -2$$
$$0{,}5 \cdot x = -1 \quad | :0{,}5$$
$$x = -2$$

DAS MUSST DU WISSEN — **Schnittstelle zweier Graphen**

Die Schnittstelle der Graphen der Funktionen $f: x \rightarrow ax + b$ und $g: x \rightarrow c$ ist die Lösung der linearen Gleichung $a \cdot x + b = c$.

Beispiel: Löse die Gleichung $-\frac{1}{4} \cdot x + 4 = 2{,}75$

a) rechnerisch und

b) grafisch.

Löse nach x auf:

$$-\frac{1}{4} \cdot x + 4 = 2{,}75 \quad | -4$$
$$-\frac{1}{4} \cdot x = -1{,}25 \quad | :\left(-\frac{1}{4}\right)$$
$$x = 5$$

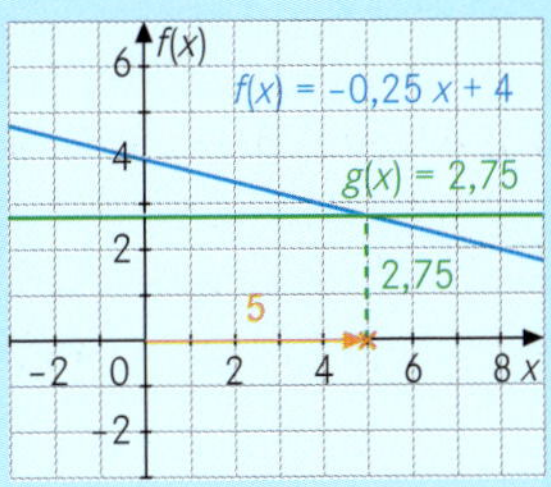

4 **Löse die Gleichungen rechnerisch und grafisch.**

a) $x + 3 = 1$

b) $2x - 4 = 2$

c) $\frac{1}{4}x + 2 = 1$

d) $0{,}2x - 2 = -1{,}8$

e) $-2{,}5x + 1 = -4$

f) $1{,}5 = -x + 4{,}75$

Test

1 Welche der folgenden Zuordnungen und welche Graphen gehören zu Funktionen, welche nicht? Begründe. |10|

a) f: Buch → Ladenpreis

b) g: Ladenpreis → Buch

c)

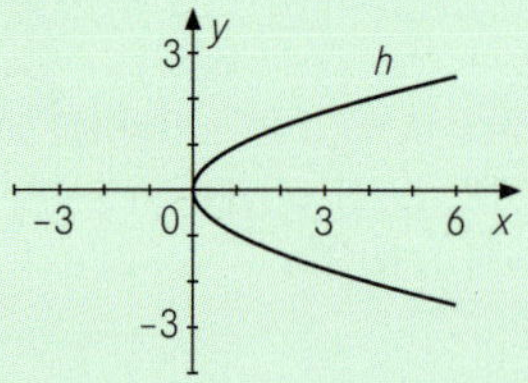

d)

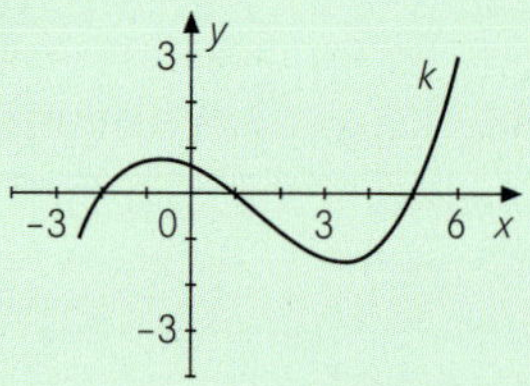

2 Bestimme die Funktionsgleichungen zu den fünf abgebildeten Geraden. |10|

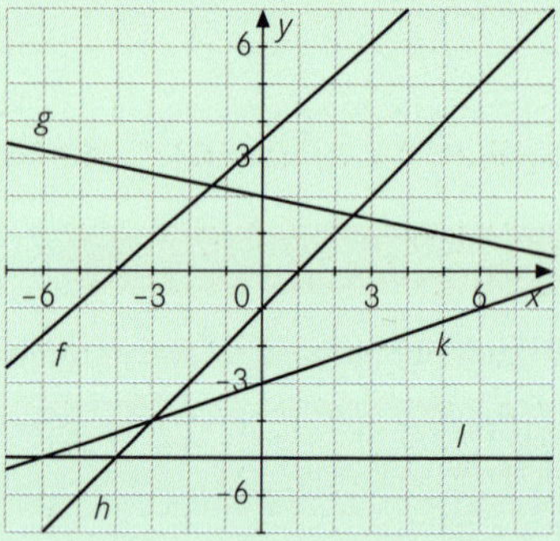

3 Zeichne die Geraden zu folgenden Funktionsgleichungen in ein gemeinsames Koordinatensystem. Gib an, welche der Geraden proportionale Funktionen sind. |10|

a) $f(x) = -x + 1$

b) $g(x) = -\frac{1}{3}x + 2$

c) $h(x) = \frac{5}{7}x - 3$

4 Nullstelle und Graph einer Funktion |10|

a) Bestimme durch eine Rechnung die Nullstelle der Funktion $f: x \rightarrow \frac{1}{8}x - 0{,}2$.

b) Überprüfe, ob die Punkte $P(4\,|\,1{,}5)$ und $Q(-8\,|\,-1{,}2)$ auf dem Graphen von f liegen.

5 Steigung und Funktionsgleichung einer Geraden |10|

a) Berechne die Steigung der Geraden durch die Punkte $A(-5\,|\,5)$ und $B(5\,|\,3)$.

b) Bestimme die Funktionsgleichung einer Geraden mit der Steigung aus a), die durch den Punkt $P(1\,|\,-0{,}2)$ verläuft.

||50||

Wie viele Punkte hast du? Erreichst du mehr als 39 Punkte, beherrschst du den Inhalt des Kapitels wirklich gut. Erreichst du weniger als 20 Punkte, dann solltest du dieses Kapitel wiederholen.

3 Lineare Gleichungssysteme

WAS DU SCHON KÖNNEN MUSST

- ▷ Gleichungen nach einer Unbekannten auflösen (siehe S. 11)
- ▷ Erklären, was lineare Gleichungen und lineare Funktionen sind (siehe S. 18 f., 21, 32)
- ▷ Zu einer Funktion den Graphen zeichnen (siehe S. 21 f.)
- ▷ Zu Anwendungsfragen eine passende Funktionsgleichung aufstellen

DARUM GEHT ES

- ▷ Systeme linearer Gleichungen rechnerisch und zeichnerisch lösen
- ▷ Systeme linearer Gleichungen zum Lösen von Anwendungsaufgaben aufstellen

3.1 Systeme linearer Gleichungen

DAS MUSST DU WISSEN

Zusammengehörende Gleichungen nennt man **Gleichungssysteme.** Die Lösung eines Gleichungssystems sind die Variablenpaare $(x|y)$, die alle Gleichungen des Systems erfüllen.
Sind alle Gleichungen linear (siehe S. 32), ist es ein **lineares Gleichungssystem.**

BEISPIEL Lineare Gleichungen mit einer bzw. zwei Unbekannten

a) Lineare Gleichungen **mit einer Unbekannten** kannst du mit Umformungen lösen:

Anna wird in zwei Jahren volljährig (18 Jahre alt). Wie alt ist sie jetzt?
Variable festlegen:
x: Annas jetziges Alter

Gleichung aufstellen und nach der Unbekannten x auflösen:
$x + 2 = 18 \quad | -2$
$x = 18 - 2 = 16$
Antwort: Anna ist jetzt 16 Jahre alt.

b) Lineare Gleichungen **mit zwei Unbekannten** löst du mit zwei Gleichungen:

Linus sagt: „In einem Jahr bin ich doppelt so alt wie meine Schwester Mirja."
Mirja ergänzt: „In acht Jahren bin ich so alt wie Linus jetzt!"
Wie alt sind beide?

Variablen festlegen:
x: Mirjas jetziges Alter;
y: Linus' jetziges Alter
Gleichungen aufstellen:
(I) $y + 1 = 2(x + 1)$
(II) $x + 8 = y$

Im Beispiel a wird *eine* Gleichung mit *einer* Variablen aufgestellt und durch eine einfache Umformung gelöst.
Um die Frage im Beispiel b zu beantworten, stellt man *zwei* Gleichungen mit zwei Variablen auf. Gleiche Variablen stehen in den Gleichungen für denselben (noch unbekannten) Wert: Im Beispiel steht x für Mirjas und y für Linus' Alter. Wie man ihre Werte bestimmt, wird in den folgenden Kapiteln erläutert und geübt.

Info: Gleichungssysteme können aus vielen Gleichungen mit vielen Variablen bestehen. In der 8. Klasse werden normalerweise nur Systeme behandelt, die aus zwei linearen Gleichungen mit zwei Variablen bestehen.

3.2 Zeichnerisches Lösungsverfahren

DARUM GEHT ES

Ein Gleichungssystem kannst du sowohl zeichnerisch als auch rechnerisch lösen. Wie das zeichnerische Verfahren funktioniert, lernst du in diesem Kapitel.

Lineare Gleichungen kann man als lineare Funktionen ansehen (siehe S. 21). *Eine* lineare Gleichung wird durch alle Punkte $(x|y)$ gelöst, die im Koordinatensystem auf der entsprechenden Geraden liegen (siehe S. 19).
Die Lösung eines Gleichungssystems mit *zwei* linearen Gleichungen muss *beide* Gleichungen erfüllen, also auf *beiden* Geraden liegen. Der einzige Punkt, der auf beiden Geraden liegt, ist ihr **Schnittpunkt.** Also ist der Schnittpunkt die Lösung des Gleichungssystems.

BEISPIEL

Paul und Robin starten gleichzeitig um 10:00 Uhr zu einer Fahrradtour zum Zeltplatz am Dunkelsee. Beide fahren von ihrem Haus aus los, Robin wohnt 2 km näher am Dunkelsee. Paul fährt mit einer Durchschnittsgeschwindigkeit von $20\frac{\text{km}}{\text{h}}$, Robin mit $16\frac{\text{km}}{\text{h}}$. Um wie viel Uhr hat Paul Robin eingeholt? Wie viele Kilometer ist Robin dann gefahren?

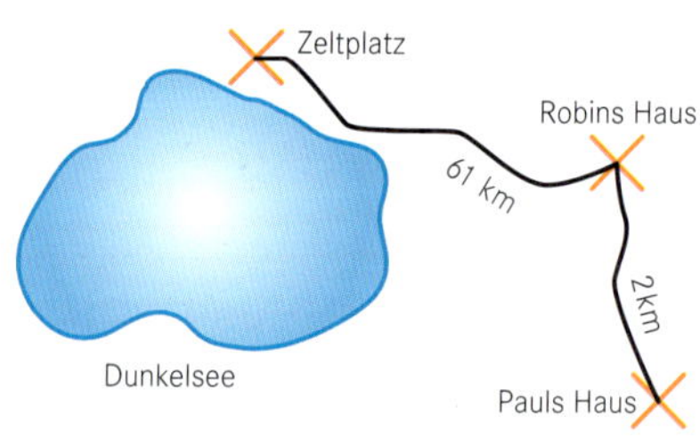

So stellst du das Gleichungssystem auf:

1. Variablen festlegen:
   x = Zeit ab 10:00 Uhr in Stunden
   y = Wegstrecke, die Robin zurücklegt, in Kilometern
2. Gleichungen aufstellen:
   (I) $y = 20x - 2$
   (II) $y = 16x$

So löst du das Gleichungssystem zeichnerisch im Koordinatensystem:

1. Gleichungen aufstellen:
   (I) $y = 20x - 2$
   (II) $y = 16x$

   Löse beide Gleichungen nach y auf („$y = ...$") (siehe S. 43). Die Gleichungen im Beispiel sind bereits nach y aufgelöst.

2. 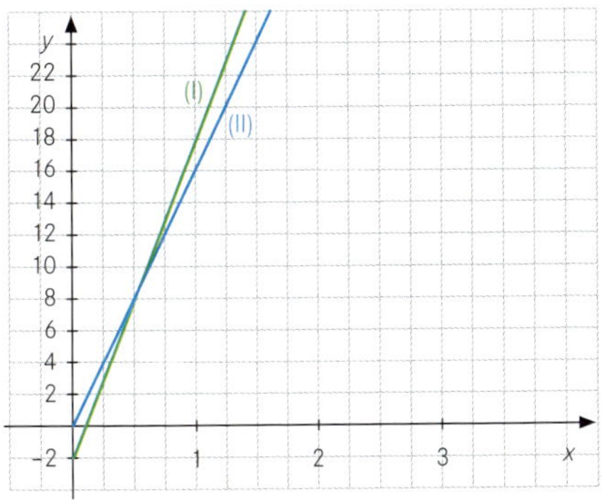

   Zeichne beide Geraden in ein gemeinsames Koordinatensystem. (Schätze, bevor du das Koordinatensystem zeichnest, wie groß es sein muss und wie du es geschickt skalierst (siehe S. 21).

3. (0,5 | 8)

   Lies den Schnittpunkt ab, er ist die Lösung des Gleichungssystems.

4. Punktprobe:
   (I) $y = 20x - 2$ | Lösung einsetzen
   $8 = 20 \cdot 0{,}5 - 2$
   $8 = 10 - 2$ (wahr)
   (II) $y = 16x$ | Lösung einsetzen
   (PII) $8 = 16 \cdot 0{,}5$ (wahr)

   Mache die **Punktprobe:** Setze die gefundene Lösung in *beide* Ausgangsgleichungen ein. Nur wenn *beide* Gleichungen wahre Aussagen ergeben, stimmt die Lösung.

5. Lösung: (0,5 | 8)
   Antwort: Um 10:30 Uhr hat Paul Robin eingeholt, Robin ist dann 8 km gefahren.

   Gib die Lösung an und – bei einer Sachaufgabe – beantworte die Frage. (Mehr zur Bearbeitung von Sachaufgaben siehe S. 48 ff.)

Info: „Linear“ kommt von lat. *linea* und bedeutet „gerader Strich“. „Lineare Funktion“ meint also Funktionen, deren Graph eine Gerade ist (siehe S. 21).
Ein „Lineares Gleichungssystem“ ist ein System aus linearen Gleichungen.

1 **Zeichne die Geraden in ein Koordinatensystem und bestimme die Lösung des Gleichungssystems. Mache immer die Probe.**
Tipp: Wie man Funktionsgraphen zeichnet, wird auf S. 30 ff. beschrieben.

a) $y = x + 5$	b) $y = 0{,}5x - 5$	c) $y = 1{,}5x + 4$	d) $y = \frac{1}{2}x + 5$
$y = 3x$	$y = -2x$	$y = 0{,}5x + 2$	$y = x$

2 **Diese Gleichungen müssen zuerst zu Funktionsgleichungen umgeformt werden. Löse zeichnerisch und denke an die Probe.**
Tipp: Wie man eine Gleichung nach y auflöst, wird auf S. 43 beschrieben.

a) $x + 3y = 6$	b) $\frac{1}{2}y = \frac{5}{6}x$	c) $4x = -8y$	d) $x = -\left(\frac{y}{2} + 2\right)$
$2x - 2y = 4$	$3x = 12 - 3y$	$-3x - y = 5$	$y = \frac{x}{4} + \frac{1}{2}$

3 **Stelle zu den Geraden ein passendes Gleichungssystem auf und löse es.**

a)
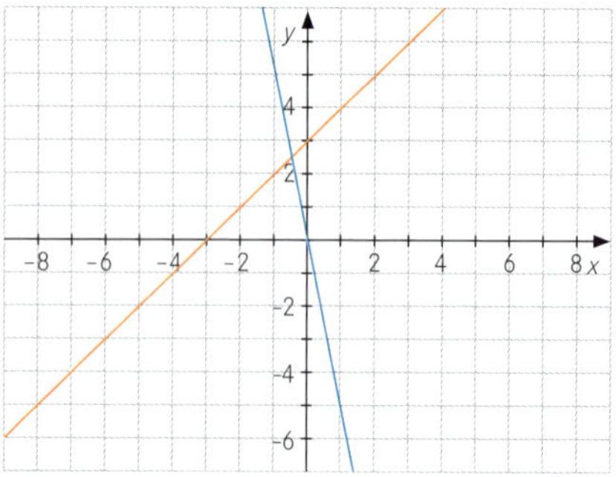

b)
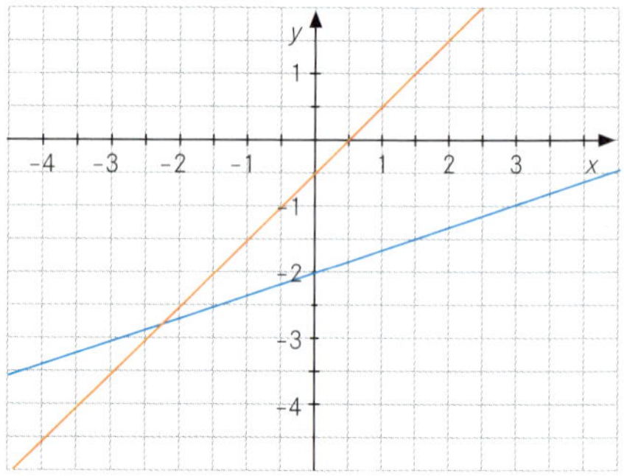

3.3 Anzahl der Lösungen

DARUM GEHT ES

Ein lineares Gleichungssystem kann eine Lösung haben. Es kann aber auch keine Lösung oder unendlich viele Lösungen besitzen.
Die Anzahl der Lösungen entspricht der Schnittmenge der Geraden im Koordinatensystem.
Im Folgenden lernst du, wie du die Anzahl der Lösungen eines linearen Gleichungssystems bestimmst.

BEISPIEL

Leon und Marie finden keine richtige Lösung:

a) (I) $y = \frac{1}{4}x + 3$

(II) $y = \frac{1}{4}x - 1$

b) (I) $y = 2x + 0{,}5$

(II) $y = 2x + 0{,}5$

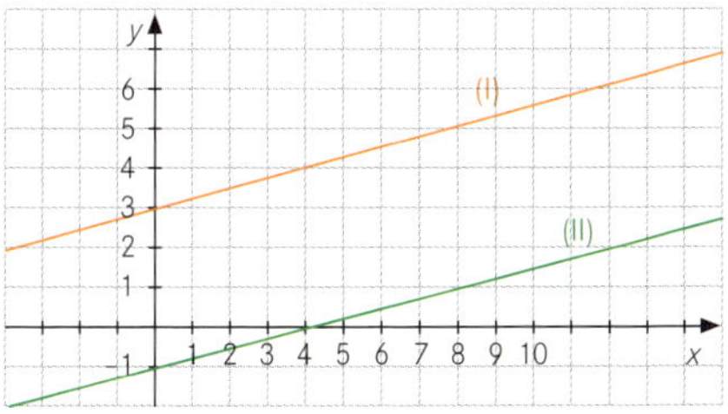

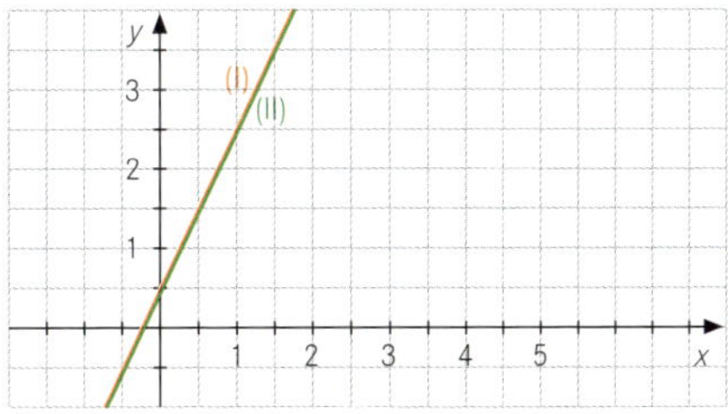

Schnittmenge und Lösungsmenge

Die Schnittmenge ...

▷ ... besteht aus *einem* Punkt, wenn sich die Geraden schneiden,

▷ ... enthält *unendlich viele* Punkte, wenn die Geraden aufeinanderliegen (siehe oben das Beispiel b) und

▷ ... ist *leer,* wenn die Geraden parallel sind, ohne sich zu berühren (siehe oben das Beispiel a).

So schreibt man die Lösungsmenge *L* auf:

▷ Schnittpunkt der Geraden ist (2 | 4,5):
$L = \{(2 \mid 4{,}5)\}$

▷ unendlich viele Lösungen, weil die Geraden aufeinanderliegen:
$L = \{(x \mid y) \mid y = 2x + 0{,}5\}$.

▷ kein Schnittpunkt, weil die Geraden parallel zueinander sind, ohne sich zu berühren:
$L = (\emptyset)$ oder $L = \{\ \}$

Für **unendlich große Lösungsmengen** sind verschiedene Schreibweisen gebräuchlich.
Im obigen Beispiel von Marie kann man die Lösung auch so notieren:
$L = \{(x \mid y) \mid y = 2x + 0{,}5\}$ oder $L = \{(x \mid 2x + 0{,}5)\}$.
Beides bedeutet dasselbe: „Die Lösungsmenge besteht aus allen Punkten $(x \mid y)$, bei denen für y gilt: $y = 2x + 0{,}5$." Das ist genau die Gerade $y = 2x + 0{,}5$.
Manchmal wird auch noch angegeben, aus welchem Zahlenbereich x und y stammen, z. B. so:
$L = \{(x \mid y) \mid y = 2x + 0{,}5;\ x, y \in \mathbb{Q}\}$.

Eine **eindeutige Lösung,** z. B. (2 | 4,5), kann man so notieren:
als Lösung: (2 | 4,5) oder als Lösungsmenge: $L = \{(2 \mid 4{,}5)\}$.
Tipp: Nutze die Schreibweisen, wie sie in deiner Klasse verwendet werden.

1 **Löse die Gleichungssysteme zeichnerisch. Mache bei eindeutigen Lösungen die Probe.**

a) $x = \frac{y}{3} - 1$
$4y - 12x = 12$

b) $3y - 4x = 6$
$x = \frac{3}{4}y + \frac{3}{8}$

c) $x + 6y = 30$
$6y + 6 = 5x$

d) $y = \frac{2}{3}x + \frac{1}{3}$
$3y = 2x + 1$

2 **Löse die Gleichungssysteme zeichnerisch (oder verwende den Tipp) und mache, wenn möglich, die Probe.**

Tipp: Michael meint, er könne nach dem Aufstellen der Funktionsgleichungen schon erkennen, wie viele Lösungen das Gleichungssystem hat. Bei unendlich vielen Lösungen könne er auch die Lösungsmenge angeben, ohne zu zeichnen. Kannst du beschreiben, wie er das erkennt (siehe Hinweis im Lösungsteil)?
Kannst du dir bei den folgenden Aufgaben auch ein paar Zeichnungen ersparen?

a) $28x - y = 0$
$\frac{1}{8} + \frac{1}{4}y = 7x$

b) $15 = -3y - 10x$
$y = \frac{2}{3}x + 3$

c) $3{,}6x + 2y = 3$
$-1{,}8x = -1{,}5 + y$

d) $x + y = 12$
$2x + 2y = 22$

3 **Lösungsmenge**

Gib zu jedem Gleichungssystem aus den Übungen 1 und 2, das unendlich viele Lösungen hat, jeweils vier mögliche Lösungen an. Überprüfe die Punkte mit der Punktprobe.

3.4 Rechnerische Lösungsverfahren

DARUM GEHT ES

In diesem Kapitel lernst du, wie du lineare Gleichungssysteme rechnerisch löst.
Es gibt drei verschiedene Rechenverfahren: das **Einsetzungsverfahren,** das **Gleichsetzungsverfahren** und das **Additionsverfahren.**

Rechnerische Verfahren benötigt man, da zeichnerische Lösungen oft ungenau sind.

Beispiel:

(I) $y = -\frac{1}{2}x + 0{,}5$

(II) $y = 3x - 1$

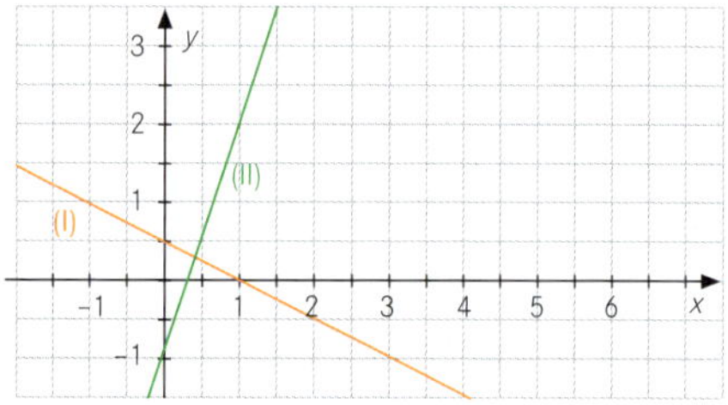

Es ist schwierig, die Lösung im Koordinatensystem richtig abzulesen.

TIPPS UND INFOS Rechnerische Verfahren

Bei den rechnerischen Verfahren gehst du immer auf die gleiche Weise vor:

1. Eine lineare Gleichung mit *einer* Variablen kannst du durch einfache Äquivalenzumformungen lösen.
   Deswegen formst du die zwei Gleichungen mit zwei Variablen so um, dass *eine* Gleichung mit nur *einer* Variablen entsteht. Die drei im Folgenden gezeigten rechnerischen Verfahren unterscheiden sich nur darin, *wie* sie zu diesem Zweck die andere Variable „löschen".
2. Du löst die entstandene Gleichung - und hast so den Wert der ersten Variablen errechnet.
3. Du setzt den berechneten Wert der einen Variablen in eine Ausgangsgleichung ein, die nun eine Gleichung mit nur einer Variablen ist. Durch Umformen berechnest du schließlich den Wert der zweiten Variablen.

DAS MUSST DU WISSEN Das Einsetzungsverfahren

So gehst du vor:

1. Löse eine der beiden Gleichungen nach x oder nach y auf. Im Beispiel wird die zweite Gleichung nach x aufgelöst.
2. Setze den eben für x oder für y berechneten Ausdruck in die andere Gleichung ein. Jetzt kommt in dieser Gleichung nur noch eine Variable vor (im Beispiel y).
3. Löse die Gleichung nach dieser Variablen auf, so findest du den Wert der Variablen heraus. Diese Größe entspricht bei der zeichnerischen Lösung der y-Koordinate des Schnittpunkts.
4. Wähle eine der beiden ursprünglichen Gleichungen und setze den errechneten Wert für die Variable ein (im Beispiel $\frac{29}{12}$ für y).
   Löse diese neue Gleichung nach der verbleibenden Variable (hier x) auf und du erhältst den Wert der zweiten Variablen. Dieser Größe entspricht bei der zeichnerischen Lösung die x-Koordinate des Schnittpunkts.

Beispiel:

(I) $2x + 12y = 7$

(II) $4y - 6 = -\frac{1}{3}x \quad | \cdot (-3)$

(II') $-12y + 18 = x$

(II') einsetzen in (I):

$2 \cdot (-12y + 18) + 12y = 7$

$(-24y + 36) + 12y = 7$

$-12y + 36 = 7 \quad | -36$

$-12y = -29 \quad | : (-12)$

$y = \frac{29}{12}$

$\left(y = \frac{29}{12}\right)$ einsetzen in (I):

$2x + 12 \cdot \frac{29}{12} = 7$

$2x + 29 = 7 \quad | -29$

$2x = -22 \quad | : (2)$

$x = -11$

5. Gib die Lösung an und prüfe dein Ergebnis mit der Punktprobe (siehe S. 43, Schritt 3 und 4).

Die Probe ist hier aus Platzgründen nicht ausgeführt (siehe S. 39).

gemischte Zahl berechnen:

$y = \frac{29}{12} = 2\frac{5}{12}$

Lösung: $\left(-11 \mid 2\frac{5}{12}\right)$

1 Löse mit dem Einsetzungsverfahren und überprüfe deine Lösung.

Tipp: Überlege, welche Gleichung du am leichtesten nach x oder nach y auflösen kannst.

a) $x = 7y - 3$
$14y - 3x = 12$

b) $2x + 3y = 5$
$y + x = 0$

c) $27x - 12y = 24$
$9x = y + 5$

d) $2x - 10y = 0$
$3x - 12 = 17y$

e) $11x = 4y - 4$
$3y = 15x - 6$

f) $40y - 70 = 10x$
$7x - 1 = 3y$

2 Erläutere und begründe.

Betrachte den Schritt 2 beim Einsetzungsverfahren (siehe vorige Seite).

a) Wozu ist dieser Schritt wichtig?

b) Warum ist diese Umformung erlaubt?

TIPPS UND INFOS **Hinweis zu Aufgabe 3**

Du kannst auch so einsetzen:

(I) $-13x = 32y + 0{,}5$

(II) $17y = -13x + 111$

(I) einsetzen in (II):

$17y = (32y + 0{,}5) + 111$

Wieso ist das Einsetzen auch auf diese Weise erlaubt? Versuche zu begründen (siehe Hinweis im Lösungsteil).

3 Löse mit dem Einsetzungsverfahren und überprüfe deine Lösung.

Überlege, ob es leichter ist, die Gleichungen nach einem Vielfachen von x oder von y aufzulösen.

a) $7x + 1 = 16y$
$14x - 32y = 2$

b) $17x + 3y = 1$
$5y - 17x = 13$

c) $3x - 2y = 2$
$2x + 3y = 2$

d) $1{,}6x - 1 = 4y$
$-3{,}2x + 8y = -2$

e) $25x - 4{,}5y = 42{,}2$
$1 + 5x = 2{,}5y$

f) $-7x + 6y = -1$
$-1{,}5x + 12y = 10{,}5$

DAS MUSST DU WISSEN Das Gleichsetzungsverfahren

So gehst du vor:

1. Löse beide Gleichungen nach y oder beide nach x auf („y = ...“; „x = ...“). In diesem Beispiel wird nach x aufgelöst.
2. Setze nun die beiden Terme gleich. Dadurch erhältst du eine Gleichung mit nur einer Variablen (in diesem Beispiel mit y).
3. Auflösen der Gleichung nach der Variablen, genau wie beim Einsetzungsverfahren (siehe S. 43).
4. **und 5.** Der 4. und der 5. Schritt sind die gleichen wie beim Einsetzungsverfahren (siehe S. 43 – 44).

Die Probe ist hier aus Platzgründen nicht ausgeführt (siehe S. 39).

Beispiel:

(I) $18y - 12 = -3x \quad | :(-3)$

(II) $x + \frac{1}{2}y = 5 \quad | -\frac{1}{2}y$

(I') $-6y + 4 = x$

(II') $x = 5 - \frac{1}{2}y$

gleichsetzen (I') = (II'):

$-6y + 4 = 5 - \frac{1}{2}y \quad | -4 + \frac{1}{2}y$

$-5\frac{1}{2}y = 1 \quad | :\left(-\frac{11}{2}\right)$

$y = -\frac{2}{11}$

$\left(y = -\frac{2}{11}\right)$ einsetzen in (II)

$x + \frac{1}{2} \cdot \left(-\frac{2}{11}\right) = 5$

$x - \frac{1}{11} = 5 \quad | +\frac{1}{11}$

$x = 5\frac{1}{11}$

Lösung: $\left(5\frac{1}{11} \middle| -\frac{2}{11}\right)$

4 **Löse durch Gleichsetzen und überprüfe deine Lösung.**

Tipp: Überlege, ob es leichter ist, die Gleichungen nach x oder nach y aufzulösen.

a) $y = 5x - 7$; $y = 25x + 1$

b) $x = y - \frac{1}{3}$; $x = \frac{y}{3} + 11\frac{1}{3}$

c) $12y - x = -3$; $14y = x$

d) $2y + 3 = 7x$; $y - 3{,}5x = -1{,}5$

e) $3{,}5x + 1{,}2 = \frac{1}{2}y$; $y - 2 = 3x$

f) $13y + x = 15$; $6{,}5y + 0{,}5x = 1{,}5$

5 **Erläutere und begründe.**

Betrachte den Schritt 2 beim Gleichsetzungsverfahren (siehe oben).

a) Wozu ist dieser Schritt wichtig?

b) Warum ist es erlaubt, die beiden Terme gleichzusetzen?

TIPPS UND INFOS **Hinweis zu Aufgabe 6**

Man kann auch so gleichsetzen:
(I) $17x = 2y + 5$
(II) $17x = -14y + 1$
gleichsetzen (I) = (II):
$2y + 5 = -14y + 1$

Kannst du begründen, wieso das Gleichsetzen auch so erlaubt ist? (siehe Hinweis im Lösungsteil)

6 **Löse durch Gleichsetzen und überprüfe deine Lösung.**
Überlege, ob es leichter ist, die Gleichungen nach einem Vielfachen von *x* oder nach einem Vielfachen von *y* aufzulösen.

a) $12x - 3y = 7$
$7 + 24x = 6y$

b) $\frac{3}{7}x + \frac{1}{5}y = 5$
$x + \frac{2}{5}y = 3$

c) $4 + 1{,}2x = 6{,}3y$
$-1{,}6x + \frac{5}{3} = 2{,}1y$

7 **Löse rechnerisch durch Gleichsetzen.**
Stelle dazu zunächst die Funktionsgleichungen auf.

a)
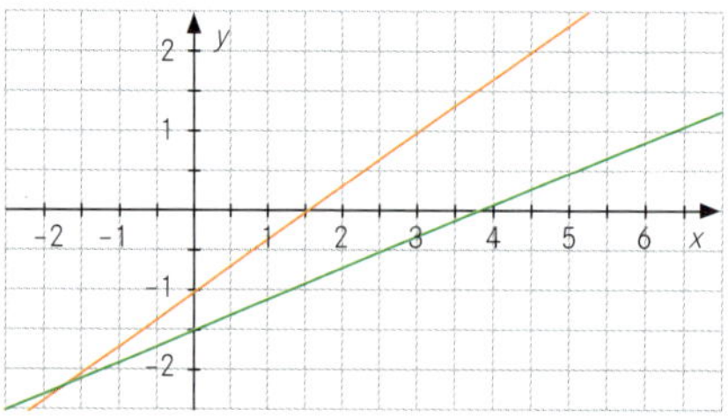

b)
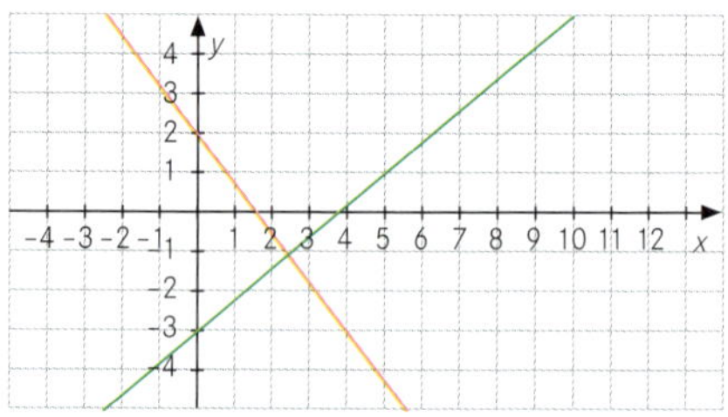

DAS MUSST DU WISSEN **Das Additionsverfahren**

So gehst du vor:

1. Forme die Gleichungen so um, dass gleiche Variablen untereinanderstehen. (Im Beispiel sind die Gleichungen schon entsprechend umgeformt.)
Als Nächstes soll der Koeffizient einer der Variablen in beiden Gleichungen gleich sein, allerdings mit entgegengesetztem Vorzeichen. (Im Beispiel kannst du es im nächsten Schritt sehen: „$+8y$“ und „$-8y$“). Multipliziere dazu eine Gleichung.
2. Schreibe die Gleichungen direkt untereinander und addiere sie. Dadurch erhältst du eine Gleichung mit nur noch einer Variablen. (Im Beispiel fällt *y* weg).

Beispiel:
(I) $6x + 8y = 7$
(II) $5x + 2y = 7$ | $\cdot (-4)$

(I) $6x + 8y = 7$
(II') $-20x - 8y = -28$ | addieren
$-14x + 0 = -21$

3. Löse diese Gleichung nach der verbleibenden Variablen auf (im Beispiel mit Division durch - 14). Du erhältst den Wert einer Variablen.

$$-14x + 0y = -21 \quad | : (-14)$$

$$x = \frac{21}{14} = \frac{3}{2}$$

4. und 5. Der 4. und der 5. Schritt sind die gleichen wie bei den anderen Verfahren (siehe S. 43 - 45).

$\left(x = \frac{3}{2}\right)$ einsetzen in (II):

$$5 \cdot \frac{3}{2} + 2y = 7$$

$$\frac{15}{2} + 2y = 7 \quad | -\frac{15}{2}$$

$$2y = -\frac{1}{2} \quad | : 2$$

$$y = -\frac{1}{4}$$

Die Probe ist hier aus Platzgründen nicht ausgeführt (siehe S. 39).

Lösung: $\left(\frac{3}{2} \middle| -\frac{1}{4}\right)$

8 **Löse mit dem Additionsverfahren. Denke an die Probe.**

a) $x + 3{,}6y = 7$
$-x - 3y = 2$

b) $7x - 1{,}3y = 12$
$-7x + 1{,}3y = 12$

c) $5x + 4y = 12$
$3x - 4y = 6$

d) $0{,}18x + 0{,}54y = 0{,}36$
$-0{,}18x + 0{,}06y = 0{,}18$

e) $-20x + 16y = -4$
$8x - 16y = 2$

f) $-\frac{7}{6}x + \frac{7}{8}y = \frac{16}{3}$
$1\frac{1}{6}x - \frac{7}{8}y = -5\frac{1}{3}$

9 **Löse mit dem Additionsverfahren. Denke an die Probe.**
Tipp: Diese Gleichungssysteme müssen vor dem Addieren umgeformt werden.

a) $-x + 3y = 7$
$4x + 5y = 6$

b) $2x + 1{,}5y = 5$
$4x + 5y = -6$

c) $12x + y = 32$
$3{,}5x - \frac{1}{8}y = 9$

10 **Löse rechnerisch mit dem Additionsverfahren.**
Stelle dazu zunächst die Funktionsgleichungen auf.

a)
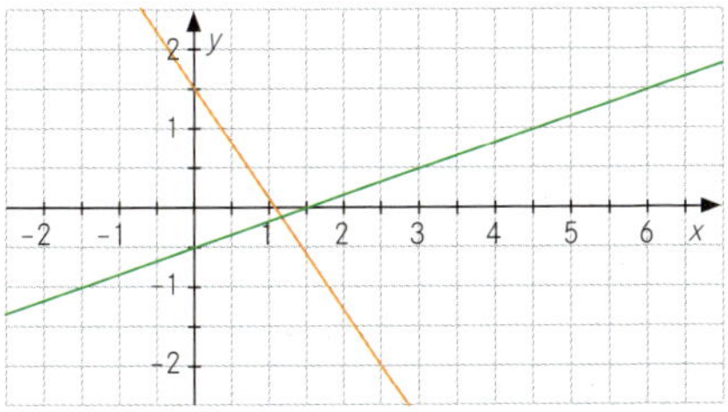

b)
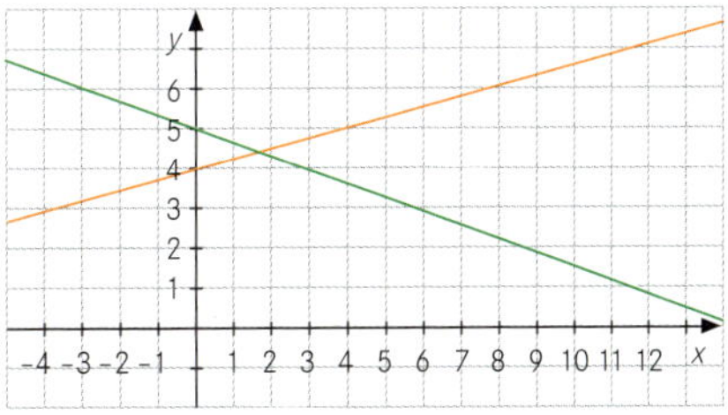

3.5 Vergleich der Lösungsverfahren

DARUM GEHT ES

Du kannst jedes lineare Gleichungssystem mit jedem rechnerischen Verfahren lösen, du kannst dir also ein Verfahren aussuchen.

Manche Gleichungssysteme lassen sich mit einem der Verfahren leichter lösen, hier kannst du dir Arbeit ersparen:

- ▷ Manchmal brauchst du das Gleichungssystem gar nicht mehr umzuformen und kannst gleich einsetzen, gleichsetzen bzw. addieren oder
- ▷ die Umformung ist für eines der Verfahren leichter.

Zeichnerisches Lösungsverfahren

Das zeichnerische Lösen erfordert Genauigkeit beim Zeichnen. Und auch bei der sorgfältigsten Zeichnung kann man sehr große oder „krumme" Ergebnisse nicht exakt ablesen. Wie groß das Ergebnis sein wird und ob es ganzzahlig ist, kann man vor dem Lösen nicht abschätzen.

Tipp: Bei Anwendungsaufgaben kann das Zeichnen der Geraden dabei helfen, die Gleichungen aufzustellen und die Lösung des Gleichungssystems in eine richtige Antwort zu übersetzen.

1 **Wähle ein geeignetes Verfahren und löse geschickt. Denke an die Probe.**
Tipp: Für jedes dieser Gleichungssysteme ist ein Verfahren besonders gut geeignet.

a) $1{,}2x + y = 1{,}5$
$1{,}5 + 7{,}2x = -3y$

b) $3x + 2y = 5$
$3{,}5x - 1 = -2y$

c) $1{,}5x + 2 = 4y$
$9x + 3y = -3$

d) $2x + 0{,}2y = 4$
$2x + y = 3$

e) $1{,}2x + 4 = 8{,}4y$
$0{,}3x - 3 = 2{,}1y$

f) $1{,}5x - 3 = -\frac{1}{3}y$
$x + \frac{1}{3} = -y$

3.6 Anwendungen

BEISPIEL **Lineare Gleichungssysteme aufstellen und lösen**

Lisa radelt von Lippstadt die 13,8 km nach Hause, ihr Bruder Timm fährt ihr entgegen. Sie fahren gleichzeitig los, Lisa fährt $25\frac{\text{km}}{\text{h}}$, ihr Bruder $22\frac{\text{km}}{\text{h}}$.

Das Beispiel:	So gehst du vor:
1. Wie lang dauert es, bis sie sich treffen, und wie weit ist bis dahin jeder gefahren?	Ist die Frage in der Aufgabe schon gestellt? Wenn nicht, so überlege, welche Größe sinnvoll gesucht werden kann, formuliere und notiere die Frage.

2. x: Zeitspanne in Stunden, die sie bis zum Treffen benötigen
y: Strecke in Kilometern, die Lisa bis dahin gefahren ist

Welche Größen werden gesucht? Lege die Variablen dazu fest.

3. Überlegung:
Timm startet 13,8 km entfernt und fährt ihr dann entgegen:

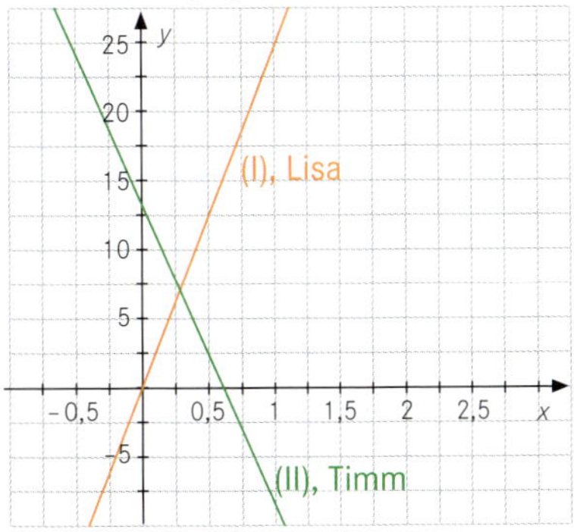

(I) $y = x \cdot 25$
(II) $y = 13{,}8 - 22x$

Stelle die Gleichungen auf, dabei darfst du Einheiten (€, km, ...) weglassen. Manchmal ist es leichter, zuerst die Geraden im Koordinatensystem zu zeichnen, bevor man die Gleichungen aufstellt.

4. Nach Rechnung und Probe ergibt sich:
$\left(\frac{13{,}8}{47} \,\middle|\, 25 \cdot \frac{13{,}8}{47}\right)$

Dauer:
$\frac{13{,}8}{47}\,\text{h} = \frac{13{,}8}{47} \cdot 3\,600\,\text{s} \approx 1\,057\,\text{s}$
$= 17\,\text{min}\;37\,\text{s}$

Lisas Fahrtweg:
$25 \cdot \frac{13{,}8}{47}\,\text{km} \approx 7{,}3\,\text{km}$
Timms Fahrtweg:
$13{,}8\,\text{km} - 7{,}3\,\text{km} = 6{,}5\,\text{km}$
Lisa und Timm treffen sich nach 17 min 37 sek. Lisa ist bis dahin etwa 7,3 km gefahren und Timm etwa 6,5 km.

Löse das Gleichungssystem mit einem der Verfahren und mache die Probe. Manchmal ist es sinnvoll, das Ergebnis zu runden und/oder in eine angemessene Einheit umzurechnen. Beantworte die Frage und überlege, ob die errechnete Lösung in der Realität möglich ist.

Tipp: Schau dir weitere Beispiele für das Aufstellen von Gleichungssystemen auf den Seiten 37/38 und 38/39 an.

1 Stelle das Gleichungssystem auf, löse es und beantworte die Frage. Denke an die Probe.

a) Avelia hat für 5,00 € 18 Brötchen gekauft. Es gab einfache Brötchen für 25 ct und Mohnbrötchen für 35 ct. Wie viele hat sie von jeder Art gekauft?

b) Jan baut einen rechteckigen Hasenstall mit 16 m Zaun. Die langen Seiten werden 1,8-mal so lang wie die kurzen. Welche Maße hat der Stall?

c) Clara und Hanna überlegen die Sitzordnung für ihre Klasse mit 30 Schülern. Sie bilden 6 Tischgruppen mit je 4 oder 6 Schülern. Wie viele 4er- und 6er-Tischgruppen sind es?

d) Anjas Klasse bestellt 30 Getränke, es gibt zur Auswahl Kakao zu 1,50 € und Cola zu 1,10 €. Alles zusammen kostet 39,80 €. Wie oft wird welches Getränk bestellt?

e) Francesco hat in den Ferien 21 Tage auf dem Reiterhof ausgeholfen und dabei 427 € verdient. Für lange Arbeitstage sind 25 € verabredet, für kurze 11 €. Wie viele lange und kurze Arbeitstage hatte er?

f) Alessia überlegt, ob es sich lohnt, ein Computerprogramm zum Lösen linearer Gleichungssysteme zu schreiben. Sie schätzt, dass sie für das Schreiben und Testen eines solchen Programms anderthalb Stunden benötigt, das Lösen eines linearen Gleichungssystems mit Computerprogramm schätzt sie auf 50 s und ohne Computer auf 4 min. Bei wie vielen Aufgaben benötigen beide Varianten gleich viel Zeit?

2 Unterwegs

Tipp: Zeichne zunächst entsprechende Geraden in ein Koordinatensystem.

a) Finn und Jonas wollen sich treffen. Finn startet mit dem Rad in Berghausen, Jonas joggt ihm aus Dorrtal entgegen. Finn bringt es auf $23\,\frac{km}{h}$, Jonas auf $8\,\frac{km}{h}$. Beide starten um 15:00 Uhr. Wann und wo treffen sie sich?

b) Finn (aus Berghausen), Jonas (aus Dorrtal), Selina und Lea (beide aus Lütthütt) fahren zum See. Sie starten alle um 13:00 Uhr. Finn fährt mit $22\,\frac{km}{h}$, Jonas mit $18\,\frac{km}{h}$, Selina und Lea mit $24\,\frac{km}{h}$. Wer überholt wen wann?

3 **Was ist günstiger?**

a) Ayla und Chris reisen in die Türkei. Ayla tauscht bei der Nordbank, Chris bei der Reisesparkasse. Sie haben unterschiedliche Wechselkurse (siehe Grafik).
Chris und Ayla sind überrascht: „Wir haben gleich viel Euro gegeben – und gleich viel Türkische Lira bekommen!" Wie viel waren es?

b) Betrachte die Ergebnisse aus Aufgabe a). In welchen Fällen ist es günstiger, bei welcher Bank zu tauschen?
Löse das Gleichungssystem auch grafisch und erläutere deine Antwort anhand der Zeichnung.

4 **Welcher Handytarif ist günstiger?**

Welcher Tarif günstiger ist, hängt davon ab, wie viel man telefoniert. Wann empfiehlt sich welcher Tarif?

Tipp: Zeichne zuerst die Geraden im Koordinatensystem, bevor du die Gleichungen aufstellst.

a) Yasmin vergleicht die Tarife „Mobi Hopps" und „Geflüster".

b) Luka vergleicht „Samtklang" und „See".

5 **Löse die Aufgaben und prüfe deine Ergebnisse genau!**

a) Lena rennt Vanessa hinterher, Vanessa hat einen Vorsprung von 80 m. Lena benötigt 2 Sekunden für 10 m, Vanessa rennt $21\,\frac{\text{km}}{\text{h}}$. Wie lange braucht Lena, um Vanessa einzuholen?

b) Finn aus Berghausen und Jonas aus Dorrtal fahren mit dem Fahrrad zum See (siehe Skizze bei Aufgabe 2). Sie fahren gleichzeitig los, Finn fährt $23\,\frac{\text{km}}{\text{h}}$, Jonas $21\,\frac{\text{km}}{\text{h}}$.
Wann holt Finn Jonas ein?

Test

1 Löse die Aufgaben mit einem Verfahren deiner Wahl. |9|

a) $\frac{2}{3}x + 3y = 4$
$1{,}5y + 2 = 1\frac{2}{3}x$

b) $3x + 1 = 2y$
$-8x + 6y = 4$

c) $0{,}75x + 6y = -3$
$-0{,}875x + 3y = 6$

2 Handytarife |11|

Hier sind die monatlichen Kosten von vier Handytarifen veranschaulicht. Nenne die Eigenschaften der einzelnen Tarife. Für welches Telefonierverhalten empfiehlst du welchen Tarif?

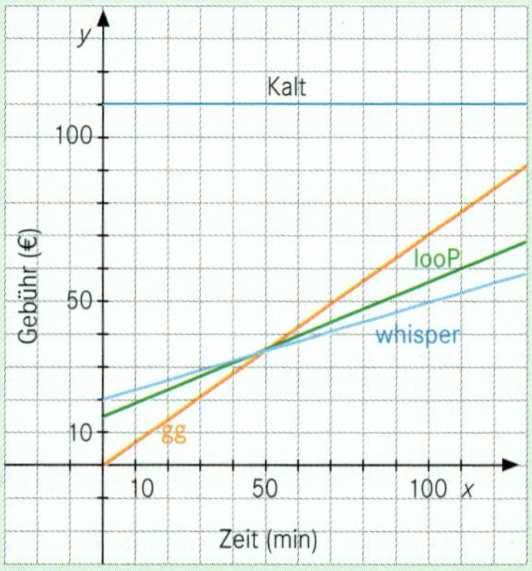

3 Anwendungsaufgaben

a) Alice hat einen Fahrradtag hinter sich, sie ist Schotterwege und Asphaltstraßen gefahren. Auf Schotterwegen hat sie durchschnittlich $12\,\frac{km}{h}$, auf Asphalt $21\,\frac{km}{h}$ geschafft. Für die insgesamt 89 km hat sie 5 h 15 min reine Fahrzeit benötigt. Wie viel Zeit ist sie auf Schotterwegen, wie viel auf Asphaltstraßen gefahren? |6|

b) Julia und Julian sind zusammen 16-mal ins Kino gegangen und haben dafür insgesamt 142,40 € ausgegeben. Am Mittwoch kostet eine Karte 4 €, sonst 5,80 €. Wie oft waren sie am Mittwoch, wie oft an anderen Tagen im Kino? |6|

c) Der Eintritt ins Freibad kostet für Jugendliche 2,80 €. Lucien überlegt, ob er sich für 35 € eine Rabattkarte für ein Jahr kauft. Mit der Rabattkarte spart man bei jedem Eintritt 40 %. Ab wie vielen Freibadbesuchen lohnt sich die Rabattkarte? |6|

d) Ein Spiegel soll rechteckig und 1,4-mal so hoch wie breit werden. Für den Rahmen ist Material für 4 m vorhanden. Wie groß kann der Spiegel werden? |6|

e) Ein DIN-A4-Blatt hat einen Umfang von gerundet 1 014 mm. Die längere Kante ist $\sqrt{2}$-mal so lang wie die kürzere. Wie lang sind die Kanten? Gib sinnvoll gerundete Werte an. |6|

||50||

Wie viele Punkte hast du? Erreichst du mehr als 39 Punkte, beherrschst du den Inhalt des Kapitels wirklich gut. Erreichst du weniger als 20 Punkte, dann solltest du dieses Kapitel wiederholen.

4 Reelle Zahlen

WAS DU SCHON KÖNNEN MUSST

- ▷ Rechtwinklige Dreiecke konstruieren
- ▷ Lineare Gleichungen lösen und Zahlen quadrieren
- ▷ Verschiedene Zahlenmengen kennen: natürliche, ganze und rationale Zahlen
- ▷ Brüche in Dezimalbrüche umwandeln

DARUM GEHT ES

- ▷ Quadratwurzeln berechnen und näherungsweise bestimmen
- ▷ Reelle Zahlen darstellen und zuordnen
- ▷ Terme und Gleichungen mit Quadratwurzeln lösen

4.1 Quadratwurzeln

DARUM GEHT ES

Für das Lösen bestimmter Gleichungen benötigst du neben den bekannten Umformungsregeln einen weiteren Zahlentyp, die Quadratwurzel.

Quadratzahlen sind Zahlen der Form $q = n^2$. Dabei ist n eine natürliche Zahl.
Beispiel: $1 = 1^2$, $4 = 2^2$, $9 = 3^2$, $16 = 4^2$, ...

DAS MUSST DU WISSEN — **Quadratzahl und Quadratwurzel**

Ist q eine **Quadratzahl** mit $n^2 = q$, dann heißt n die **Quadratwurzel** aus q. Man schreibt dafür: $n = \sqrt{q}$. Der Wert einer Quadratwurzel ist immer positiv.
Beispiel: Gib die Quadratwurzeln zu den folgenden Quadratzahlen an: 4, 25, 100, 441.

Quadratzahl	4	25	100	441
Quadratwurzel	$\sqrt{4} = 2$	$\sqrt{25} = 5$	$\sqrt{100} = 10$	$\sqrt{441} = 21$

Eine Gleichung der Form $\boldsymbol{x^2 = q}$ hat eine Lösung (a), zwei Lösungen (b) oder keine Lösung (c).

▷ **Eine Lösung:**

Beispiel: Löse die Gleichung $x^2 = 0$.

$x^2 = 0$

$x = 0$, *denn:* $0^2 = 0$

▷ **Zwei Lösungen:**

Beispiel: Löse die Gleichungen: 1. $x^2 = 81$; 2. $x^2 = 100$.

1. $x^2 = 81$

   $x = 9$ und $x = -9$, *denn:* $9^2 = 81$ und $(-9)^2 = 81$

2. $x^2 = 100$

   $x = 10$ und $x = -10$, *denn:* $10^2 = 100$ und $(-10)^2 = 100$

▷ **Keine Lösung:**

Beispiel: Löse die Gleichung: $x^2 = -1$.

$x^2 = -1$

Die Gleichung hat keine Lösung, *denn:* Es gibt keine Zahl, die quadriert eine negative Zahl ergibt.

DAS MUSST DU WISSEN — **Quadratwurzel als Lösung**

Ist a größer 0 und keine Quadratzahl, dann sind $\sqrt{a}$ und $-\sqrt{a}$ zwei Lösungen der Gleichung $x^2 = a$. $\sqrt{a}$ ist diejenige nichtnegative Zahl, deren Quadrat a ergibt.
Der Ausdruck $\sqrt{a}$ wird *„Wurzel aus a"* gesprochen. Der Term unter der Wurzel heißt *Radikand.*

BEISPIEL

Löse die Gleichungen:

1. $x^2 = 2$ 2. $x^2 = 16$ 3. $x^2 + 2 = 10$ 4. $x^2 = 1{,}5$

1. $x^2 = 2$

   $x = \sqrt{2}$ und $x = -\sqrt{2}$, *denn:* $(\sqrt{2})^2 = 2$ und $(-\sqrt{2})^2 = 2$

2. $x^2 = 16$

   $x = \sqrt{16}$ und $x = -\sqrt{16}$

   $x = 4$ und $x = -4$, *denn:* $(4)^2 = 16$ und $(-4)^2 = 16$

3. $x^2 + 2 = 10 \mid -2$

   $x^2 = 8$

   $x = \sqrt{8}$ und $x = -\sqrt{8}$, *denn:* $(\sqrt{8})^2 = 8$ und $(-\sqrt{8})^2 = 8$

4. $x^2 = 1{,}5$

   $x = \sqrt{1{,}5}$ und $x = -\sqrt{1{,}5}$, *denn:* $(\sqrt{1{,}5})^2 = 1{,}5$ und $(-\sqrt{1{,}5})^2 = 1{,}5$

1 **Ergänze die Tabellen.**

a)

Quadratwurzel x	1	2	3	4		6			9	
Quadratzahl x^2	1	4	9		25		49	64		100

Quadratwurzel x			13	14	15	16	17	18	19	
Quadratzahl x^2	121	144								400

b)

Quadratwurzel x	$\sqrt{2}$	$\sqrt{3}$	$\sqrt{5}$			$\sqrt{8}$	$\sqrt{10}$		$\sqrt{12}$			
Quadratzahl x^2	2	3	5	6	7			11		13	14	15

2 **Ermittle die Quadratwurzel, wenn möglich.**

a) $\sqrt{9}$ b) $\sqrt{49}$ c) $\sqrt{50}$ d) $\sqrt{64}$
e) $\sqrt{75}$ f) $\sqrt{1{,}9}$ g) $\sqrt{144}$ h) $\sqrt{200}$

3 **Schreibe als Quadratwurzel.**
Beispiel: $10 = \sqrt{100}$.

a) 3 b) 4 c) 13 d) 15
e) 1 f) 17 g) 20 h) 1,5

4 **Löse die Gleichungen.**
Tipp: Stelle die Gleichung immer erst nach „$x^2 = \ldots$“ um.

a) $x^2 = 64$ b) $x^2 = 11$ c) $x^2 + 5 = 86$ d) $x^2 - 11 = 180$
e) $x^2 + 1{,}2 = 3$ f) $-x^2 + 2 = 1$ g) $x^2 + 50 = 25$ h) $3x^2 - 12 = 48$

5 **Gib für *a* Werte an, sodass die Gleichung keine Lösung, eine Lösung oder zwei Lösungen hat.**

a) $x^2 = a$ b) $x^2 = a - 2$ c) $x^2 = 2a$ d) $x^2 + a = 1$

6 **Ein Rechteck mit den Seiten *a* und *b* hat den Flächeninhalt $a \cdot b$. Wie groß ist die Seite *x* eines Quadrats mit demselben Flächeninhalt?**
Beispiel: $a = 1$ cm, $b = 2$ cm, $A = 2\,\text{cm}^2$. Quadrat: $x^2 = 2$ mit $x = \sqrt{2}$.

a) $a = 4$ cm; $b = 16$ cm b) $a = 1$ cm; $b = 7$ cm
c) $a = 5$ cm; $b = 24{,}2$ cm d) $a = 0{,}1$ cm; $b = 3{,}6$ cm

4.2 Näherungsweise Bestimmung von Quadratwurzeln

DARUM GEHT ES

Viele Quadratwurzeln kann man nicht durch natürliche Zahlen oder Brüche angeben. Du lernst hier zwei Verfahren kennen, mit denen du Wurzeln beliebig genau durch Dezimalzahlen angeben kannst.

Quadratwurzeln sind Lösungen der Gleichungen $x^2 = a$. Jede Zahl, also auch eine Quadratwurzel, kann in unterschiedlichen **Intervallen** liegen. Ein Intervall ist die Menge der Zahlen, die zwischen zwei gewählten Zahlen liegen.

DAS MUSST DU WISSEN — Intervallschachtelung

- Die Wurzel aus einer Zahl, die keine Quadratzahl ist, kannst du **durch** immer kleinere **Intervalle eingrenzen.**
- Die Differenz zwischen rechter und linker Grenze eines Intervalls heißt **Länge des Intervalls.**

Beispiel: Gib den Wert von $\sqrt{2}$ auf vier Stellen nach dem Komma genau an.
Vorgehensweise: Das Quadrat von $\sqrt{2}$ ist 2, nämlich $(\sqrt{2})^2 = 2$. Wir suchen zunächst zwei *natürliche Zahlen,* deren Quadrate kleiner beziehungsweise größer als 2 sind. In den nächsten Schritten wählen wir *Dezimalbrüche,* deren Quadrate möglichst nahe an 2 herankommen. Für die Berechnung der Quadrate darfst du einen Taschenrechner verwenden.

$\sqrt{2}$ liegt im Intervall	weil	Länge des Intervalls
[1; 2]	$1^2 < 2 < 2^2$	2 - 1 = 1
[1,4; 1,5]	$1{,}4^2 < 2 < 1{,}5^2$	1,5 - 1,4 = 0,1
[1,41; 1,42]	$1{,}41^2 < 2 < 142^2$	1,42 - 1,41 = 0,01
[1,414; 1,415]	$1{,}414^2 < 2 < 1{,}415^2$	1,415 - 1,414 = 0,001
[1,4142; 1,4143]	$1{,}4142^2 < 2 < 1{,}4143^2$	1,4143 - 1,4142 = 0,0001
[1,41421; 1,41422]	$1{,}41421^2 < 2 < 1{,}41422^2$	1,41422 - 1,41421 = 0,00001

Das sechste Intervall ist schon so klein, dass du eine der beiden Intervallgrenzen als Annäherung für $\sqrt{2}$ nehmen kannst. Du entscheidest dich immer für die **linke Grenze,** hier 1,41421. Du sollst $\sqrt{2}$ auf vier Stellen nach dem Komma genau angeben. Da die fünfte Nachkommastelle eine 1 ist, rundest du ab. Es ist $\sqrt{2} \approx 1{,}4142$.

1 **Gib mithilfe der Intervallschachtelung eine Annäherung für a) $\sqrt{3}$ und b) $\sqrt{7}$ auf drei Nachkommastellen genau an.**

2 **Zwischen welchen aufeinander folgenden natürlichen Zahlen liegen diese Quadratwurzeln?**

a) $\sqrt{30}$ b) $\sqrt{55}$ c) $\sqrt{90}$ d) $\sqrt{250}$ e) $\sqrt{750}$ f) $\sqrt{1\,000}$

3 **Konstruiere und berechne ein rechtwinkliges Dreieck.**

a) Konstruiere ein rechtwinkliges Dreieck ABC ($\beta = 90°$) aus folgenden Kathetenlängen:
1. $a = 3\,\text{cm}$; $c = 5\,\text{cm}$ 2. $a = 6{,}5\,\text{cm}$; $c = 3{,}5\,\text{cm}$ 3. $a = 8{,}1\,\text{cm}$; $c = 4{,}7\,\text{cm}$.

b) Berechne jeweils die Länge der Seite b bis auf zwei Stellen nach dem Komma.

c) Miss b und vergleiche mit der rechnerischen Lösung.

4 **Berechne die fehlenden Größen (r, U, A) der Kreise.**
Hinweis: $A = \pi \cdot r^2$ und $U = 2\pi r$

a) $r = 4{,}55\,\text{cm}$ b) $U = 52\,\text{m}$ c) $A = 81\,\text{mm}^2$

4.3 Anordnung reeller Zahlen

DARUM GEHT ES

Du lernst eine neue Zahlenmenge kennen. Einige dieser Zahlen wirst du an der Zahlengeraden darstellen und ordnen können.

DAS MUSST DU WISSEN — Irrationale und reelle Zahlen

Es gibt Dezimalzahlen, die unendlich viele, sich nicht wiederholende Nachkommastellen haben. Man sagt auch, sie sind *nicht abbrechend* und *nicht periodisch.* Solche Zahlen heißen **irrationale Zahlen.** Weitere irrationale Zahlen sind π ($\pi = 3{,}141\,592\,653...$), e (e = 2,7183...) und andere. Einige Quadratwurzeln sind solche irrationale Zahlen. Zusammen mit den rationalen Zahlen ergibt sich daraus eine neue Menge, die **reellen Zahlen.**

Jedem Punkt auf der Zahlengeraden ist genau eine reelle Zahl zugeordnet. Du kannst irrationale Zahlen auf der Zahlengeraden darstellen, z. B. $\sqrt{13}$.

Beispiel:

1. Lege auf der Zahlengerade (1 Einheit = 1 cm) von 0 aus eine Strecke $\overline{AB}$ von 2 cm fest.
2. Errichte auf B eine Senkrechte $\overline{BC}$ ($L = 3\,\text{cm}$). Endpunkt ist C.

3. Verbinde A mit C; $\overline{AC} = \sqrt{\overline{AB}^2 + \overline{BC}^2} = \sqrt{2^2 + 3^2} = \sqrt{4 + 9} = \sqrt{13}$ (nach Satz des Pythagoras, siehe 65).
4. Schlage um A mit $r = \overline{AC}$ einen Kreisbogen. Den Schnittpunkt des Kreisbogens mit der Zahlengeraden nenne C'.
   Dem Punkt C' ist auf der Zahlengeraden die irrationale Zahl $\sqrt{13}$ zugeordnet.

1 Schreibe als Dezimalzahlen und ordne der Größe nach.

a) $\frac{233}{100}$; 2,24; $2,\overline{23}$; $\frac{559}{250}$; $\sqrt{5}$; 2,332 333 233 332...

b) $\sqrt{3,5}$; 1,88; $1,\overline{870}$; $\frac{1\,870}{1\,000}$; 1,878 778 777...; $\frac{47}{25}$

c) π; $\frac{22}{7}$; 3,14; $\sqrt{10}$

2 Setze das Zeichen < oder > ein.

a) 2,45 ☐ $\sqrt{6}$ b) $\sqrt{12}$ ☐ $\frac{7}{2}$ c) $\sqrt{1,5}$ ☐ $\frac{122}{100}$

d) $\sqrt{7}$ ☐ $\sqrt{8}$ e) 1,51 ☐ $\sqrt{2,25}$ f) $\sqrt{123}$ ☐ 11

3 Fülle die Tabelle aus.

	Natürliche Zahl	Ganze Zahl	Rationale Zahl	Irrationale Zahl	Reelle Zahl
-1	nein	ja	ja	nein	ja
2,6					
$\sqrt{3}$					
0,222...					
$-\sqrt{11}$					
$\frac{3}{19}$					
4					

4 Ordne (wie im Beispiel oben für $\sqrt{13}$ gezeigt) den folgenden irrationalen Zahlen einen Punkt auf der Zahlengeraden zu.

a) $\sqrt{5}$ $(\overline{AB} = 2; \overline{BC} = 1)$ b) $\sqrt{10}$ $(\overline{AB} = 1; \overline{BC} = 3)$ c) $\sqrt{20}$ $(\overline{AB} = 4; \overline{BC} = 2)$

4.4 Rechnen mit Quadratwurzeln

DARUM GEHT ES

Hier lernst du, wie man verschiedene Wurzelausdrücke umformen und vereinfachen kann.

TIPPS UND INFOS **Grundlagen**

- $\sqrt{a}$ ist diejenige positive Zahl, deren Quadrat a ist.
- Für alle Zahlen $a \geq 0$ ist das Quadrieren die Umkehrung des Wurzelziehens: $(\sqrt{a})^2 = a$.
- Kehrt man hingegen das Quadrieren durch Wurzelziehen um, gilt für alle a: $\sqrt{a^2} = |a|$.
- Die Zahl unter der Wurzel heißt Radikand.

DAS MUSST DU WISSEN **Multiplikations- und Divisionsregel**

Du multiplizierst zwei Wurzeln miteinander, indem du zunächst die Zahlen unter der Wurzel multiplizierst und dann erst die Wurzel ziehst. Verfahre bei der Division zweier Wurzeln genauso.

Beispiele: Vereinfache die folgenden Terme.

a) $\sqrt{2} \cdot \sqrt{3} = \sqrt{2 \cdot 3} = \sqrt{6}$

b) $\sqrt{27} : \sqrt{3} = \sqrt{27 : 3} = \sqrt{9} = 3$

c) $\sqrt{2} \cdot \sqrt{8} = \sqrt{2 \cdot 8} = \sqrt{16} = 4$

d) $\frac{\sqrt{5}}{\sqrt{2}} = \sqrt{\frac{5}{2}} = \sqrt{2{,}5}$

1 **Multipliziere.**

a) $\sqrt{2} \cdot \sqrt{7}$ b) $\sqrt{2} \cdot \sqrt{18}$ c) $\sqrt{3} \cdot \sqrt{27}$

d) $\sqrt{5} \cdot \sqrt{7}$ e) $\sqrt{6} \cdot \sqrt{24}$ f) $\sqrt{3} \cdot \sqrt{3} \cdot \sqrt{3}$

2 **Dividiere.**

a) $\sqrt{8} : \sqrt{2}$ b) $\frac{\sqrt{15}}{\sqrt{3}}$ c) $\frac{\sqrt{20}}{\sqrt{4}}$

d) $\sqrt{4} : \sqrt{5}$ e) $\frac{\sqrt{39}}{\sqrt{125}}$ f) $\frac{\sqrt{24} \cdot \sqrt{7}}{\sqrt{8}}$

DAS MUSST DU WISSEN | **Teilweises Wurzelziehen**

Steht unter der Wurzel ein Produkt, in dem ein Faktor eine Quadratzahl ist, dann darfst du aus der Quadratzahl die Wurzel ziehen.

Beispiel: Vereinfache durch teilweises Wurzelziehen.

a) $\sqrt{72} = \sqrt{36 \cdot 2} = \sqrt{36} \cdot \sqrt{2} = 6 \cdot \sqrt{2}$

b) $\sqrt{7a^2} = \sqrt{7} \cdot \sqrt{a^2} = |a| \cdot \sqrt{7}$

3 **Ziehe teilweise die Wurzel.**

a) $\sqrt{50}$ b) $\sqrt{75}$ c) $\sqrt{8}$ d) $\sqrt{1\,000}$ e) $\sqrt{48}$ f) $\sqrt{80}$

4 **Vereinfache durch teilweises Wurzelziehen.**

a) $\sqrt{9x^2}$ b) $\sqrt{16y^2}$ c) $\sqrt{8a^2}$

d) $\sqrt{18x^2}$ e) $\sqrt{a^2b}$ f) $\sqrt{5x^2y}$

DAS MUSST DU WISSEN | **Ausklammern**

Tauchen in einer Summe zwei gleiche Wurzeln auf, vor denen jeweils ein Faktor steht, dann addiere die beiden Faktoren und multipliziere erst dann mit der Wurzel.

Beispiel: Vereinfache durch Ausklammern.

a) $2\sqrt{3} + 3\sqrt{3} = (2 + 3)\sqrt{3} = 5\sqrt{3}$

b) $\sqrt{7x} - \sqrt{x} = \sqrt{7} \cdot \sqrt{x} - 1 \cdot \sqrt{x} = (\sqrt{7} - 1)\sqrt{x}$

c) $\sqrt{ab} - \sqrt{bc} = \sqrt{a} \cdot \sqrt{b} - \sqrt{b} \cdot \sqrt{c} = (\sqrt{a} - \sqrt{c})\sqrt{b}$

DAS MUSST DU WISSEN | **Rationalmachen des Nenners**

Steht im Nenner eine Wurzel, dann erweitere den Bruch mit dieser Wurzel.

Beispiel: Schreibe ohne Wurzel im Nenner.

a) $\frac{10}{\sqrt{3}} = \frac{10}{\sqrt{3}} \frac{\sqrt{3}}{\sqrt{3}} = \frac{10}{3}\sqrt{3}$

b) $\frac{2}{\sqrt{5} + 2} = \frac{2}{(\sqrt{5} + 2)} \cdot \frac{(\sqrt{5} - 2)}{(\sqrt{5} - 2)} = \frac{2\sqrt{5} - 4}{5 - 4} = 2\sqrt{5} - 4$

5 **Mache den Nenner rational.**

a) $\frac{1}{\sqrt{3}}$ b) $\frac{4}{\sqrt{2}}$ c) $\frac{5}{\sqrt{7}}$ d) $\frac{5}{\sqrt{5}}$

e) $\frac{1}{\sqrt{2}+2}$ f) $\frac{5}{\sqrt{3}-5}$ g) $\frac{\sqrt{7}}{\sqrt{7}+\sqrt{2}}$ h) $\frac{1}{2\sqrt{3}+1}$

6 **Vereinfache durch Ausklammern.**

a) $2\sqrt{3}+5\sqrt{3}$ b) $10\sqrt{5}-3\sqrt{5}$ c) $3\sqrt{11}-5\sqrt{11}$

d) $\sqrt{2}+13\sqrt{2}-5\sqrt{2}$ e) $-\sqrt{5}-2\sqrt{3}+5\sqrt{3}$ f) $7\sqrt{a}-9\sqrt{a}+3\sqrt{b}-\sqrt{b}$

7 **Vereinfache.**

a) $(\sqrt{2}+\sqrt{8})^2$ b) $(\sqrt{12}-\sqrt{3})^2$ c) $(\sqrt{20}+\sqrt{5})^2$ d) $(2\sqrt{4{,}5}-3\sqrt{2})^2$

4.5 Terme und Gleichungen mit Quadratwurzeln

DARUM GEHT ES

Wurzelgleichungen sind Gleichungen, in denen eine Variable unter der Wurzel steht. Hier erfährst du, wie man solche Gleichungen lösen kann.

DAS MUSST DU WISSEN – **Gleichung mit Wurzelausdruck lösen**

- Beim Lösen von Gleichungen benötigst du Äquivalenzumformungen.
- Du solltest die binomischen Formeln anwenden können (siehe Seite 10).

Merke: Löse eine Wurzelgleichung, indem du die Gleichung auf beiden Seiten quadrierst.

BEISPIEL

Löse die Gleichungen:

$\sqrt{x} = 10$ $\sqrt{x+1} = 8$

$$\begin{aligned} \sqrt{x} &= 10 \quad | \text{ quadrieren} \\ (\sqrt{x})^2 &= 10^2 \\ x &= 100 \end{aligned}$$

$$\begin{aligned} \sqrt{x+1} &= 8 \\ (\sqrt{x+1})^2 &= 8^2 \\ x+1 &= 64 \\ x &= 63 \end{aligned}$$

DAS MUSST DU WISSEN — Gleichung mit Wurzelausdruck umformen

Forme eine Gleichung so um, dass der Wurzelausdruck allein auf einer Seite steht.

BEISPIELE

Löse die Gleichungen: **a)** $\sqrt{x^2-16}+4x+4=5x+2$; **b)** $\sqrt{x}+5=4\sqrt{x}$

a)

$\sqrt{x^2-16}+4x+4=5x+2 \quad | -4x$

$\sqrt{x^2-16}+4=x+2 \quad | -4$

$\sqrt{x^2-16}=x-2 \quad |$ quadrieren und binomische Formel

$x^2-16=x^2-4x+4$

$-16=-4x+4$

$-20=-4x \quad | :(-4)$

$5=x$

Probe: $\sqrt{25-16}+20+4=25+2$

$3+20+4=27$

$27=27$

Die Lösung ist $x=5$.

b)

$\sqrt{x}+5=4\sqrt{x} \quad | -\sqrt{x}$

$5=3\sqrt{x} \quad |$ quadrieren

$25=9x$

$5^2=3^2(\sqrt{x})^2$

$\frac{25}{9}=x$

Probe: $\sqrt{\frac{25}{9}}+5=4\sqrt{\frac{25}{9}}$

$\frac{5}{3}+5=4\cdot\frac{5}{3}$

$\frac{20}{3}=\frac{20}{3}$

Die Lösung der Gleichung ist $x=\frac{25}{9}$.

1 **Löse die Gleichungen.**

a) $\sqrt{x}=16$ b) $4\sqrt{a}=2$ c) $\sqrt{x+1}=3$ d) $\sqrt{a-2}=8$

e) $\sqrt{x}-1=3$ f) $\sqrt{x}-6=3\sqrt{x}$ g) $\sqrt{2-3x}-5=0$

2 **Löse die Gleichungen.**

a) $\frac{\sqrt{x}}{3}=\frac{4}{\sqrt{x}}$ b) $\frac{\sqrt{1+x}}{\sqrt{4x-3}}=\frac{2}{3}$ c) $2\sqrt{x}+4=3\sqrt{x}$ d) $\frac{\sqrt{x+2}}{2}-\sqrt{x}=0$

e) $25x^2=4$ f) $x^2-1=\frac{7}{9}$ g) $x^2+18=26$ h) $a^2x^2-b^2=0$

3 **Berechne die Fläche bei a) sowie Umfang und Fläche bei b).**

a) 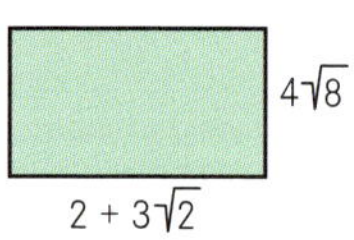

$U=4+22\sqrt{2}$

b) 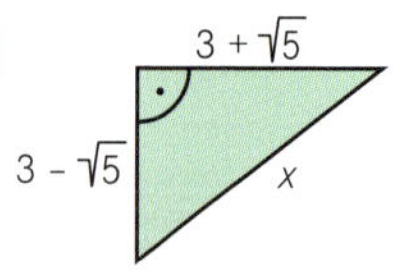

Test

1 Berechne mittels Intervallschachtelung auf zwei Dezimalstellen genau. | 10 |

a) $\sqrt{10}$

b) $\sqrt{200}$

2 Ordne auf zeichnerischem Weg einen Punkt auf dem Zahlenstrahl zu. | 10 |

a) $\sqrt{18}$ ($\overline{AB}$ = 3 cm; $\overline{BC}$ = 3 cm)

b) $\sqrt{20}$ ($\overline{AB}$ = 4 cm; $\overline{BC}$ = 2 cm)

3 Vereinfache. | 10 |

a) $2\sqrt{3} - 5\sqrt{2} + 4\sqrt{3} + 6\sqrt{2}$

b) $5\sqrt{8} \cdot 4\sqrt{2}$

c) $5\sqrt{8} : 4\sqrt{2}$

4 Mache den Nenner rational. | 10 |

a) $\frac{2}{\sqrt{5}}$

b) $\frac{3\sqrt{2}}{5\sqrt{8}}$

5 Löse die Gleichungen (Denke an die Probe). | 10 |

a) $\frac{\sqrt{x}}{2} = 2$

b) $2\sqrt{x^2 - 16} = 2x + 16$

|| 50 ||

Wie viele Punkte hast du? Erreichst du mehr als 39 Punkte, beherrschst du den Inhalt des Kapitels wirklich gut. Erreichst du weniger als 20 Punkte, dann solltest du dieses Kapitel wiederholen.

5 Satzgruppe des Pythagoras

WAS DU SCHON KÖNNEN MUSST

- Dreiecke nach Winkeln und Seiten unterscheiden
- Den Flächeninhalt eines Dreiecks berechnen
- Höhen im Dreieck einzeichnen und bezeichnen

Alle drei Punkte werden in Kapitel 5.1 wiederholt.

DARUM GEHT ES

In diesem Kapitel lernst du, Dreiecke in der Ebene und im Raum zu berechnen.

5.1 Wiederholung Dreiecke

Dreiecke werden zum einen nach Winkeln (spitzwinklig, stumpfwinklig, rechtwinklig) und zum anderen nach Seitenlängen (gleichseitig, gleichschenklig, allgemein) eingeteilt. Für dieses Kapitel ist die Einteilung nach Winkeln wichtig. Ein Dreieck heißt:

spitzwinklig, wenn alle Winkel < 90°.

rechtwinklig, wenn ein Winkel = 90°.

stumpfwinklig, wenn ein Winkel > 90°.

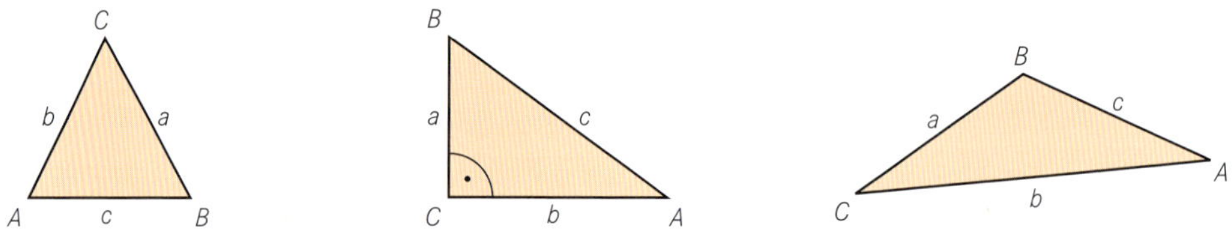

Bezeichnung der Dreiecke:

- die *Ecken* mit Großbuchstaben *gegen den Uhrzeigersinn* bezeichnen,
- dann die *gegenüberliegenden Seiten* mit den entsprechenden kleinen Buchstaben und
- schließlich die *Winkel* mit den zugehörigen griechischen Buchstaben.

Im folgenden Kapitel wirst du dich im Wesentlichen mit rechtwinkligen Dreiecken befassen. Der Satz des Pythagoras gilt ausschließlich für rechtwinklige Dreiecke. Bei rechtwinkligen Dreiecken gibt es besondere Bezeichnungen:

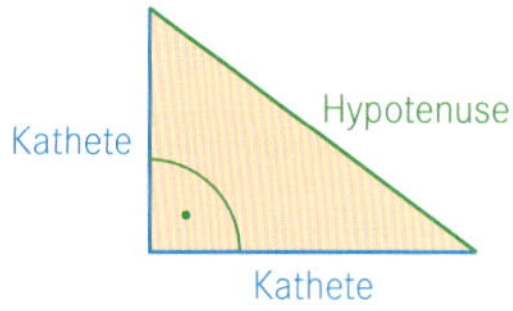

Die Seite, die dem rechten Winkel *gegenüberliegt,* heißt **Hypotenuse.** Sie ist zugleich die längste Seite im Dreieck. Die beiden Seiten, die den rechten Winkel *einschließen,* heißen **Katheten.**

Höhen im Dreieck und Flächenberechnung

Die **Höhe** in einem Dreieck ist eine Strecke, die von einem Eckpunkt senkrecht zur gegenüberliegenden Seite verläuft. Jedes Dreieck hat also drei Höhen.

Wie du in der Skizze siehst, sind bei einem rechtwinkligen Dreieck die Katheten zugleich die Höhen der jeweils anderen Kathete. Das führt zu einer vereinfachten

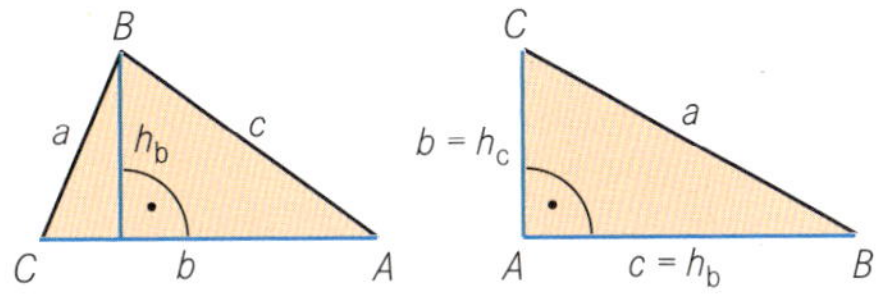

Formel für die Flächenberechnung: $A = (Grundseite \cdot Höhe) : 2 = (Kathete \cdot Kathete) : 2.$

5.2 Satz des Pythagoras

Der griechische Mathematiker Pythagoras, um 500 v. Chr., hat herausgefunden, dass bei rechtwinkligen Dreiecken besondere Regeln gelten. In der Abbildung siehst du zwei gleich große Quadrate mit den Seitenlängen $a + b$, in die auf verschiedene Art und Weise je vier gleich große rechteckige Dreiecke so gelegt wurden, dass nur quadratische Flächen übrigbleiben.

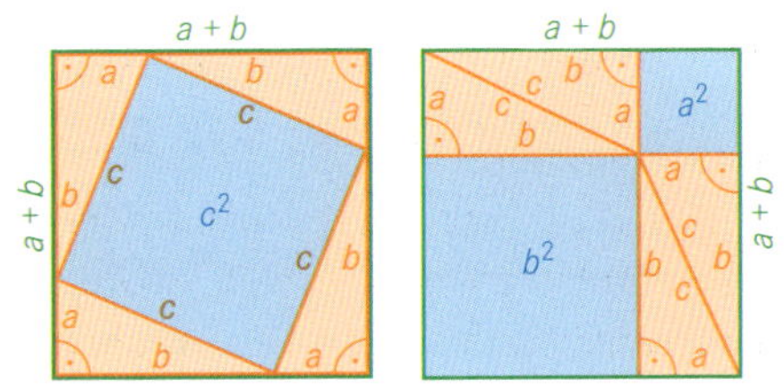

Vom ursprünglichen, großen Quadrat wird durch die vier flächengleichen Dreiecke in beiden Figuren gleich viel Fläche abgedeckt. Also haben die quadratischen Flächen, die übrigbleiben, in beiden Figuren insgesamt den gleichen Flächeninhalt: $c^2 = a^2 + b^2$.

Die Restfläche ist zwar unterschiedlich aufgeteilt, aber gleich groß. Die neu entstandenen Quadrate entsprechen den Quadraten über den drei Seiten des rechtwinkligen Dreiecks. Diesen Zusammenhang nennt man den **Satz des Pythagoras.**

DAS MUSST DU WISSEN — **Satz des Pythagoras**

In jedem rechtwinkligen Dreieck ist die Summe der beiden Quadrate über den Katheten (hier a und b) genauso groß wie das Quadrat über der Hypotenuse (hier c).

$a^2 + b^2 = c^2$ (für $\gamma = 90°$)

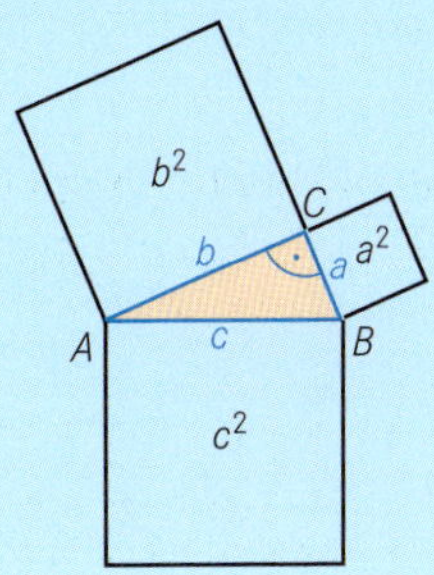

5 Satzgruppe des Pythagoras

Dieser Satz hilft dir dabei, fehlende Seitenlängen in einem rechtwinkligen Dreieck zu berechnen.

Beispiele:

a) In einem rechtwinkligen Dreieck *ABC* ($\gamma = 90°$) soll aus den beiden Katheten $a = 3{,}8\,\text{cm}$ und $b = 6{,}2\,\text{cm}$ die Hypotenuse *c* errechnet werden.

Lösung:

$a^2 + b^2 = c^2 \quad | \sqrt{\ }$

$\sqrt{a^2 + b^2} = c$

$\sqrt{(3{,}8\,\text{cm})^2 + (6{,}2\,\text{cm})^2} = c \approx 7{,}27\,\text{cm}$

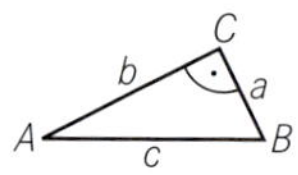

b) In einem rechtwinkligen Dreieck *ABC* ($\gamma = 90°$) soll aus der Kathete $a = 3\,\text{cm}$ und der Hypotenuse $c = 8\,\text{cm}$ die Kathete *b* errechnet werden.

Lösung:

$a^2 + b^2 = c^2 \quad | -a^2$

$b^2 = c^2 - a^2 \quad | \sqrt{\ }$

$b = \sqrt{c^2 - a^2}$

$b = \sqrt{(8\,\text{cm})^2 - (3\,\text{cm})^2} \approx 7{,}42\,\text{cm}$

1 **Färbe die Katheten blau, die Hypotenuse rot. Schreibe den Satz des Pythagoras für jedes rechtwinklige Dreieck auf.**

Gib bei h) und i) die Seiten in Streckenschreibweise ($\overline{AB}$) an. Bei i) gibt es mehrere rechtwinklige Dreiecke.

a)

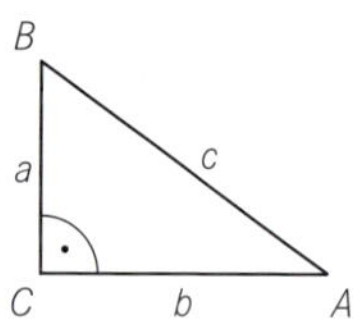

b)

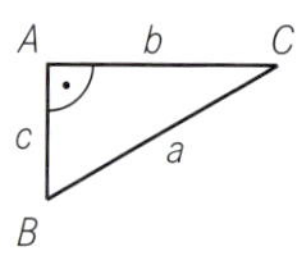

c)

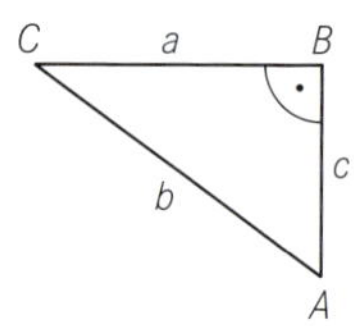

d)

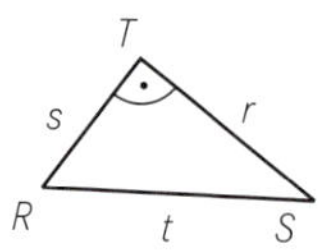

e)

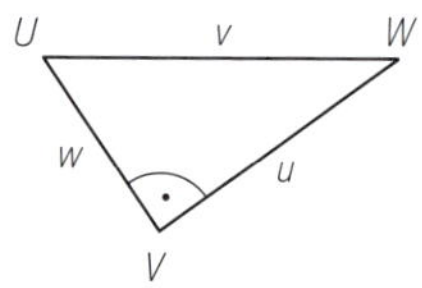

f)

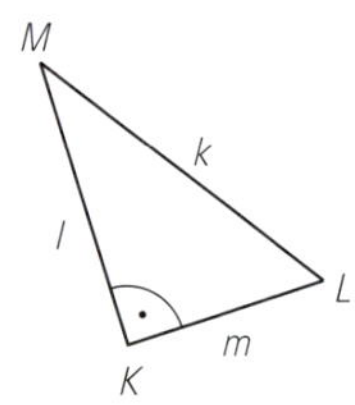

g)

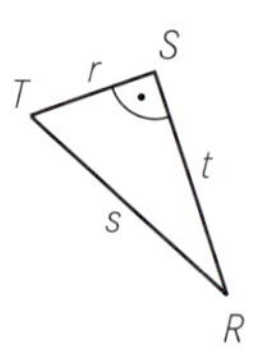

h)

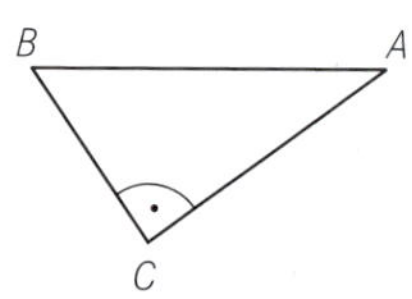

i)

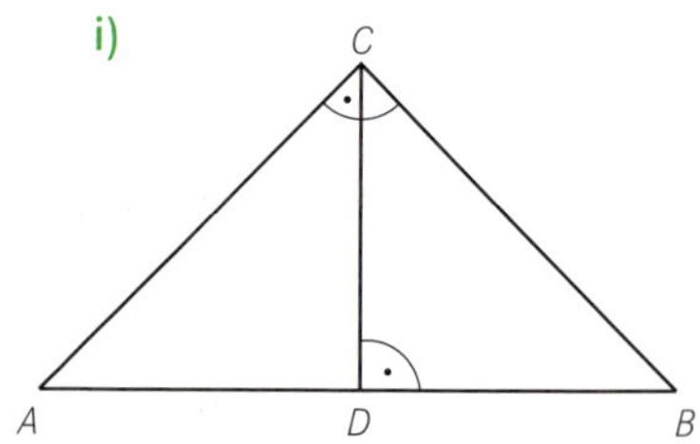

2 **Berechne die Länge der Hypotenuse.**

Tipp: Achte auf die Lage des rechten Winkels.
Mache dir für die Aufgaben d) und e) je eine Skizze.

a)
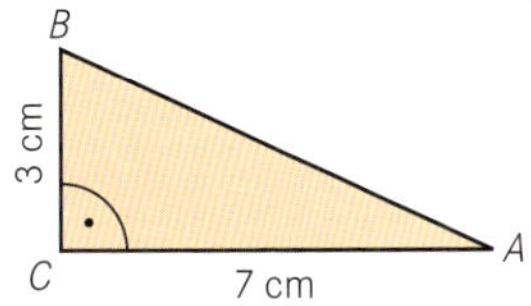

b)
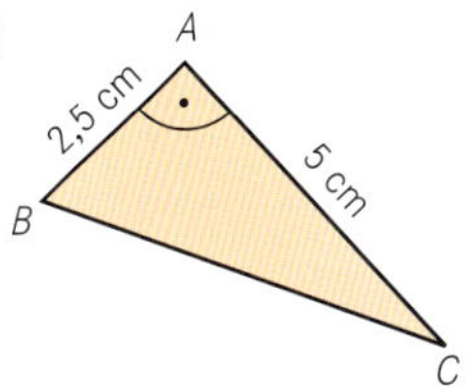

c)
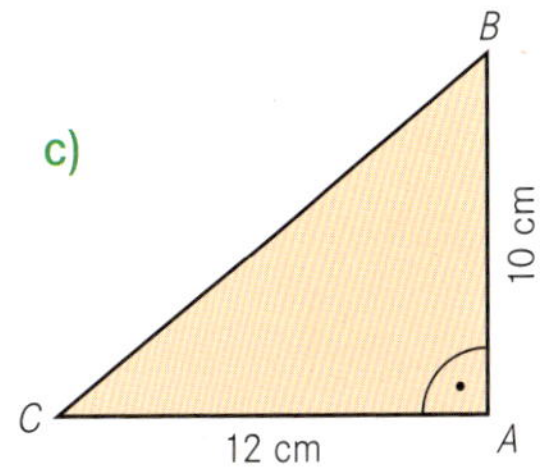

d) $a = 5\,\text{cm}$; $b = 8\,\text{cm}$ $[\gamma = 90°]$

e) $a = 2{,}5\,\text{cm}$; $b = 7\,\text{cm}$ $[\gamma = 90°]$

3 **Berechne die Länge der fehlenden Kathete.**

Tipp: Achte auf die Lage des rechten Winkels. Mache dir für die Aufgaben d) und e) je eine Skizze.

a)
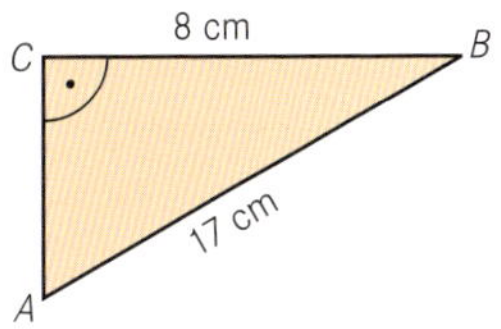

b)
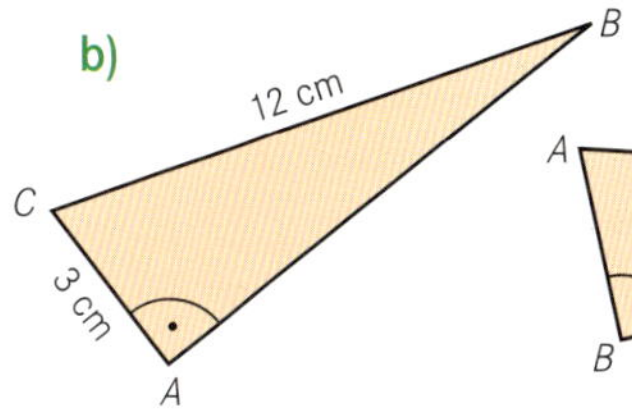

c)
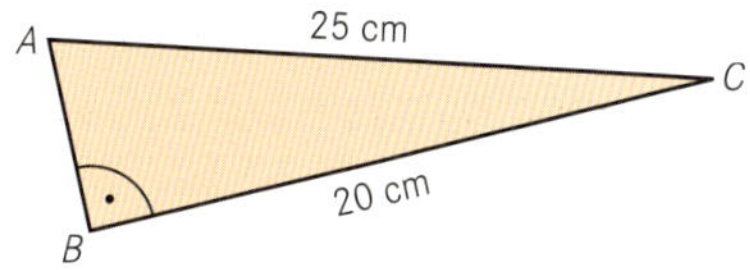

d) $a = 4\,\text{cm}$; $c = 12\,\text{cm}$ $[\gamma = 90°]$

e) $b = 4{,}6\,\text{cm}$; $c = 7{,}8\,\text{cm}$ $[\gamma = 90°]$

DAS MUSST DU WISSEN | **Umkehrung des Satzes des Pythagoras**

Es gilt auch die Umkehrung des Satzes des Pythagoras, das bedeutet, du kannst mit der Gleichung überprüfen, ob ein Dreieck spitzwinklig, rechtwinklig oder stumpfwinklig ist, ohne es zu zeichnen.

Für ein Dreieck *ABC*, bei dem *c* die längste Seite ist, gilt:

$a^2 + b^2 > c^2 \rightarrow$ Das Dreieck ist spitzwinklig.
$a^2 + b^2 = c^2 \rightarrow$ Das Dreieck ist rechtwinklig.
$a^2 + b^2 < c^2 \rightarrow$ Das Dreieck ist stumpfwinklig.

Beispiele:

a) Ein Dreieck hat die Seitenlängen 3 cm, 4 cm und 5 cm.
$(3\,\text{cm})^2 + (4\,\text{cm})^2 = (5\,\text{cm})^2 \rightarrow$ Das Dreieck ist rechtwinklig.

b) Ein Dreieck hat die Seitenlängen 2 cm, 4 cm und 5 cm.
$(2\,\text{cm})^2 + (4\,\text{cm})^2 < (5\,\text{cm})^2 \rightarrow$ Das Dreieck ist stumpfwinklig.

c) Ein Dreieck hat die Seitenlängen 12 cm, 14 cm und 8 cm.
$(12\,\text{cm})^2 + (8\,\text{cm})^2 > (14\,\text{cm})^2 \rightarrow$ Das Dreieck ist spitzwinklig.

4 **Überprüfe mit der Umkehrung des Satzes des Pythagoras, ob das Dreieck rechtwinklig ist.**
Tipp: siehe Kasten S. 67: „Umkehrung des Satzes des Pythagoras“

a) 4 cm; 5 cm; 6 cm
b) 15 cm; 8 cm; 17 cm
c) 5 cm; 12 cm; 13 cm
d) 10 cm; 20 cm; 25 cm
e) 8 cm; 10 cm; 14 cm
f) 11 cm; 7 cm; 13 cm

5.3 Pythagoras in der Ebene

DARUM GEHT ES

In der Geometrie braucht man den Satz des Pythagoras häufig, um fehlende Größen zu berechnen, z. B. die Höhe in Dreiecken, in Trapezen oder in Parallelogrammen.

BEISPIEL

a) In jedes beliebige Dreieck kannst du eine Höhe einzeichnen und so rechtwinklige Dreiecke erzeugen, in denen der Satz des Pythagoras gilt (siehe Skizze).

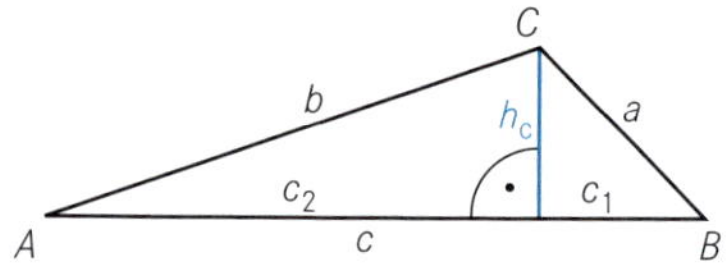

$a = 3\,\text{cm}$; $b = 6\,\text{cm}$; $h_c = 2\,\text{cm}$; berechne c.

Berechnung c_1:

$a^2 = h_c^2 + c_1^2 \quad | -h_c^2$

$a^2 - h_c^2 = c_1^2 \quad | \sqrt{}$

$\sqrt{a^2 - h_c^2} = c_1$

$\sqrt{(3\,\text{cm})^2 - (2\,\text{cm})^2} = c_1$

$c_1 \approx 2{,}24\,\text{cm}$

Berechnung c_2:

$b^2 = h_c^2 + c_2^2 \quad | -h_c^2$

$b^2 - h_c^2 = c_2^2 \quad | \sqrt{}$

$\sqrt{b^2 - h_c^2} = c_2$

$\sqrt{(6\,\text{cm})^2 - (2\,\text{cm})^2} = c_2$

$c_2 \approx 5{,}66\,\text{cm}$

Lösung: $c = c_1 + c_2 = 2{,}24\,\text{cm} + 5{,}66\,\text{cm} = 7{,}9\,\text{cm}$

b) Auch im Trapez kannst du die Höhe so einzeichnen, dass ein rechtwinkliges Dreieck entsteht (siehe Skizze).

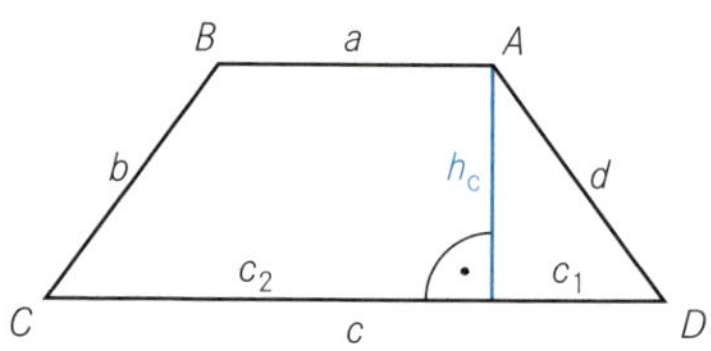

$a = 5\,\text{cm}$; $c = 10\,\text{cm}$; $h_c = 3\,\text{cm}$; $b = d$ (also ist dies ein *gleichschenkliges* Trapez); berechne b (= d).

$$c_1 = \frac{(c - a)}{2}$$

$$c_1 = \frac{(10\,\text{cm} - 5\,\text{cm})}{2} = \frac{5\,\text{cm}}{2} = 2{,}5\,\text{cm}$$

$h_c^2 + c_1^2 = d^2 \quad | \sqrt{}$

$d = \sqrt{h_c^2 + c_1^2}$

$d = \sqrt{(3\,\text{cm})^2 + (2{,}5\,\text{cm})^2} \approx 3{,}91\,\text{cm}$

1 Berechne die Diagonale des Quadrats. Runde sinnvoll.

a) $a = 5\,\text{cm}$ b) $a = 7{,}8\,\text{cm}$ c) $a = 2\,\text{cm}$ d) $a = 10\,\text{cm}$

2 Berechne die Länge der mit Buchstaben bezeichneten Seiten. Runde sinnvoll.

a)
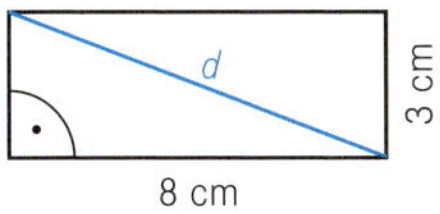

b)
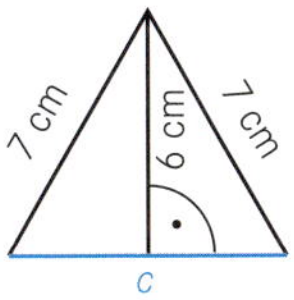

c)
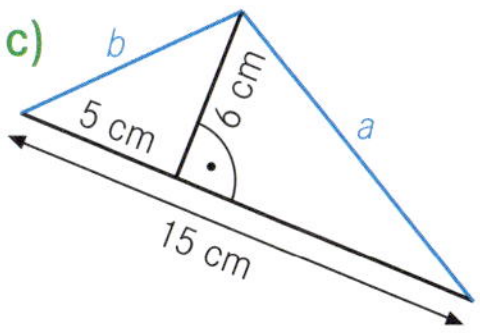

d)
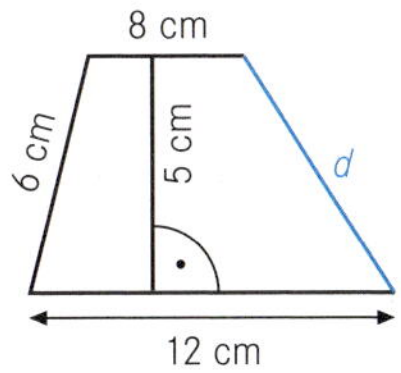

e)
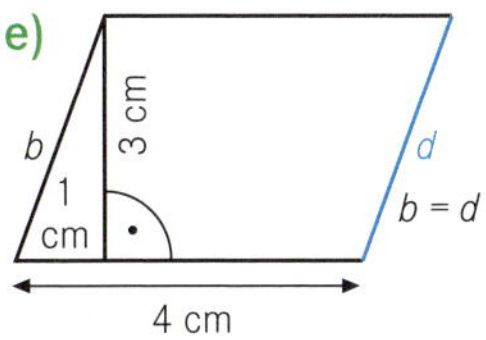

f)
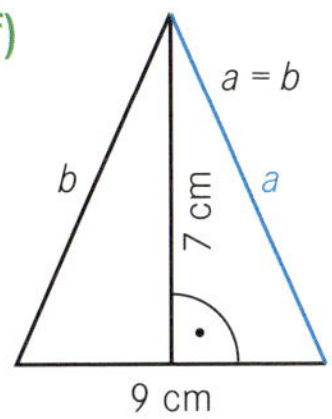

g)
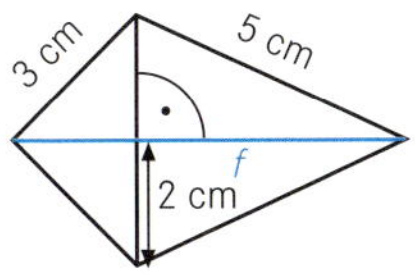

h)
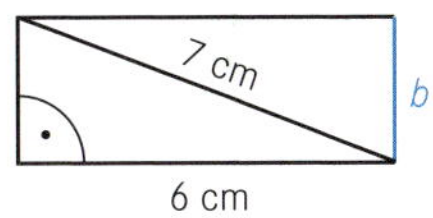

3 Hier sind die Formen dreier Dächer gezeigt. Wie hoch sind sie jeweils?

a)
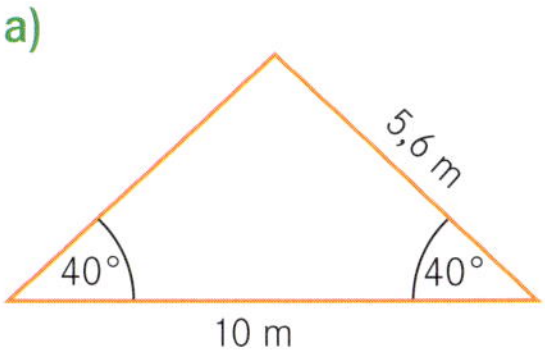

b)
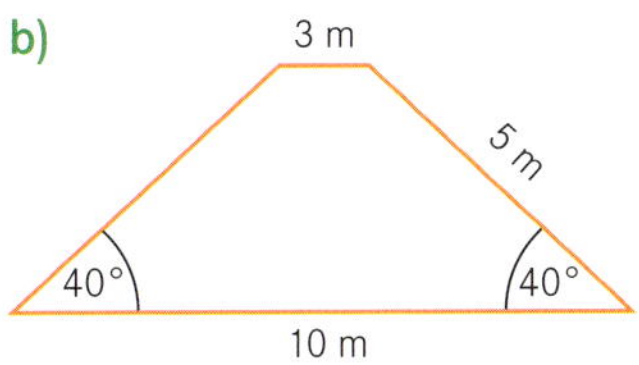

c)
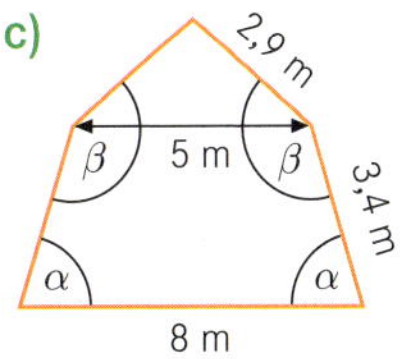

4 Berechne jeweils den Flächeninhalt und den Umfang der Figur.
Tipp: Du musst dir die Figur so einteilen, dass du Flächen erhältst, die du berechnen kannst (Rechteck, Quadrat, Dreieck, ...).

a)
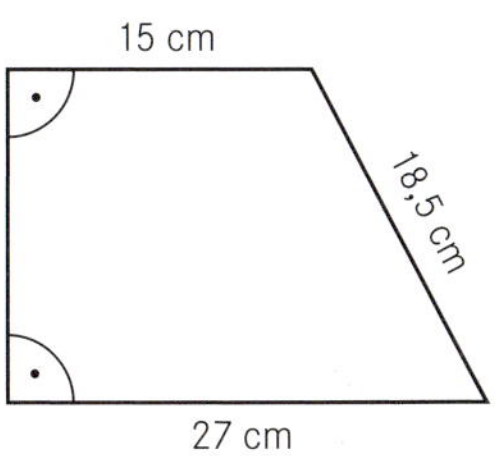

b)
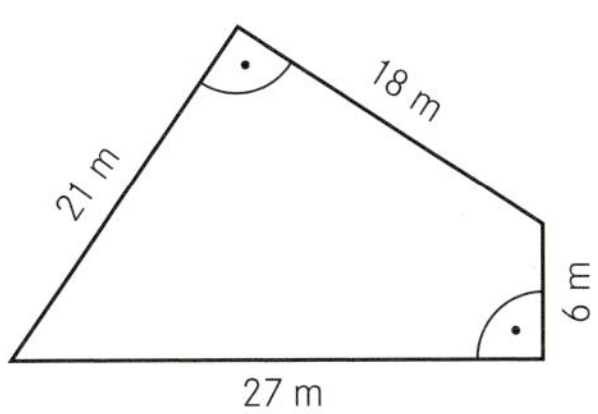

c)
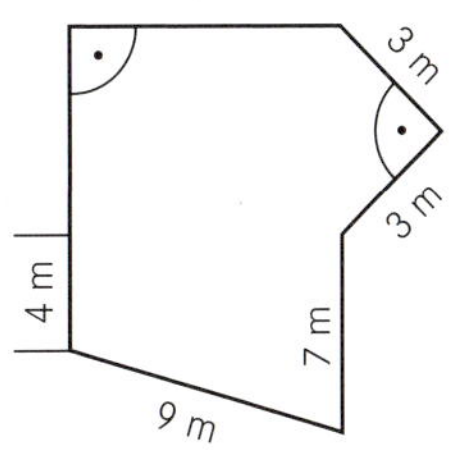

5.4 Pythagoras im Raum

DARUM GEHT ES

Auch bei Berechnungen im Raum brauchst du den Satz des Pythagoras, z. B. zur Berechnung der Raumdiagonalen oder der Luftlinienentfernung zweier Berggipfel.

BEISPIEL

a) Berechne die Raumdiagonale d eines Würfels mit der Kantenlänge $a = 4\,\text{cm}$.
Für die Berechnung von d sind zwei Rechnungen nötig. Bevor du die Länge der Raumdiagonalen d berechnen kannst, musst du zunächst die Länge der Flächendiagonalen e bestimmen.

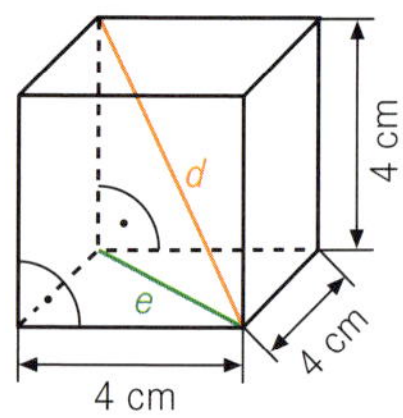

Lösung in zwei Schritten:

1. Schritt:

$$a^2 + a^2 = e^2 \quad | \sqrt{\ }$$
$$e = \sqrt{2a^2}$$
$$e = \sqrt{2 \cdot (4\,\text{cm})^2} \approx 5{,}66\,\text{cm}$$

2. Schritt:

$$e^2 + a^2 = d^2 \quad | \sqrt{\ }$$
$$d = \sqrt{e^2 + a^2}$$
$$d = \sqrt{(5{,}66\,\text{cm})^2 + (4\,\text{cm})^2} \approx 6{,}93\,\text{cm}$$

b) Wie hoch ist die Pyramide mit quadratischer Grundfläche? Gegeben ist die Länge der Grundseite $a = 5\,\text{m}$ und die Höhe der Seitenfläche $h_a = 9{,}5\,\text{m}$.

$$h_a^2 = h_k^2 + \left(\frac{a}{2}\right)^2 \quad | -\left(\frac{a}{2}\right)^2$$
$$h_a^2 - \left(\frac{a}{2}\right)^2 = h_k^2 \quad | \sqrt{\ }$$
$$h_k = \sqrt{h_a^2 - \left(\frac{a}{2}\right)^2}$$
$$h_k = \sqrt{(9{,}5\,\text{m})^2 - (2{,}5\,\text{m})^2} \approx 9{,}17\,\text{m}$$

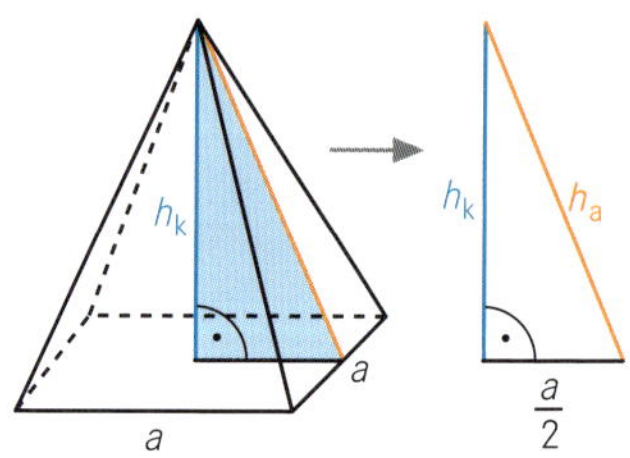

1 Bestimme jeweils die Raumdiagonale.

Tipp: Orientiere dich an der Skizze zu Beispiel a).

a) Ein Würfel hat die Kantenlänge $a = 15\,\text{cm}$.
b) Ein Würfel hat die Kantenlänge $a = 6\,\text{cm}$.
c) Ein Quader hat die Kantenlängen $a = 3\,\text{cm}$; $b = 5\,\text{cm}$; $c = 7\,\text{cm}$.
d) Ein Quader hat die Kantenlängen $a = 9\,\text{cm}$; $b = 4\,\text{cm}$; $c = 2\,\text{cm}$.

2 Bestimme die Höhe ...

a) ... einer quadratischen Pyramide mit einer Grundseitenlänge von 6,5 m und einer Seitenflächenhöhe h_a von 8 m (siehe Skizze zu Beispiel b)).

b) ... eines Turmes, der aus einem Würfel mit einem pyramidenförmigen Dach besteht. Die Kantenlänge des würfelförmigen Podestes beträgt $a = 7\,\text{m}$, die Kantenlänge s des Daches $s = 11\,\text{m}$.
Tipp: Berechne zuerst h_a, dann h_k und schließlich die Gesamthöhe h.

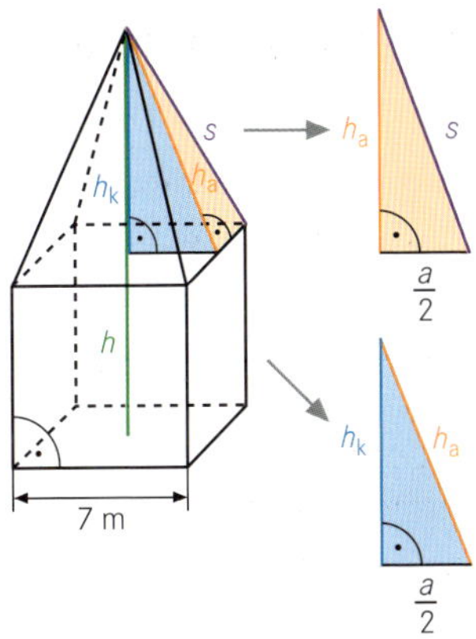

5.5 Kathetensatz und Höhensatz

DARUM GEHT ES

Neben dem Satz des Pythagoras gibt es noch zwei weitere Zusammenhänge zwischen den quadratischen Flächen über den Seiten eines rechtwinkligen Dreiecks: den Kathetensatz und den Höhensatz. Auch diese beiden Sätze helfen dir, unbekannte Seiten im rechtwinkligen Dreieck zu berechnen.

Vorüberlegungen

In einem rechtwinkligen Dreieck teilt die Höhe zur Hypotenuse (h_c) die Hypotenuse in zwei Stücke, die *Hypotenusenabschnitte* genannt werden. Die beiden Hypotenusenabschnitte werden mit p und q bezeichnet; p heißt der Abschnitt, der bei der Kathete a liegt, und q der, der bei der Kathete b liegt (Merkhilfe: a steht im Alphabet vor b, p vor q).

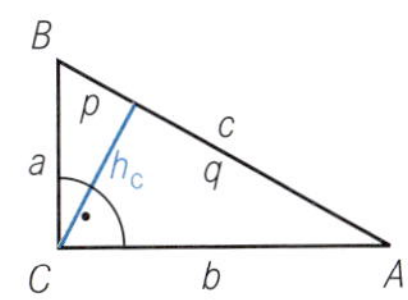

Kathetensatz

Bei einem rechtwinkligen Dreieck mit $\gamma = 90°$ (s. Skizze) gilt:

$a^2 = c \cdot p$

$b^2 = c \cdot q$.

In Worten: In einem rechtwinkligen Dreieck ist das Kathetenquadrat so groß wie das Rechteck aus der Hypotenuse und dem zur Kathete gehörigen Hypotenusenabschnitt.

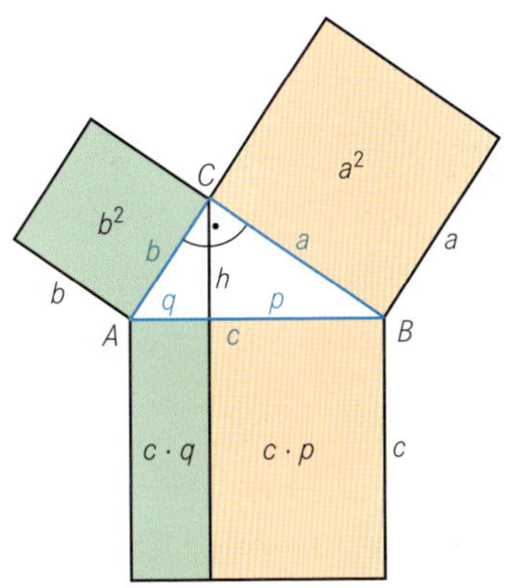

Woher weiß man das? Wie kann man beweisen, dass der Kathetensatz bei jedem rechtwinkligen Dreieck gilt?

1. Man konstruiert mit einem beliebigen Dreieck auf zwei verschiedene Weisen zwei gleich große Vierecke:

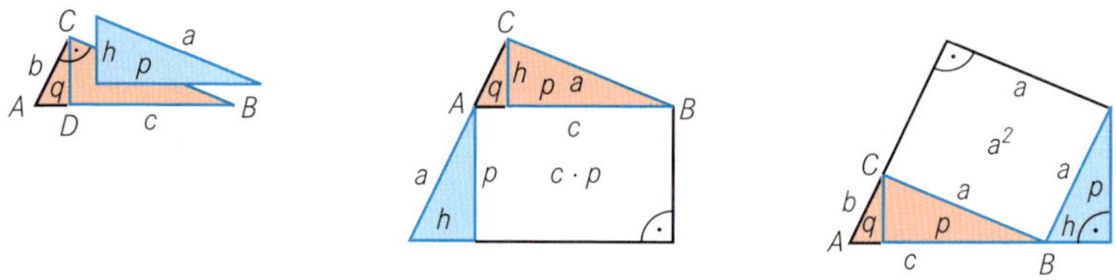

Die Seitenlängen und Winkel sind bei beiden Vierecken gleich (du kannst es nachprüfen!), also ist der Flächeninhalt auch gleich groß.

2. Der Flächeninhalt bleibt auch gleich groß, wenn man von beiden Vierecksflächen das blaue und das orangefarbene Dreieck abzieht.
3. Übrig bleiben das Rechteck $c \cdot p$ und das Quadrat a^2. Nach der vorigen Überlegung haben sie den gleichen Flächeninhalt: $a^2 = c \cdot p$. Das ist der erste Teil des Kathetensatzes!

In den gleichen 3 Schritten kann man den zweiten Teil des Kathetensatzes $b^2 = c \cdot q$ beweisen.

Höhensatz

Bei einem rechtwinkligen Dreieck mit $\gamma = 90°$ (s. Skizze) gilt:

$\boldsymbol{h^2 = p \cdot q}$.

In Worten: In einem rechtwinkligen Dreieck ist das Quadrat über der Höhe genauso groß, wie das Rechteck aus den beiden Hypotenusenabschnitten.

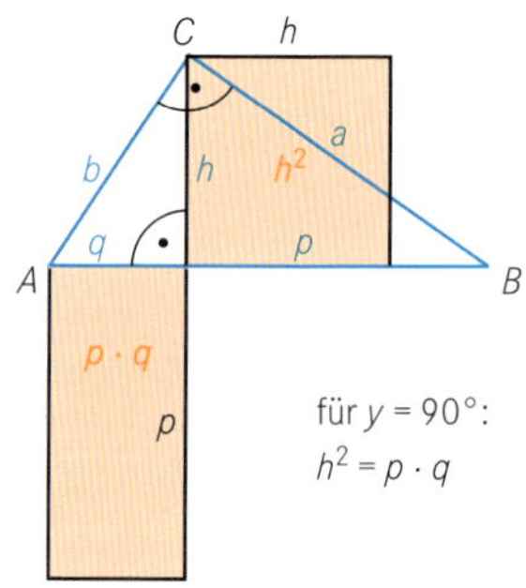

Die Beweisidee ist beim Höhensatz ganz ähnlich wie oben beim Kathetensatz:

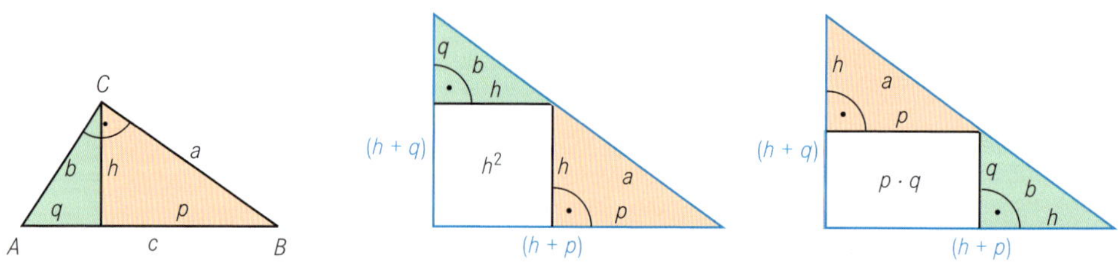

Ein rechtwinkliges Dreieck wird entlang der Höhe zur Hypotenuse zerschnitten. In der Abbildung siehst du, wie die beiden dadurch entstandenen rechtwinkligen Dreiecke auf verschiedene Art und Weise in zwei gleich große rechtwinklige Dreiecke gelegt werden. Dabei bleiben wieder zwei gleich große Flächen unterschiedlicher Form übrig: das Quadrat h^2 und das Rechteck $p \cdot q$.

BEISPIEL

Berechne aus den gegebenen Größen eines rechtwinkligen Dreiecks ($\gamma = 90°$) alle fehlenden Seiten.

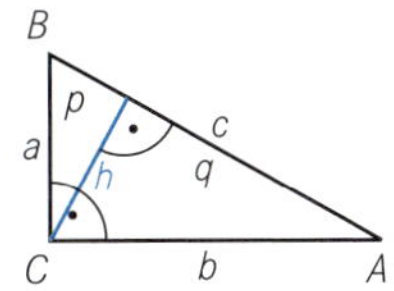

1. gegeben: $p = 3\,\text{cm}$; $q = 5\,\text{cm}$

1. Schritt: $h^2 = p \cdot q \quad | \sqrt{\ }$
$h = \sqrt{p \cdot q}$
$= \sqrt{3\,\text{cm} \cdot 5\,\text{cm}}$
$\approx 3{,}87\,\text{cm}$

2. Schritt: $c = p + q = 8\,\text{cm}$

3. Schritt: $a^2 = h^2 + p^2 \quad | \sqrt{\ }$
$a = \sqrt{h^2 + p^2}$
$= \sqrt{(3{,}87\,\text{cm})^2 + (3\,\text{cm})^2}$
$\approx 4{,}90\,\text{cm}$

4. Schritt: $b = \sqrt{h^2 + q^2}$
$= \sqrt{(3{,}87\,\text{cm})^2 + (5\,\text{cm})^2}$
$\approx 6{,}32\,\text{cm}$

5. Schritt: $A = (a \cdot b) : 2$
$\approx (4{,}9\,\text{cm} \cdot 6{,}32\,\text{cm}) : 2$
$\approx 15{,}48\,\text{cm}^2$

2. gegeben: $a = 5\,\text{m}$; $p = 2\,\text{m}$

1. Schritt: $a^2 = p^2 + h^2 \quad | -p^2$
$a^2 - p^2 = h^2 \quad | \sqrt{\ }$
$h = \sqrt{a^2 - p^2}$
$= \sqrt{(5\,\text{m})^2 - (2\,\text{m})^2} \approx 4{,}58\,\text{m}$

2. Schritt: $h^2 = p \cdot q \quad | : p$
$q = h^2 : p$
$= (4{,}58\,\text{m})^2 : 2\,\text{m} \approx 10{,}49\,\text{m}$

3. Schritt: $c = p + q \approx 12{,}49\,\text{m}$

4. Schritt: $b^2 = q \cdot c \quad | \sqrt{\ }$
$b = \sqrt{q \cdot c}$
$= \sqrt{10{,}49\,\text{m} \cdot 12{,}49\,\text{m}}$
$\approx 11{,}45\,\text{m}$

5. Schritt: $A = (a \cdot b) : 2$
$\approx (5\,\text{m} \cdot 11{,}45\,\text{m}) : 2$
$\approx 28{,}63\,\text{m}^2$

Tipp: Oft hast du mehrere Möglichkeiten, die gesuchten Größen zu errechnen.

1 **Berechne die fehlenden Größen des Dreiecks *ABC* ($\gamma = 90°$). Orientiere dich an der Skizze zu den Beispielen.**

	a	b	c	h	p	q	A
a)	7,5 cm	9,5 cm					
b)				6 cm	2 cm		
c)		3 cm				2,5 cm	
d)					4,6 cm	5,4 cm	
e)			23,8 cm		15 cm		

2 **Berechne die gefärbte Seite.**

a)

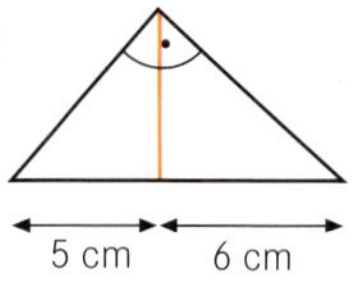

b)

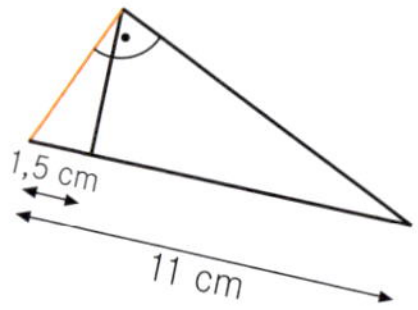

c)

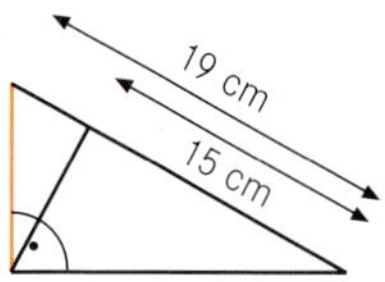

d)

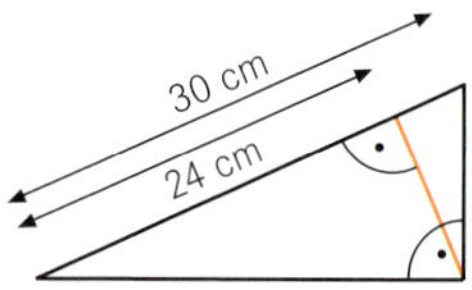

TIPPS UND INFOS **Kathetensatz: Quadrat konstruieren**

Den Kathetensatz kann man nutzen, um mit Geodreieck und Zirkel zu einem gegebenen Rechteck ein Quadrat zu konstruieren, das **denselben Flächeninhalt** hat.

Beispiel: Gegeben ist das Rechteck *ABCD*.

1. Konstruiere die Mittelsenkrechte zu $\overline{CD}$ und bestimme so ihren Mittelpunkt *M*.
2. Zeichne über der Strecke $\overline{CD}$ einen Thaleskreis (also einen Halbkreis über der Strecke $\overline{CD}$ mit Mittelpunkt *M*).
3. Ziehe um *D* einen Kreis mit dem Radius $\overline{AD}$. Du erhältst den Schnittpunkt *E* auf der Rechteckseite.
4. Zeichne durch den Punkt *E* eine zu der Strecke $\overline{CD}$ senkrechte Gerade. Du erhältst den Schnittpunkt *F* mit dem Thaleskreis.
5. Zeichne das rechtwinklige Dreieck *DCF*.
6. Konstruiere über der gesamten Kathete $\overline{DF}$ ein Quadrat.

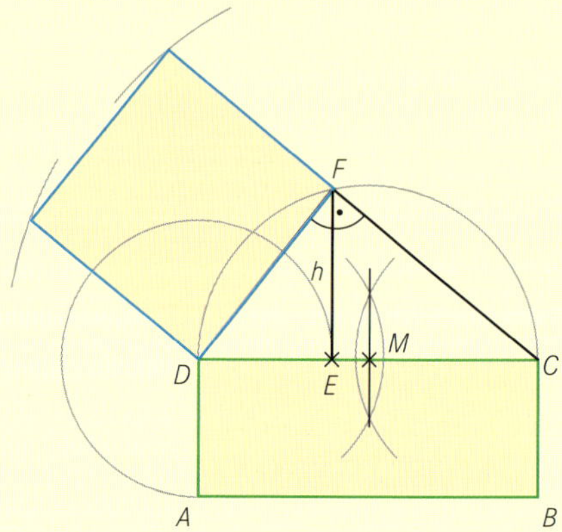

3 **Konstruiere mithilfe des Kathetensatzes zu einem Rechteck mit den angegebenen Seitenlängen ein flächengleiches Quadrat.**

a) $a = 4\,\text{cm}$; $b = 6\,\text{cm}$ b) $a = 7\,\text{cm}$; $b = 2\,\text{cm}$ c) $a = 3\,\text{cm}$; $b = 5\,\text{cm}$

TIPPS UND INFOS **Höhensatz: Quadrat konstruieren**

Auch anhand des Höhensatzes kann man mit Geodreieck und Zirkel zu einem gegebenen Rechteck ein **flächengleiches Quadrat** konstruieren.

Beispiel: Gegeben ist das Rechteck *ABCD*.

1. Verlängere die Seite $\overline{CD}$ nach links.
2. Ziehe um *D* einen Kreis mit dem Radius $\overline{AD}$. Du erhältst den Schnittpunkt *E*.
3. Konstruiere die Mittelsenkrechte zu $\overline{CE}$ und bestimme so ihren Mittelpunkt *M*.

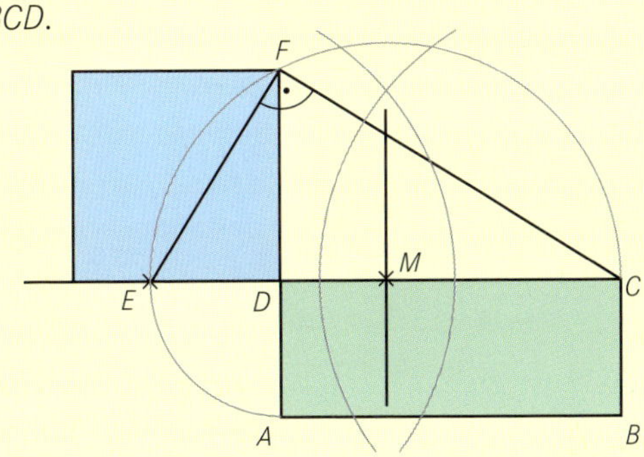

4. Zeichne über der Strecke $\overline{CE}$ einen Thaleskreis (siehe Seite 74).
5. Verlängere die Strecke $\overline{AD}$ so, dass du den Schnittpunkt *F* auf dem Thaleskreis erhältst.
6. Zeichne das rechtwinklige Dreieck *CFE*.
7. Konstruiere über der gesamten Höhe $\overline{DF}$ ein Quadrat.

4 **Konstruiere mithilfe des Höhensatzes zu einem Rechteck mit den angegebenen Seitenlängen ein flächengleiches Quadrat.**

a) $a = 4\,\text{cm}$; $b = 6\,\text{cm}$ b) $a = 7\,\text{cm}$; $b = 2\,\text{cm}$ c) $a = 3\,\text{cm}$; $b = 5\,\text{cm}$

5.6 Anwendungen

Tipp: Mache dir immer zuerst eine Skizze zur beschriebenen Situation.

1 **Modelleisenbahn aufbauen**

Peter möchte im Keller seine Modelleisenbahn aufbauen. Als Unterlage soll eine quadratische Platte dienen, deren Seiten 2,15 m lang sind. Die Tür zu dem Kellerraum ist 2 m hoch und 80 cm breit. Bekommt Peter die Platte als Ganzes in den Raum? (Die Dicke der Platte kannst du vernachlässigen.)

2 **Feuerwehreinsatz**

Die Feuerwehr setzt bei einem Einsatz ihre Drehleiter ein. Die Drehleiter ist auf 25 m Länge ausgefahren, sie steht 9 m von der Hauswand entfernt. Der Sockel, auf dem sie steht, ist ca. 2,2 m hoch. Wie hoch reicht die Drehleiter?

3 Bauvorhaben

Familie Müller möchte in ihrem Garten ein Gartenhaus errichten und dafür Holz von einer gefällten Fichte verwenden. Der Stamm ist kreisrund und hat einen Durchmesser von 24 cm.

a) Aus einem Teil des Stammes möchte Herr Müller möglichst große quadratische Balken sägen. Welche Kantenlänge muss er wählen?

b) Aus einem anderen Teil des Stammes sollen rechteckige Balken entstehen, die mindestens 15 cm breit sind. Wie lang ist die andere Kante des rechteckigen Querschnitts höchstens?

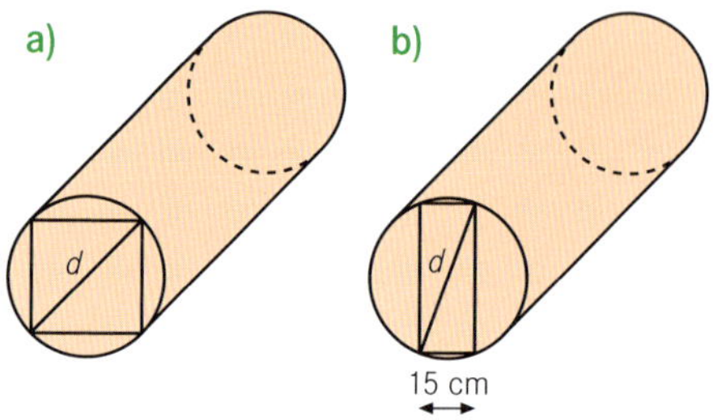

4 Stadtfest

Anlässlich des Stadtfestes in Steinhagen werden in der Fußgängerzone 5,70 m lange Stahlseile quer über die Straße straff gespannt und in deren Mitte schwere Leuchtkugeln befestigt. Durch das Gewicht der Kugeln wird das Stahlseil um 10,5 cm gedehnt. Wie weit hängt das Seil an der tiefsten Stelle herunter?

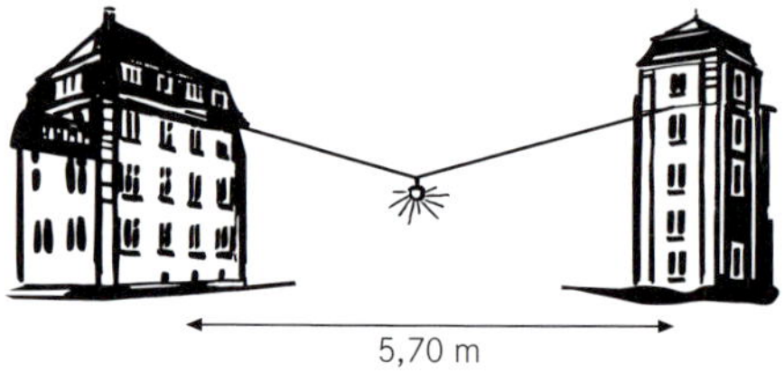

5 Neues Kirchendach

Das pyramidenförmige Dach einer Kirche soll restauriert werden. Das Dach hat eine quadratische Grundfläche mit einer Kantenlänge von 8 m und ist 6 m hoch. Welche Länge müssen die mittleren Dachsparren (in der Skizze blau gefärbt) haben, wenn sie noch 30 cm überstehen sollen?

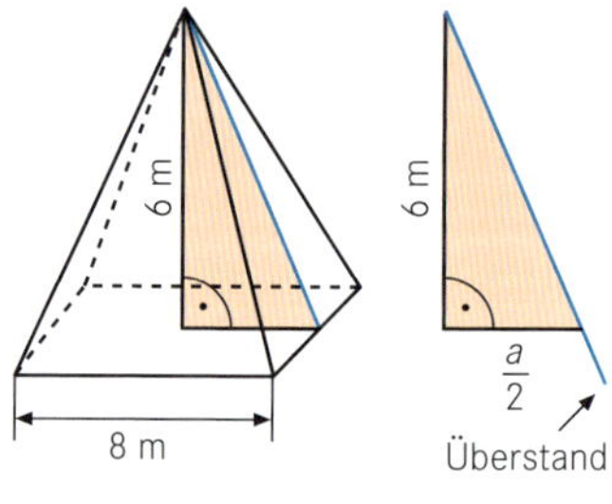

6 Schöner Ausblick

Im Urlaub erklimmt Patrick einen 35 m hohen Leuchtturm. Wie weit kann er von dort gucken?
(Der Radius der Erde beträgt etwa 6 370 km.)

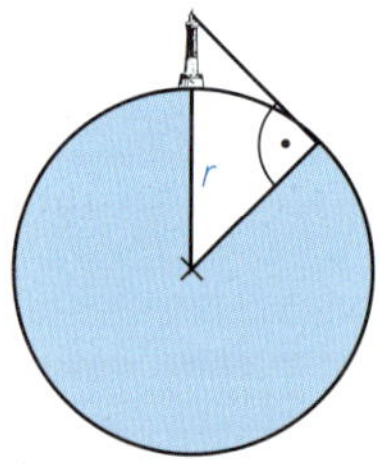

Test

1 Schreibe den Satz des Pythagoras für alle eingezeichneten rechtwinkligen Dreiecke auf. |4|

a)
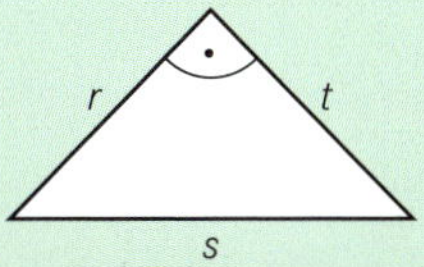

b)
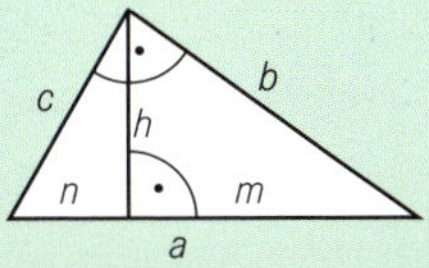

2 Berechne die fehlenden Größen des rechtwinkligen Dreiecks *ABC* ($\gamma = 90°$). |20|
Mache zunächst eine Skizze.

	a	b	c	h_c	p	q	A
a)	15 cm		35 cm				
b)				4,5 cm		2 cm	
c)		6 cm				3 cm	
d)		2,5 cm					9 cm^2

3 Berechne die Raumdiagonale … |8|

a) … eines Würfels mit 9 cm Kantenlänge.
b) … eines Quaders mit $a = 4$ m; $b = 8$ m; $c = 13$ m.

4 Konstruiere zu dem Rechteck mit den Seiten $a = 3$ cm und $b = 6$ cm ein flächengleiches Quadrat. |6|
Du kannst wählen, ob du die Methode nach dem Katheten- oder dem Höhensatz nutzt.

5 Anwendungen: Mache dir immer eine Skizze von der Situation. |12|

a) Der Mast eines Segelbootes ist zu beiden Seiten mit Stahlseilen auf dem Schiffsdeck befestigt. Die Seile sind an der Spitze des Mastes und auf dem Schiffsdeck in 350 cm Entfernung vom Mast befestigt. Sie sind straff gespannt und je 25 m lang. Wie weit ragt der Mast in die Höhe?
b) In einem Skaterpark soll eine Rampe gebaut werden. Auf dem Boden gemessen, ist sie 1,80 m lang, die befahrbare Fläche ist gerade und 2,10 m lang. Wie hoch ist die Rampe am Start, also an ihrer höchsten Stelle?

||50||

Wie viele Punkte hast du? Erreichst du mehr als 39 Punkte, beherrschst du den Inhalt des Kapitels wirklich gut. Erreichst du weniger als 20 Punkte, dann solltest du dieses Kapitel wiederholen.

6 Prisma und Kreiszylinder

WAS DU SCHON KÖNNEN MUSST

- Erkennen, ob Ebenen parallel zueinander sind und ob eine Linie senkrecht auf einer Ebene steht
- Eigenschaften von Würfel und Quader nennen
- Netze von Würfel und Quader zeichnen und erkennen
- Eigenschaften wichtiger Drei- und Vierecksarten nennen und Berechnungen zu ihnen anstellen

DARUM GEHT ES

- Netze und Abwicklungen von Prismen und Kreiszylindern zeichnen und erkennen
- Schrägbilder von Prismen und Kreiszylindern zeichnen und erkennen
- Oberflächeninhalt und Volumen von Prismen und Kreiszylindern berechnen

6.1 Grundbegriffe

DAS MUSST DU WISSEN

Ein **(gerades) Prisma** hat zwei kongruente, parallel liegende Grundflächen und mehrere Seitenflächen. Seine **Grundflächen** sind Vielecke, die **Seitenflächen** sind Rechtecke.
Man kann sich vorstellen, dass ein Prisma so aus seiner Grundfläche entsteht:
Die beiden identischen Grundflächen liegen aufeinander, dann wird eine der Grundflächen senkrecht nach oben geschoben. Der Raum, über den die Fläche dabei geschoben wird, - das ist das Prisma.

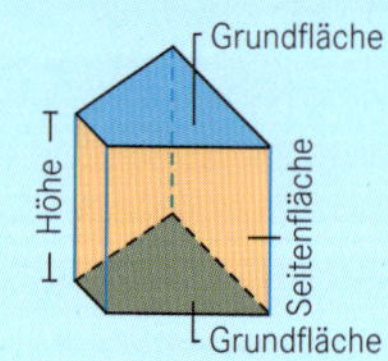

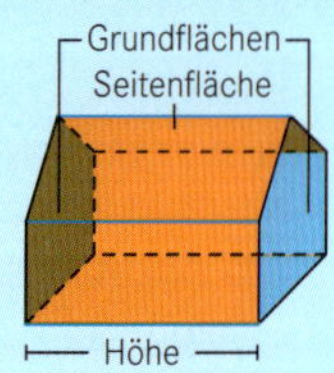

Ein (gerader) **Kreiszylinder** hat zwei kongruente, parallel liegende Grundflächen und eine gekrümmte Fläche (genannt **Mantelfläche**). Seine Grundflächen sind Kreise, die Mantelfläche ist, wenn sie abgerollt wird, ein Rechteck.

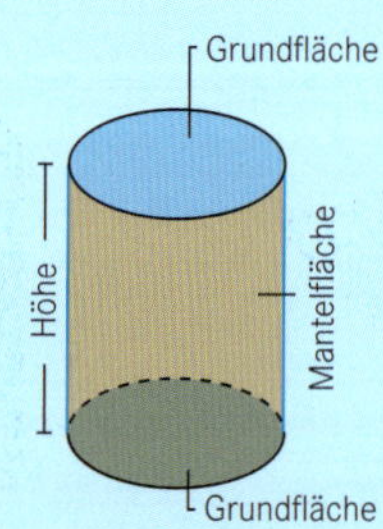

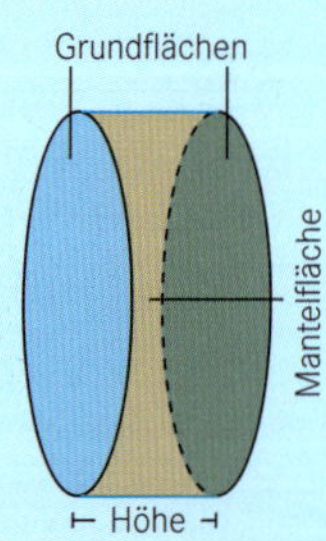

Die Grund-, Seiten- und Mantelflächen *begrenzen* den Körper, deswegen heißen sie auch **Begrenzungsflächen.**

Prisma und Kreiszylinder können mit ihrer *Grund*fläche auf dem *Grund* stehen, dann ragt auch ihre *Höhe* nach oben in die *Höhe.* Sie können aber auch auf einer Seiten- bzw. ihrer Mantelfläche liegen. Dann zeigt ihre Höhe *nicht* nach oben und die Grundfläche steht *nicht* auf dem Grund. Vergleiche die Bilder im Kasten auf Seite 78.

TIPPS UND INFOS **Bezeichnungen**

Wieso heißt es oft „*gerades* Prisma" und „*gerader* Kreiszylinder"?
Wie du in der Abbildung rechts siehst, gibt es auch schiefe Prismen und Kreiszylinder.

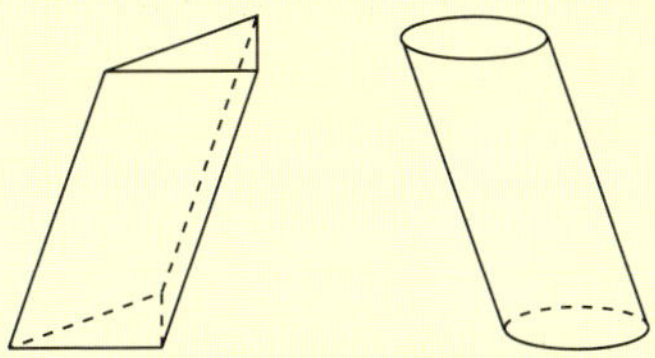

Und wieso heißt es „Kreiszylinder" und nicht einfach „Zylinder"?
Bei einem *Zylinder* hat die Grundfläche eine beliebige Form: kreisförmig, oval, sowohl mit Ecken als auch mit runden Bögen, ganz unregelmäßig oder auch ein Vieleck. Ist die Grundfläche ein Vieleck, dann ist der Zylinder ein *Prisma;* ist sie ein Kreis, ist er ein *Kreiszylinder.*

1 **Wie heißen die Körper?**

(1)

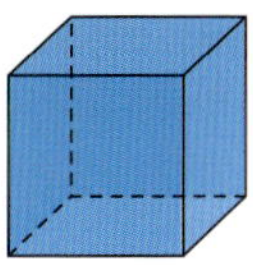

(2)

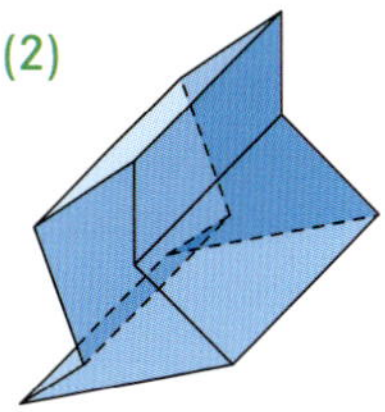

(3)

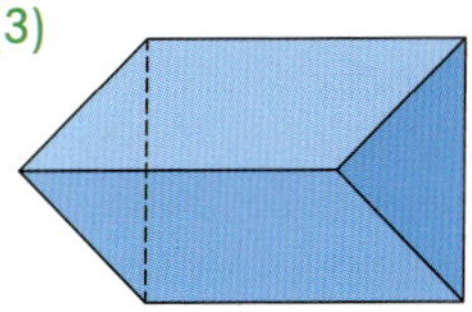

(4)

(5)

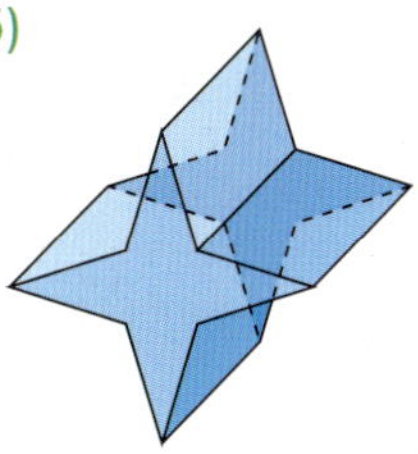

(6)

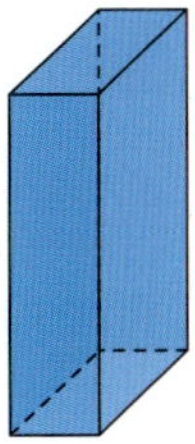

(7)

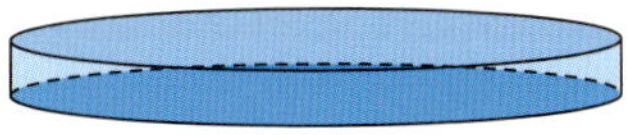

2 Untersuche Prismen und Kreiszylinder.

a) Gib zu allen Prismen aus Aufgabe 1 an, wie viele Ecken, Kanten und Begrenzungsflächen sie haben und welche Form die Grund- und die Seitenflächen haben. Erstelle dazu eine Tabelle.

b) Untersuche nun die Kreiszylinder aus Aufgabe 1 auf gleiche Weise.

c) Katharina sagt: „Wenn ich wissen will, wie viele Ecken, Kanten und Begrenzungsflächen ein Prisma hat, brauche ich mir nur die Grundfläche anzuschauen. Beim Kreiszylinder ist es sogar noch einfacher." Erkläre Katharinas Überlegungen.

DAS MUSST DU WISSEN **Richtig oder falsch?**

Wenn du nachweisen willst, dass

- eine Aussage der Art „Alle ..." oder „Jede ..." *falsch* ist, dann reicht ein *Gegenbeispiel.*
- eine Aussage der Art „Es gibt ..." oder „Manche ..." *stimmt,* reicht ein *Beispiel.*

Um andere Aussagen zu begründen, musst du mit den Eigenschaften der Körper argumentieren.

3 Was ist richtig, was nicht? Begründe.

a) Jeder Würfel ist ein Prisma.

b) Jedes Prisma ist ein Würfel.

c) Manche Prismen sind Würfel.

d) Jeder Quader ist ein Prisma.

e) Jedes Prisma ist ein Quader.

f) Manche Kreiszylinder sind auch Prismen.

g) Verschiedene Prismen können verschieden viele Begrenzungsflächen haben.

h) Verschiedene Kreiszylinder können verschieden viele Begrenzungsflächen haben.

i) Quader haben immer genau 6 Begrenzungsflächen.

j) Es gibt Prismen mit 4 Begrenzungsflächen.

k) Prismen haben mindestens 3 verschiedenartige Begrenzungsflächen.

l) Prismen können beliebig viele Begrenzungsflächen haben.

6.2 Netze und Abwicklungen

DAS MUSST DU WISSEN **Netze von Körpern**

Das **Netz** eines Körpers ist wie eine Bastelvorlage für den Körper: Man knickt es an den Linien so, dass die Kanten zusammenstoßen, und der Körper entsteht.
(Das Netz eines Körpers unterscheidet sich von einer Bastelvorlage darin, dass eine Bastelvorlage zusätzliche Klebeflächen hat.)

So erhältst du das Netz eines Körpers

Du schneidest die Oberfläche des Körpers entlang geeigneter Kanten auf und breitest das Gebilde eben aus.

Netze und Abwicklungen

Von einem **Netz** spricht man nur, wenn alle Kanten des Körpers *gerade* sind.
Bei einem Körper mit *gekrümmten* Kanten wie dem Kreiszylinder spricht man von einer **Abwicklung.**

Beispiele:

Abwicklung eines Kreiszylinders

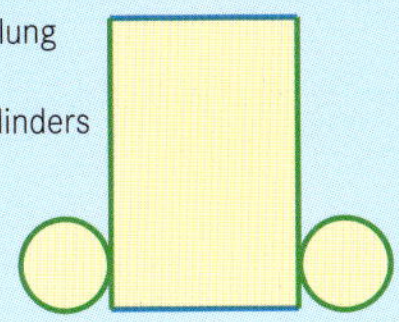

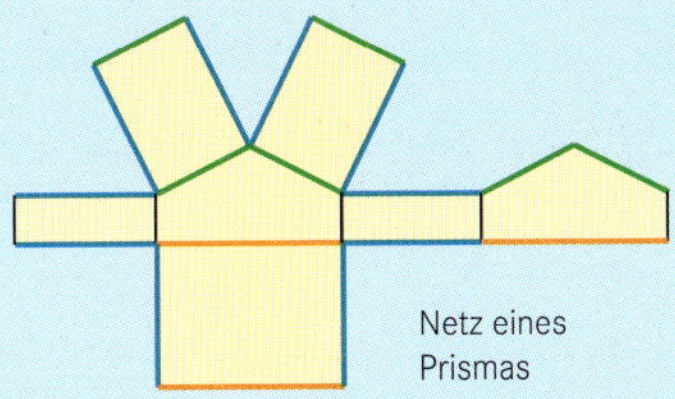

Netz eines Prismas

1 Körpernetze und -abwicklungen erkennen

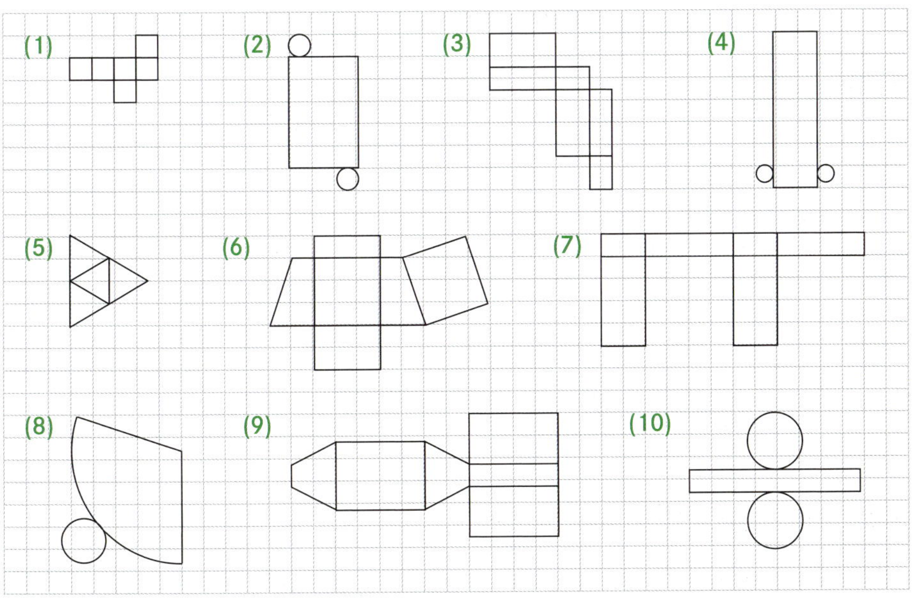

a) Gib bei jeder Figur an, ob sie ein Körpernetz bzw. eine Abwicklung ist. Färbe die Kanten, die beim Zusammenfalten zusammenstoßen, mit derselben Farbe.
Tipp: Versuche zunächst, dir das Zusammenklappen der Figuren im Kopf vorzustellen. Zur Probe kannst du sie auf Karopapier abzeichnen, ausschneiden und zusammenfalten.

b) Von welchen Körpern kennst du den Namen? Benenne sie. Gibt es Körper, zu denen mehrere Bezeichnungen passen?

2 Körpernetze und -abwicklungen ergänzen

Zeichne die Figuren zunächst auf Karopapier ab.

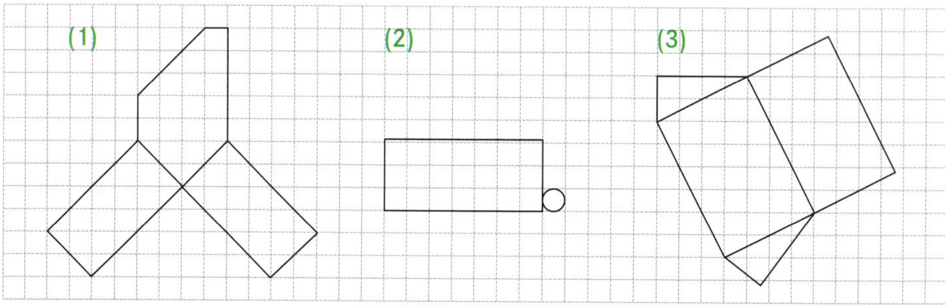

a) Ergänze jede Figur zum Netz eines Prismas bzw. zur Abwicklung eines Kreiszylinders.

b) Markiere die Grundflächen (z. B. mit einer Farbe oder mit einem Kreuz).

c) Gab es auch andere Möglichkeiten, zu ergänzen? Zeichne zu jeder abgebildeten Figur bis zu drei andere mögliche Ergänzungen ein, jeweils in einer anderen Farbe.

6.3 Schrägbilder verstehen und zeichnen

Schrägbild eines Prismas lesen

An einer 2-dimensionalen Zeichnung eines Prismas kannst du alle Informationen über seine Form und seine Kantenlängen ablesen, wenn du den Verzerrungswinkel und den Verkürzungsfaktor kennst.

Beispiel:

Verzerrungswinkel $\omega = 45°$

Verkürzungsfaktor $k = \frac{1}{2}$

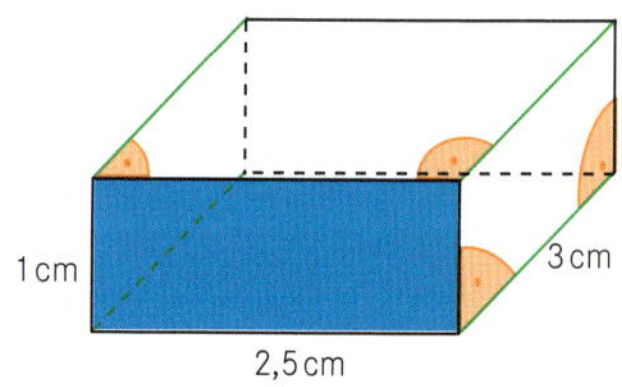

Im Vordergrund ist die blaue Fläche zu sehen. Der Vordergrund wird auch **Bildebene** genannt. Die orange gekennzeichneten Winkel sind - beim 3-dimensionalen Prisma - rechte Winkel (90°). In der ebenen Zeichnung werden sie aber mit 45° gezeichnet, um einen perspektivischen Effekt zu erzielen. Diesen Winkel nennt man **Verzerrungswinkel** ω (sprich: „omega"). Die grünen Kanten führen senkrecht in den Raum hinein. Sie sind in der Zeichnung $\frac{1}{2}$-mal so lang wie in Wirklichkeit dargestellt. Diesen Faktor nennt man **Verkürzungsfaktor** k. Häufig wählt man wie hier $\omega = 45°$ und $k = \frac{1}{2}$, dies wird auch **Kavaliersperspektive** genannt. Aber auch andere Werte sind möglich.

Schrägbild eines Prismas zeichnen

Wenn du ein 3-dimensionales Prisma auf ein 2-dimensionales Papier zeichnen möchtest, kannst du eine der beiden folgenden Methoden wählen. In den Beispielen sind der Verzerrungswinkel $\omega = 45°$ und der Verkürzungsfaktor $k = 0{,}5$.

Das Prisma steht auf einer Seitenfläche:

1. Zeichne eine Grundfläche in Originalgröße (oder maßstabsgetreu verkleinert): Diese Fläche ist bei deiner Zeichnung im Vordergrund.
2. Zeichne von jeder Ecke ausgehend eine dünne Linie im Winkel 45°, halb so lang wie die Höhe des Prismas.
3. Verbinde die Enden der Kanten mit dünnen Linien.
4. Zeichne die Kanten des Prismas, die vom Körper verdeckt sind, gestrichelt nach; die sichtbaren Kanten zeichne kräftig nach.

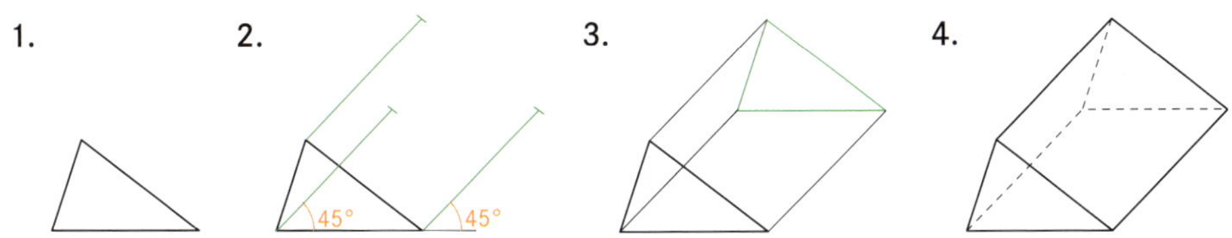

Das Prisma steht auf einer Grundfläche:

Wenn das Prisma in der Zeichnung auf einer Grundfläche stehen soll, brauchst du zum Zeichnen der Grundfläche einige vorbereitende Schritte mehr:

1. Zeichne zunächst die Grundfläche sehr dünn in Originalgröße.
2. Zeichne eine waagerechte Linie L durch eine der Seiten (im Beispiel unten grün).
3. Fälle von jeder Ecke das Lot auf die Linie L und zeichne diese Lotlinie sehr dünn ein.
4. Zeichne vom Fußpunkt des Lotes eine Hilfslinie im Winkel von 45°, halb so lang wie die Lotlinie. Das Ende dieser Hilfslinie markiert einen Eckpunkt des Prismas.
5. Verbinde die gewonnenen Eckpunkte entsprechend der Form der Grundfläche. Du hast jetzt die Grundfläche fertiggezeichnet. (Alle Hilfslinien kannst du jetzt so weit wie möglich wegradieren.)
6. Zeichne jetzt die Kanten der Seitenflächen ein: Von jeder Ecke der Grundfläche zeichne senkrecht nach oben eine Linie so lang wie die Höhe des Prismas. Verbinde auch diese Endpunkte.
7. Zeichne die Kanten des Prismas, die vom Körper verdeckt sind, gestrichelt nach; die sichtbaren Kanten zeichne kräftig nach.

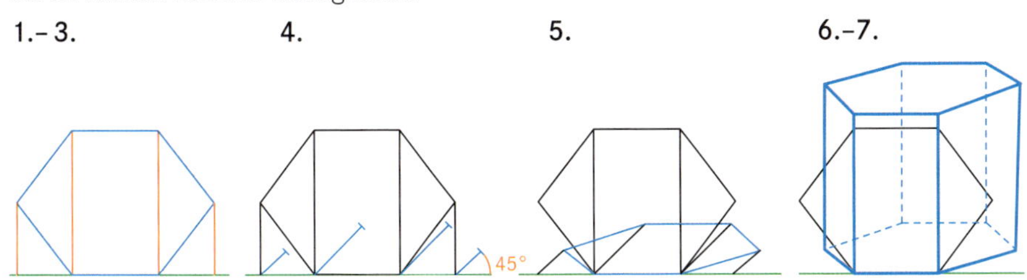

Schrägbild eines Kreiszylinders lesen und zeichnen

Die Maße eines Kreiszylinders kannst du an einem Schrägbild ablesen, und zwar auf die gleiche Weise wie die eines Prismas. Auch das Zeichnen eines Prismas, das auf seinem Mantel liegt, ähnelt dem Zeichnen eines Prismas, das auf seiner Seitenfläche liegt. (Vgl. Aufgaben 5 und 6, S. 86).

1 Schrägbilder von Prismen lesen

$\omega = 45°$; $k = \frac{1}{2}$. 1 Kästchen soll 0,5 cm × 0,5 cm groß sein (hier verkleinert dargestellt).

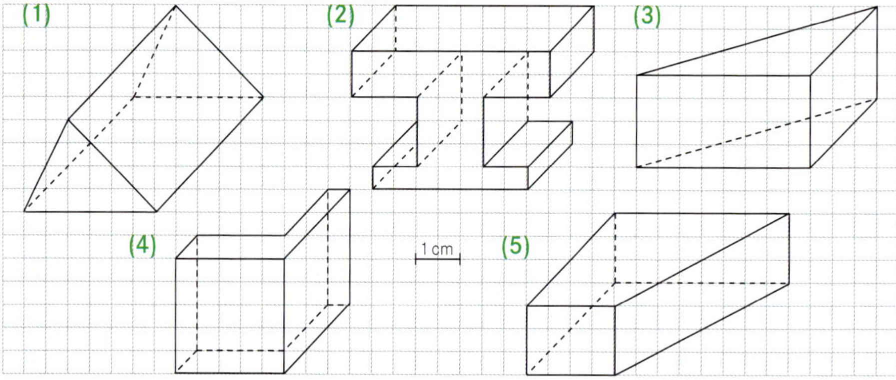

a) Zeichne die Prismen auf Kästchenpapier ab.
Färbe alle Kanten blau, die parallel zum Vordergrund (zur Bildebene) verlaufen, und alle Kanten grün, die senkrecht zum Vordergrund (zur Bildebene) verlaufen. Weitere Kanten färbe rot.

b) Schreibe zu allen Kanten ihre Originallänge. Kannst du die Länge der roten Kanten berechnen?
Tipp: Zeichne bei den Prismen (3), (4) und (5) die Grundflächen zuerst in Draufsicht (Draufsicht bedeutet: von oben, ohne perspektivische Verzerrung). Nutze auch den Satz des Pythagoras zum Berechnen der Kantenlängen.

c) Gib zu jedem Prisma an: Name, Umfang und Flächeninhalt seiner Grundfläche und die Höhe des Prismas. Runde sinnvoll.
Wenn du die entsprechenden Formeln schon kennst (siehe S. 87 f.), berechne auch den Oberflächeninhalt und das Volumen des Prismas.

2 Schrägbilder und Netze von Prismen

Tipp: Nutze auch den Satz des Pythagoras zum Berechnen der Kantenlängen.

a) Wähle eines der Prismen aus Aufgabe 1 und zeichne seine Grund- und Seitenflächen in Originalgröße.
Tipp: Kongruente Flächen brauchst du nur einmal zu zeichnen, notiere dann in der Fläche, wie oft sie bei dem Prisma vorkommt.

b) Zeichne ein Netz des in Aufgabe a) gewählten Prismas.

c) Zeichne zu jedem Prisma aus Aufgabe 1 ein Netz.
Tipp: Es kann dir eine Hilfe sein, bei jedem Prisma zunächst so vorzugehen, wie es in Aufgabe a) beschrieben wird.

3 Schrägbilder von Prismen zeichnen, die auf einer Seitenfläche liegen

a) Zeichne ein Schrägbild eines Quaders. Der Quader hat die Grundfläche 4 cm · 8 cm und die Höhe 6 cm. Der Quader soll im Schrägbild auf einer Grundfläche liegen.
b) Zeichne ein Schrägbild eines Prismas, dessen Grundfläche ein rechtwinkliges, gleichschenkliges Dreieck ist, seine Schenkel sind 3 cm lang. Das Prisma ist 10 cm hoch. Zeichne das Prisma auf einer der kleineren Seitenflächen liegend.
c) Zeichne Schrägbilder der Prismen, die zu folgenden Netzen gehören. Zeichne sie so, dass eine Grundfläche im Vordergrund zu sehen ist.

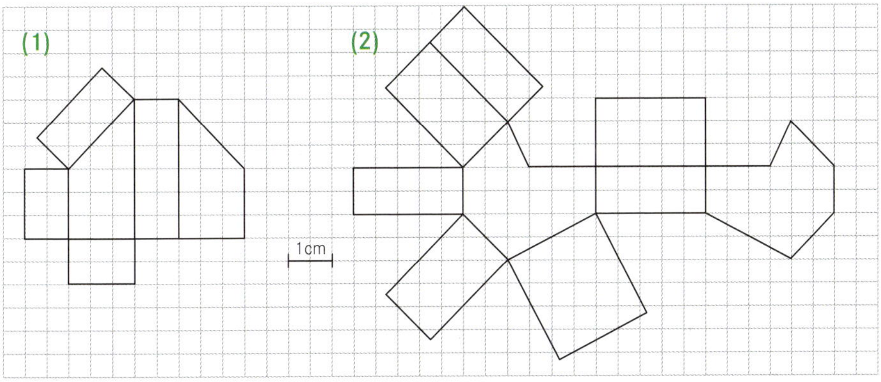

4 Die zwei Methoden zum Zeichnen von Schrägbildern

a) Wieso ist es aufwändiger, von den Prismen aus Aufgabe 3 c) Schrägbilder zu zeichnen, bei denen sie auf einer Grundfläche stehen? Vergleiche die beiden auf S. 83 genannten Verfahren.
Wieso benötigt man mehr Schritte, wenn man die Grundfläche als Standfläche zeichnet?
Tipp: Überlege, welche Kanten dann weder senkrecht noch parallel zur Bildebene stehen.
b) Igor will den Quader aus Aufgabe 3 a) so zeichnen, dass er auf einer Grundfläche steht. Er meint, dass er das längere Verfahren, das auf S. 83 unten beschrieben wird, dazu nicht braucht. „Ich weiß einen Trick, ich zeichne es genauso schnell auf einer Grundfläche."
c) Funktioniert Igors Trick bei allen Quadern? Begründe.
d) Igor behauptet, er könne seinen Trick sogar beim Prisma aus Aufgabe 3 b) anwenden.

5 Schrägbilder von Kreiszylindern lesen

$\omega = 45°$; $k = \frac{1}{2}$

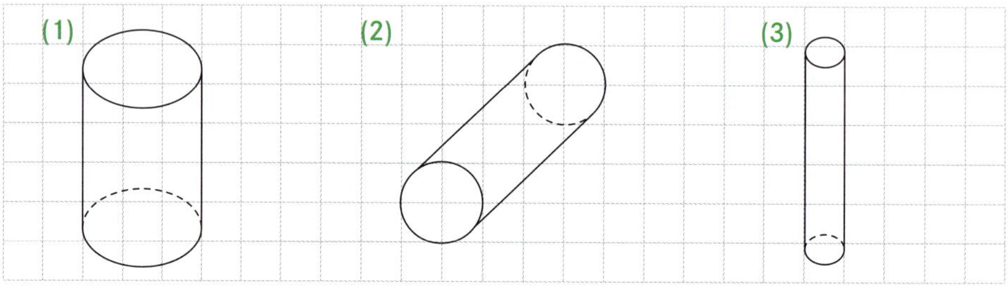

a) Bei welchen Zylindern ist die Höhe, bei welchen die Grundfläche parallel zum Vordergrund (zur Bildebene)?

b) Gib zu jedem Zylinder an: Radius, Umfang und Flächeninhalt seiner Grundfläche, Höhe des Zylinders. Runde sinnvoll.
Wenn du die entsprechenden Formeln schon kennst (siehe S. 87 f.), dann berechne auch den Oberflächeninhalt und das Volumen des Kreiszylinders.

c) Zeichne zu jedem Kreiszylinder eine Abwicklung.

6 Lara zeichnet einen liegenden Kreiszylinder. Beschreibe ihr Vorgehen.

Tipp: Vergleiche mit dem Vorgehen bei Prismen.

$\omega = 45°$; $k = \frac{1}{2}$

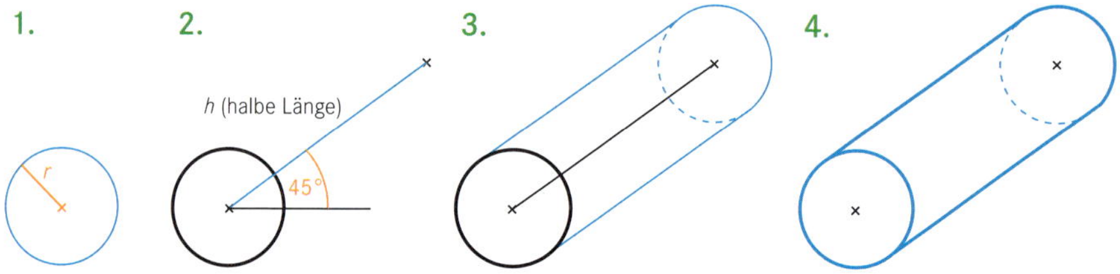

7 Zeichne Schrägbilder von liegenden Kreiszylindern.

a) Radius 32 mm, Höhe 78 mm

b) Durchmesser 5 cm, Höhe 5 cm

c) Zeichne ein Schrägbild des Kreiszylinders, der zur rechts gezeigten Abwicklung gehört.

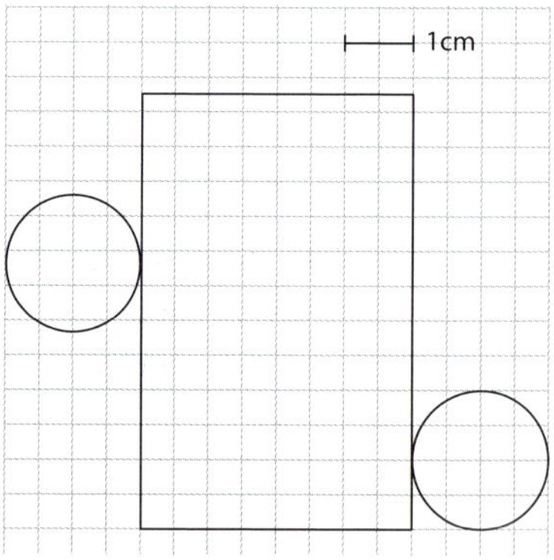

6.4 Oberflächeninhalt und Volumen

DAS MUSST DU WISSEN Gerade Prismen

Oberflächeninhalt und Volumen

Die Seitenflächen eines Prismas zusammengenommen bilden den *Mantel* des Prismas. Die Fläche eines abgewickelten Mantels ist bei einem geraden Prisma rechteckig, mit den Seitenlängen U und h. Dabei ist U der Umfang der Grundfläche und h die Höhe des Prismas.

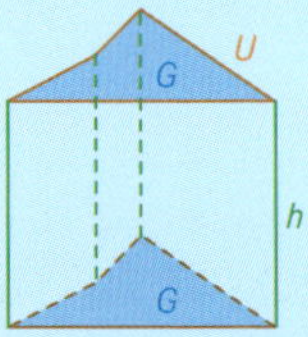

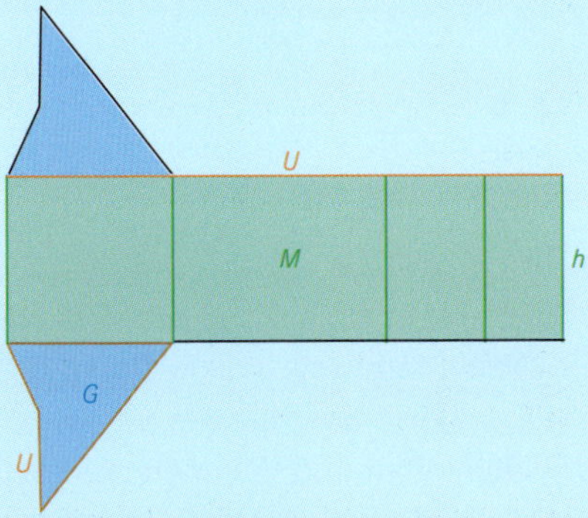

Ein gerades Prisma mit der Grundfläche G und der Höhe h hat:

- die Mantelfläche $M = U \cdot h$
- das Volumen $V = G \cdot h$
- den Oberflächeninhalt $O = 2 \cdot G + M = 2 \cdot G + U \cdot h$

DAS MUSST DU WISSEN Kreiszylinder

Oberflächeninhalt und Volumen

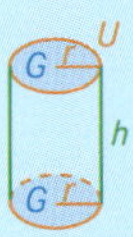

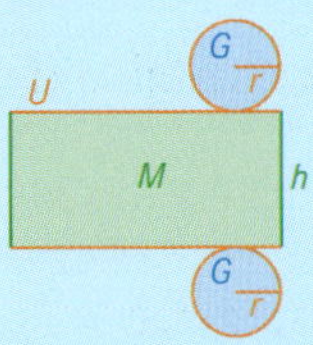

Die Fläche des abgewickelten Mantels eines geraden Kreiszylinders ist ein Rechteck mit den Seitenlängen U und h. Dabei ist U der Umfang der Grundfläche und h die Höhe des Kreiszylinders.

Ein gerader Kreiszylinder hat:

- die Mantelfläche $M = U \cdot h$

Ein gerader Kreiszylinder mit der Grundfläche G und der Höhe h hat

- das Volumen $V = G \cdot h$
- den Oberflächeninhalt $O = 2 \cdot G + M = 2 \cdot G + U \cdot h$

Die Grundfläche eines Kreiszylinders ist ein Kreis. Der Flächeninhalt und der Umfang eines Kreises sind durch dessen Radius r bestimmt:

- Kreisgrundfläche $G = \pi r^2$
- Kreisumfang $U = 2\pi r$

Deswegen kann man die oben genannten Formeln auch so schreiben:

- Mantelfläche $M = 2\pi r \cdot h$
- Volumen $V = \pi r^2 \cdot h$
- Oberflächeninhalt $O = 2 \cdot \pi r^2 + 2\pi r \cdot h = 2\pi r \cdot (r + h)$

Info: Für Oberflächeninhalt und Volumen werden in diesem Buch die Buchstaben O und V als Variablen gebraucht. Vielleicht werden in deinem Unterricht andere Buchstaben verwendet.

1 Berechne Oberflächeninhalt und Volumen der Körper.

Miss zunächst die zur Berechnung erforderlichen Längen. Die Schrägbilder sind mit $\omega = 45°$ und $k = \frac{1}{2}$ gezeichnet.

(1)

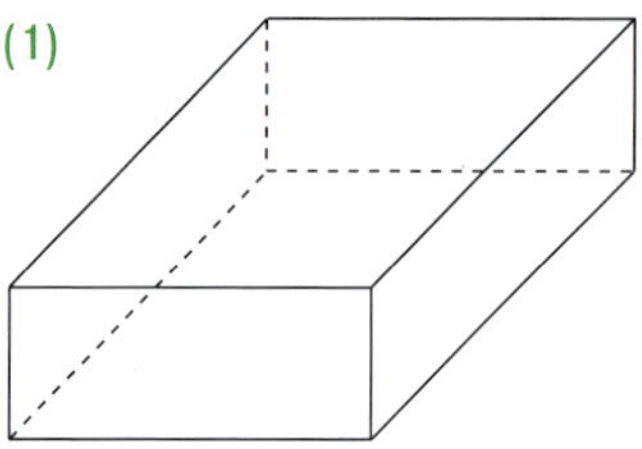

(2)

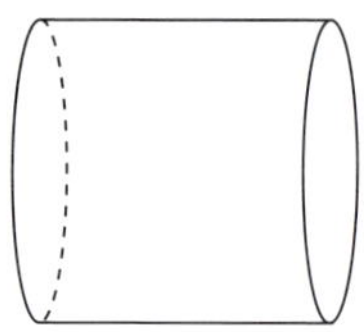

(3)

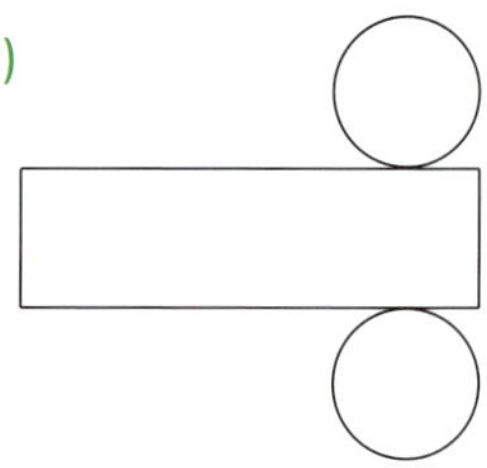

2 Prismen berechnen

Ein Prisma mit Oberflächeninhalt O, Volumen V und Höhe h hat als Grundfläche ein rechtwinkliges Dreieck mit den Seitenlängen a, b, c ($\gamma = 90°$) und dem Flächeninhalt G. Berechne die fehlenden Größen und runde sinnvoll.

Tipp: Mehr zu Berechnungen an rechtwinkligen Dreiecken („Satz des Pythagoras", siehe S. 65).

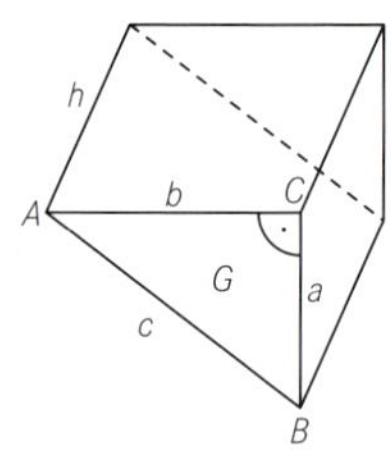

a)	$a = ?$;	$b = 4\,\text{cm}$;	$c = 5\,\text{cm}$;	$G = ?$;	$h = 40\,\text{cm}$;	$O = ?$;	$V = ?$
b)	$a = 1\,\text{dm}$;	$b = 3\,\text{dm}$;	$c = ?$;	$G = ?$;	$h = 8\,\text{dm}$;	$O = ?$;	$V = ?$
c)	$a = 5\,\text{cm}$;	$b = ?$;	$c = 13\,\text{cm}$;	$G = ?$;	$h = ?$;	$O = ?$;	$V = 1{,}2\,\text{m}^3$
d)	$a = 6\,\text{mm}$;	$b = 4\,\text{cm}$;	$c = ?$;	$G = ?$;	$h = ?$;	$O = ?$;	$V = 4\,800\,\text{mm}^3$
e)	$a = 3\,\text{m}$;	$b = ?$;	$c = ?$;	$G = ?$;	$h = 4\,\text{m}$;	$O = ?$;	$V = 24\,\text{m}^3$

3 Prismen nach Vorgaben ergänzen

a) a = 5 cm; b = 8 cm; c = 5 cm
Das Netz eines Prismas soll nur aus diesen beiden Figuren erstellt werden. (Beide Figuren sollen dabei verwendet werden, sie können beliebig oft eingesetzt werden.)
Wie viele verschiedenartige Prismen kannst du mit diesen Vorgaben basteln? Begründe.
Zeichne je ein Netz und berechne den Oberflächeninhalt und das Volumen.

(1)

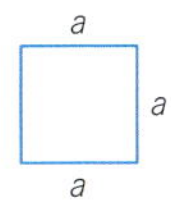

(2)

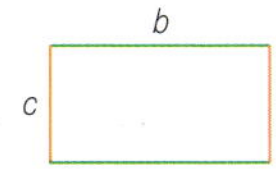

b) Welche Fläche kann beim Quader aus Aufgabe a) eine Grundfläche sein? Anton meint: „Als Grundfläche kommt nur das Quadrat infrage.“ Hat er recht? Begründe.

c) a = 4 cm; b = 5 cm; c = 3 cm. Verfahre mit wie bei Aufgabe a).

4 Berechne das Volumen der Körper. Wenn nötig, runde sinnvoll.

a) Berechne zunächst geschickt die Grundfläche, dann das Volumen. Berechne bei Körpern, die aus Prismen und Zylinder zusammengesetzt sind, zuerst das Volumen jedes Teils und addiere dann.

(1)

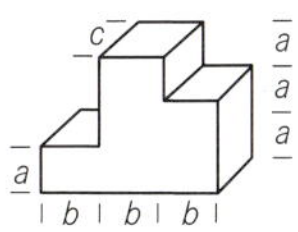

a = 35 cm
b = 80 cm
c = 1,20 m

(2)

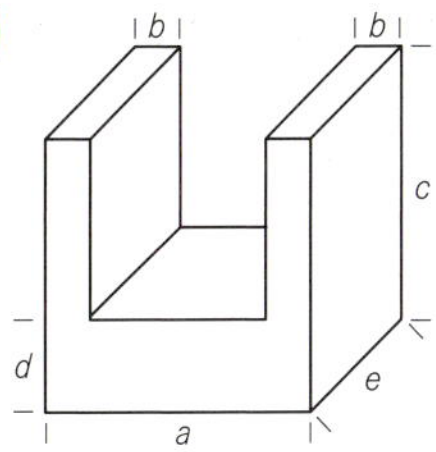

a = 7 cm
b = 1 cm
c = 6 cm
d = 2 cm
e = 4,50 m

(3)

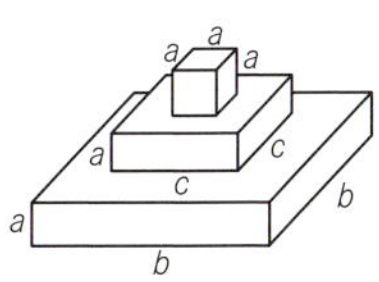

a = 20 m
b = 60 m
c = 40 m
d = 20 m

(4)

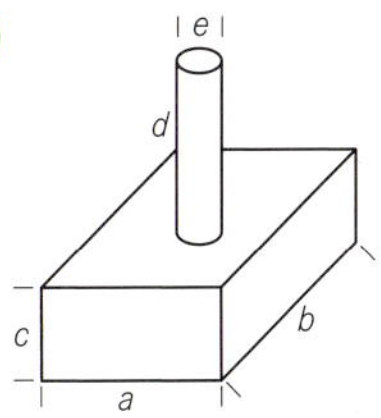

a = 10 m
b = 35 m
c = 7,50 m
d = 88 m
e = 3 m

b) Die nächsten Körper sind Zylinder mit Hohlräumen in Form von Prismen oder Zylindern. Berechne zunächst das Volumen, das der Körper ohne Hohlräume hätte, und dann das Volumen des Hohlraums. Subtrahiere schließlich.

(1)

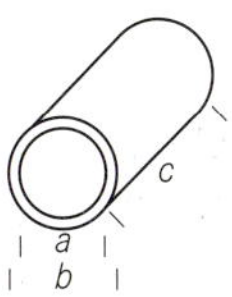

a = 2,7 cm
b = 3,0 cm
c = 1,40 m

(2)

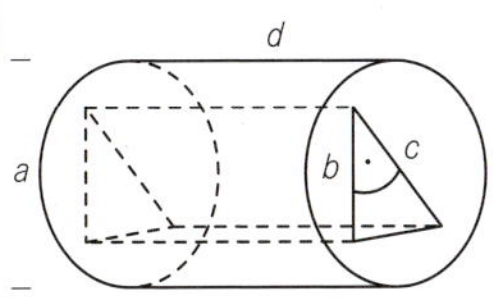

a = 8 dm
b = 2 dm
c = 3 dm
d = 1 dm

Test

1 Welche Aussagen sind richtig? Begründe. |16|

a) Jeder Körper, der zwei parallele Begrenzungsflächen hat, ist ein Prisma oder ein Kreiszylinder.
b) Prismen haben immer eine gerade Anzahl von Begrenzungsflächen.
c) Kreiszylinder haben Kanten, aber keine Ecken.
d) Jeder Kreiszylinder hat weniger Begrenzungsflächen als alle möglichen Prismen.
e) Der Oberflächeninhalt ist bei Kreiszylindern kleiner als bei Prismen.
f) Jeder Würfel ist ein Prisma.
g) Ein Prisma hat mehrere unterschiedliche Netze.
h) Bei jeder Abwicklung eines Kreiszylinders liegen die Kreisflächen einander gegenüber.

2 Körper erkennen und berechnen

$\omega = 45°$; $k = \frac{1}{2}$. Die Darstellungen sind jeweils maßstäblich verkleinert.

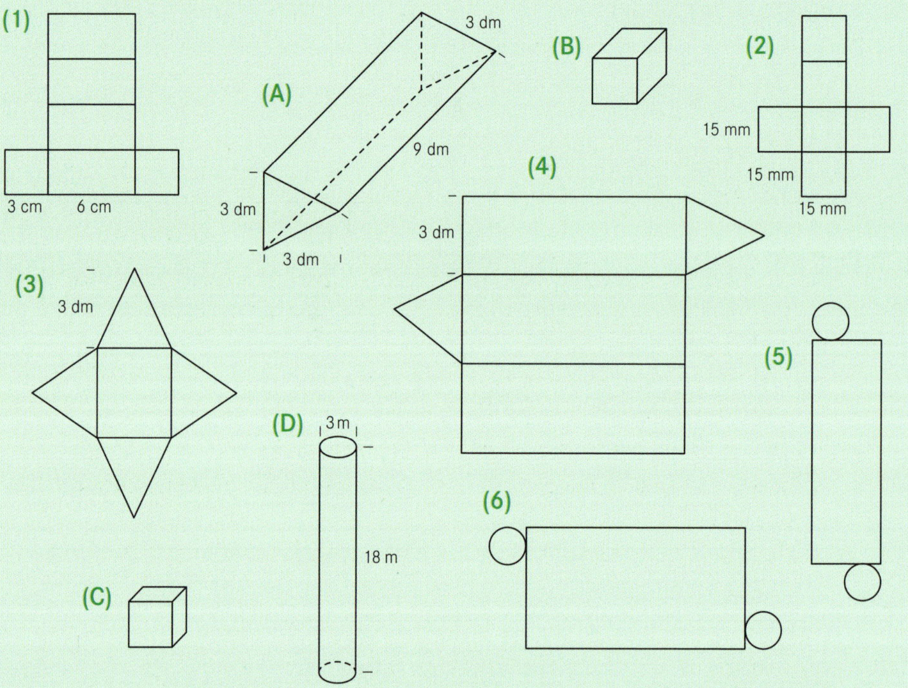

a) Ordne Netz bzw. Abwicklung und Schrägbilder einander zu und benenne die Körper. Ein Netz und eine Abwicklung bleiben übrig. |4|
b) Berechne bei den Körpern, bei denen Längen angegeben sind, Oberflächeninhalt und Volumen. |16|

3 Netze und Abwicklungen erkennen und Schrägbilder zeichnen

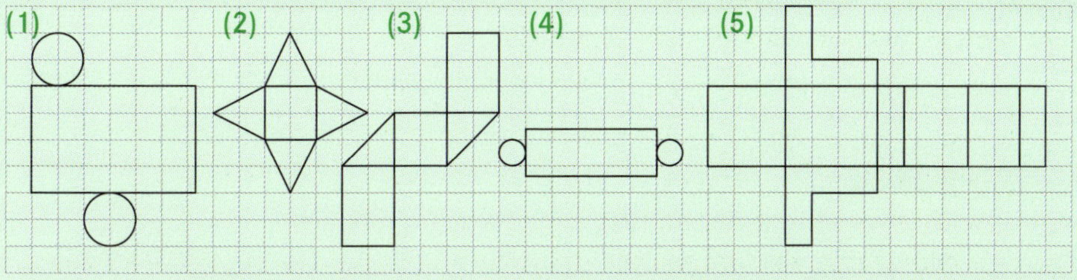

a) Welche Figuren sind Netze von Prismen oder Abwicklungen von Kreiszylindern? |5|

b) Zeichne zu Netzen und Abwicklungen von Prismen und Zylindern je ein Schrägbild des Körpers. |8|

4 Zeichne Netze bzw. Abwicklungen der Körper. |8|

$\omega = 45°$; $k = \frac{1}{2}$

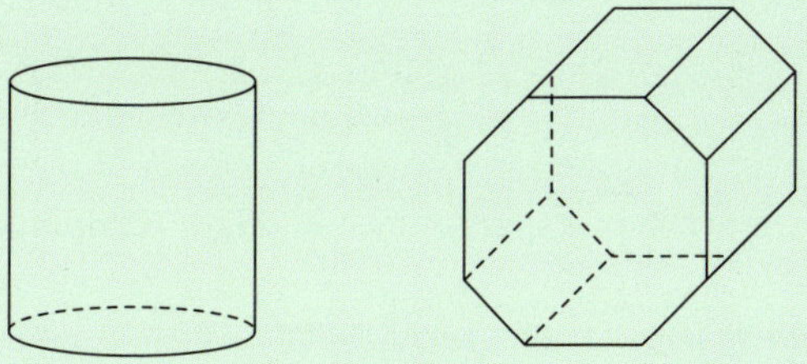

5 Bestimme Oberflächeninhalt und Volumen …

a) … eines Prismas mit der Höhe 10 cm; die Grundfläche ist ein Rechteck mit den Kantenlängen 1 m und 15 cm. |4|

b) … eines Prismas; bekannt sind nur die Längen all seiner Kanten: 7,50 m; 7,50 m; 9 m; 9 m; 9 m; 10 m; 10 m; 12,50 m; 12,50 m. |6|
Hinweis: In der Grundfläche kommt ein rechter Winkel vor.

c) … eines Kreiszylinders mit dem Kreisdurchmesser 8,5 cm und dem Mantelflächeninhalt 70 cm^2. |4|

||71||

Wie viele Punkte hast du? Erreichst du mehr als 56 Punkte, beherrschst du den Inhalt des Kapitels wirklich gut. Erreichst du weniger als 28 Punkte, dann solltest du dieses Kapitel wiederholen.

7 Streckung, Strahlensätze, Ähnlichkeit

WAS DU SCHON KÖNNEN MUSST

- ▷ Parallele Geraden zeichnen und prüfen, ob Geraden parallel sind
- ▷ Erklären, was eine geometrische Abbildung ist
- ▷ Mehrere Abbildungen verknüpfen (hintereinander ausführen)
- ▷ Erklären, was eine Kongruenzabbildung ist (Das benötigst du für Kapitel 7.4.)

DARUM GEHT ES

- ▷ Maßstabsgetreue Verkleinerung oder Vergrößerung von Figuren mithilfe der zentrischen Streckung
- ▷ Streckenlängen anhand von Strahlensätzen berechnen
- ▷ Ähnliche und kongruente Figuren erkennen

Wiederholung wichtiger Begriffe

- ▷ Mit einer **geometrischen Abbildung** werden geometrische Figuren oder Körper in veränderter Weise kopiert.
  Beispiele: Achsenspiegelungen, Verschiebungen, Drehungen, Punktspiegelungen.
- ▷ Die Abbildung einer Figur (eines Punktes, eines Körpers) nennt man **Bildfigur (Bildpunkt, Bildkörper).**
- ▷ Vielecke (z. B. Dreiecke, Vierecke, ...) kann man besonders leicht abbilden: Man bildet die Eckpunkte entsprechend der Abbildungsvorschrift ab und verbindet die Bildpunkte – fertig ist die Bildfigur.

7.1 Zentrische Streckung

Eine zentrische Streckung ist, wie der Name schon sagt, eine Streckung um ein Zentrum. Dabei werden alle Strecken der ebenen Figur in einem bestimmten Verhältnis vergrößert oder verkleinert. Die Bildstrecken sind zu den ursprünglichen Strecken parallel. Die Längenverhältnisse und Winkel bleiben erhalten.

Beispiel a:

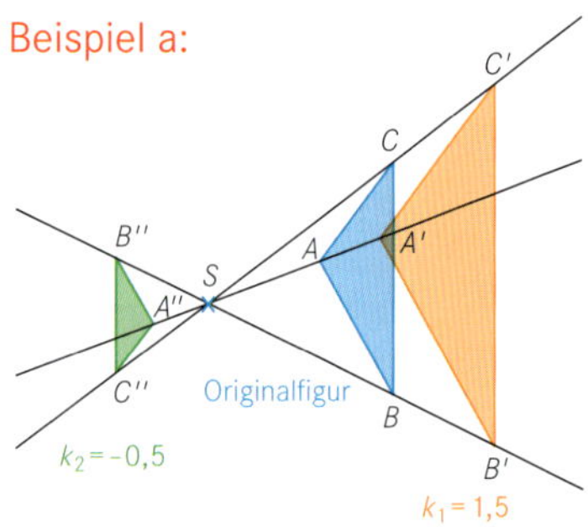

Das Originaldreieck wird in der Grafik auf zwei verschiedene Weisen zentrisch gestreckt.

Beschrieben wird hier die zentrische Streckung aus Beispiel a mit $k_1 = 1{,}5$:

1. Zeichne vom Originaldreieck Hilfslinien von allen Eckpunkten zum Streckzentrum S.
2. Miss den Abstand eines Eckpunkts zu S und multipliziere diesen Abstand mit dem Streckfaktor k. Zeichne in dieser Entfernung vom Streckzentrum den entsprechenden Bildpunkt auf derselben Hilfslinie ein.
   (Im Beispiel: $\overline{AS} = 10\,\text{mm}$; $k_1 = 1{,}5$; $\overline{A'S} = 10\,\text{mm} \cdot 1{,}5 = 15\,\text{mm}$)
3. Bilde alle Eckpunkte auf die gleiche Weise ab. Verbinde zum Schluss die Bildpunkte - die Bildfigur ist fertig.

Beispiel b:

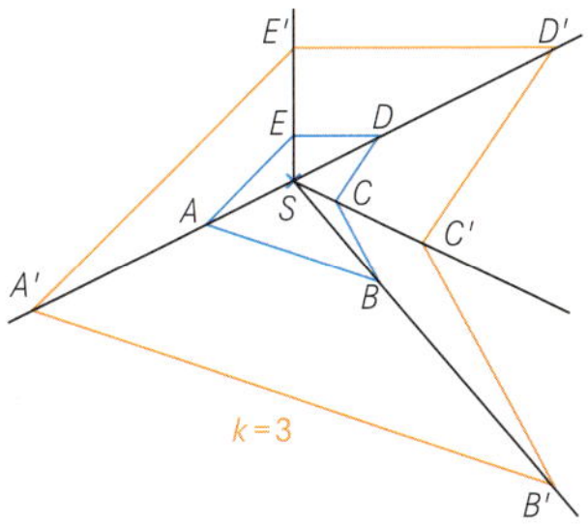

Das Originalfünfeck wird auf die 3-fache Größe gestreckt, hier liegt das Streckzentrum innerhalb der Figur.

DAS MUSST DU WISSEN | **Der Streckfaktor**

- Ist der Streckfaktor $k > 0$, so bleiben die Punkte der Figur bei der Abbildung auf derselben Seite des Streckzentrums.
- Ist $k < 0$, werden die Punkte der Figur auf die andere Seite des Streckzentrums abgebildet.
- Bei $|k| > 1$ wird die Figur vergrößert, bei $|k| < 1$ wird sie verkleinert.

Info: Für das Streckzentrum und den Streckfaktor werden in diesem Buch die Buchstaben S und k als Variablen gebraucht. Vielleicht werden in deinem Unterricht andere Buchstaben benutzt.

1 **Übertrage die Figur ins Heft und strecke sie zentrisch mit dem angegebenen Streckfaktor *k*.**

a)
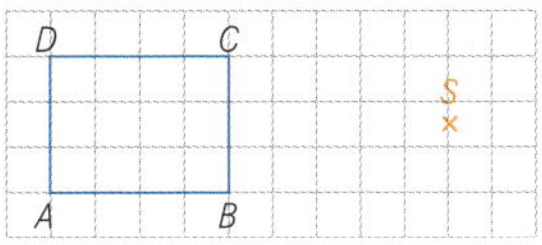

$k = 2$

b)
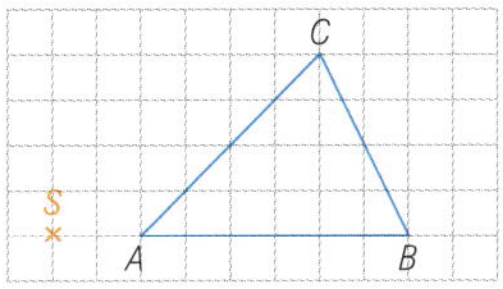

$k = 0{,}5$

c)
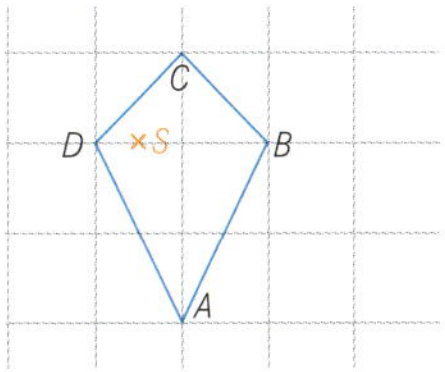

$k = 3$

TIPPS UND INFOS — **Negativer Streckfaktor**

Bei einem negativen Streckfaktor werden die Originalpunkte auf die andere Seite des Streckzentrums abgebildet. Schau dir Bild und Erläuterung auf S. 92 unten an.

2 **Zeichne in ein Koordinatensystem das Viereck mit den Ecken $A(1|1)$, $B(3|1)$, $C(3|4)$ und $D(1|3)$. Bilde es durch folgende zentrische Streckungen ab.**

a) $S(0|0)$; $k = -2$ b) $S(0|0)$; $k = 2$ c) $S(3|3)$; $k = -1$

3 **Verschiedene zentrische Streckungen haben zum Bild-Dreieck $A'(-1|2)$, $B'(-3|0)$, $C'(1|-2)$ geführt. Ermittle die Original-Dreiecke und gib die Koordinaten der Ecken an.** Tipp: Zeichne im Koordinatensystem.

a) $S(1|-2)$; $k = 0{,}5$ b) $S(1|-2)$; $k = -0{,}5$ c) $S(-3|-4)$; $k = \frac{1}{4}$

d) In Aufgabe 2 war die Originalfigur gegeben und du hast die Bildfigur konstruiert. Bei den Aufgaben 3 a) bis c) war es umgekehrt: Du hast auf der Grundlage der Bildfigur die Originalfigur konstruiert. Was war gleich bei deinem Vorgehen und worin unterscheidet es sich?

TIPPS UND INFOS — **Streckzentrum und -faktor bestimmen**

1. Man konstruiert mit den Koordinaten der Originalfigur und der Bildfigur eine zentrische Streckung. Die einander entsprechenden Ecken (z. B. A und A'; dann B und B') verbindet man durch Geraden. Der Schnittpunkt der Geraden ist das Streckzentrum S.
2. Zur Bestimmung von k misst man eine Originalstrecke und die entsprechende Bildstrecke, z. B. a und a': $|k| = \frac{a'}{a}$.
3. Wenn Originalfigur und Bildfigur auf derselben Seite von S liegen, ist k positiv $\left(k = \frac{a'}{a}\right)$, andernfalls negativ $\left(k = -\frac{a'}{a}\right)$.

4 **Zeichne die drei Bildfiguren aus Aufgabe 2 in ein gemeinsames Koordinatensystem und benenne sie mit 1, 2, 3.**
Hinweis: Im Lösungsheft sind die Figuren wie folgt benannt. 1: Bildfigur aus 2 a); 2: Bildfigur aus 2 b); 3: Bildfigur aus 2 c).

a) Entwirf eine zentrische Streckung von Figur 1 zu Figur 2. Gib die Koordinaten des Streckzentrums S und den Streckfaktor k an.

b) Konstruiere auch eine zentrische Streckung von Figur 1 zu Figur 3 und eine von Figur 2 zu Figur 3. Gib jeweils das Streckzentrum und den Streckfaktor an.

c) Andrej meint: „Wenn eine Figur mit zwei verschiedenen zentrischen Streckungen abgebildet wird, kann man immer zwischen den beiden Bildern eine zentrische Streckung konstruieren.“ Stimmt seine Behauptung? Begründe deine Antwort.

5 **Ermittle jeweils die fehlenden Angaben zu der zentrischen Streckung (Originalpunkte, Bildpunkte, *S*, *k*).**

a) Fünfeck *ABCDE*
$k = -1$

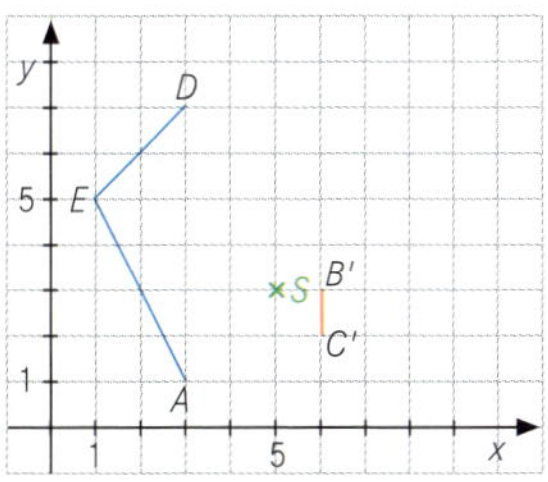

b) Dreieck *ABC*
$k = 0,5$

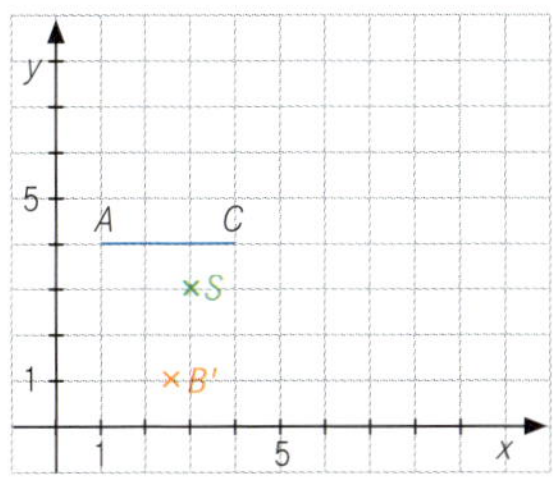

c) Viereck *ABCD*

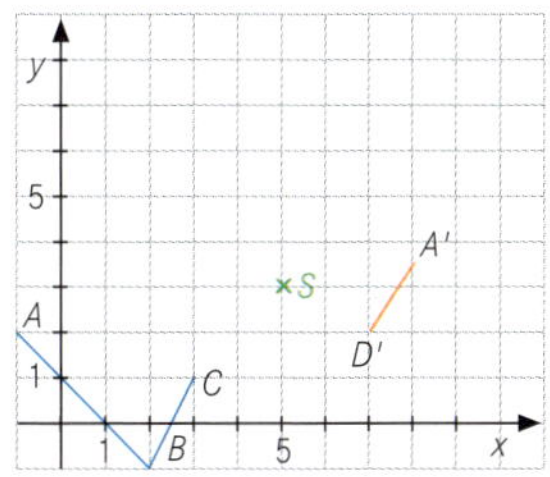

d) Dreieck *ABC*
$k = 2$

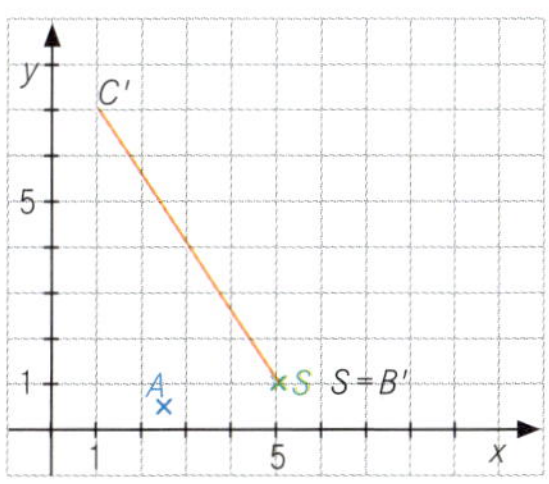

e) Viereck *ABCD*
$k = 1,5$

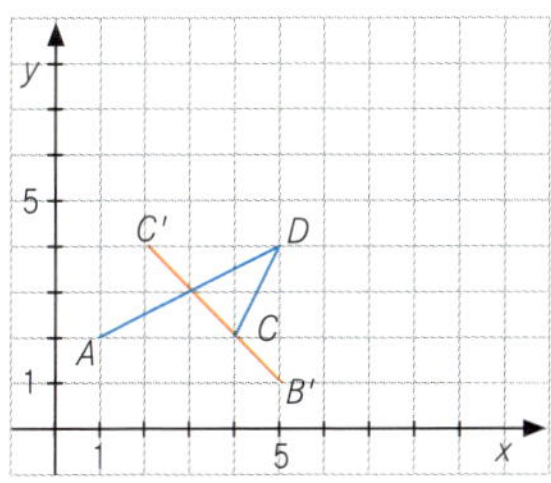

f) Fünfeck *ABCDE*

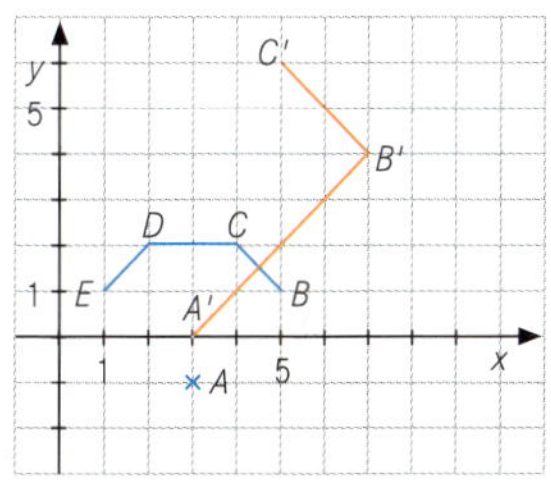

6 **Zentrische Streckung**
Welche der Figuren können durch eine zentrische Streckung der blauen oder der grünen Figur entstanden sein? Gib für jede gefundene Lösung die Namen der Figuren, die Koordinaten des Streckzentrums und den Streckfaktor an.
Zu den Kreisen kannst du je zwei verschiedene zentrische Streckungen finden.

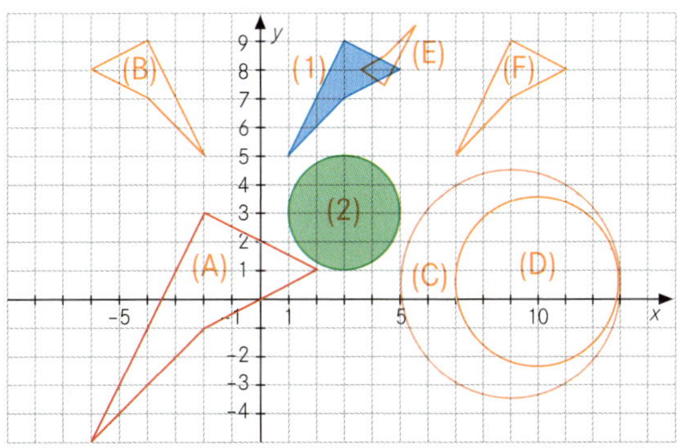

DAS MUSST DU WISSEN — **Eigenschaften zentrischer Streckungen**

Bei einer zentrischen Streckung haben alle Streckungen ein gemeinsames Zentrum. Deswegen haben alle Verbindungslinien zwischen Original- und Bildpunkt einen gemeinsamen Schnittpunkt, das Streckzentrum S – sonst ist es keine zentrische Streckung.
Außerdem muss der Streckfaktor k, also das Verhältnis der Teilstrecke zum Streckzentrum, z. B. $\frac{\overline{A'S}}{\overline{AS}}$, bei allen Punktpaaren gleich sein.

7 **Ermittle jeweils Streckzentrum und Streckfaktor. Zu welchen Paaren gibt es keine zentrische Streckung? Begründe.**
Die Originalfiguren sind blau, die Bildfiguren orange gezeichnet.

a)
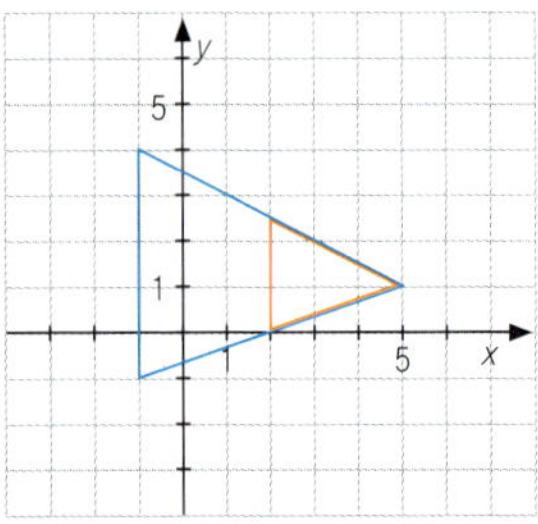

b)
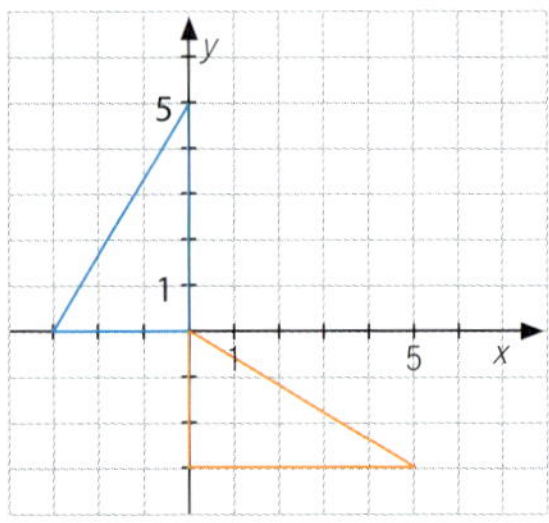

c)
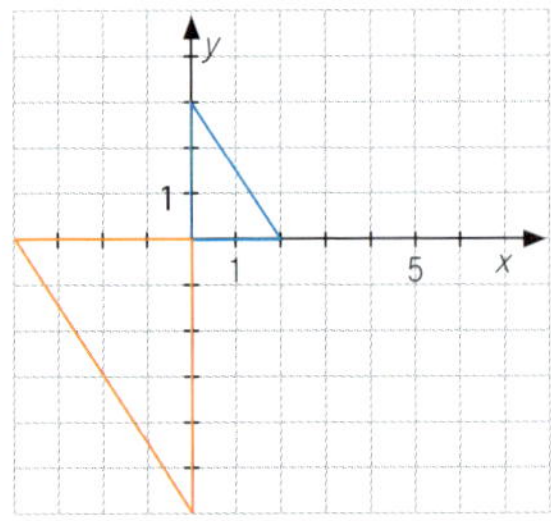

d)
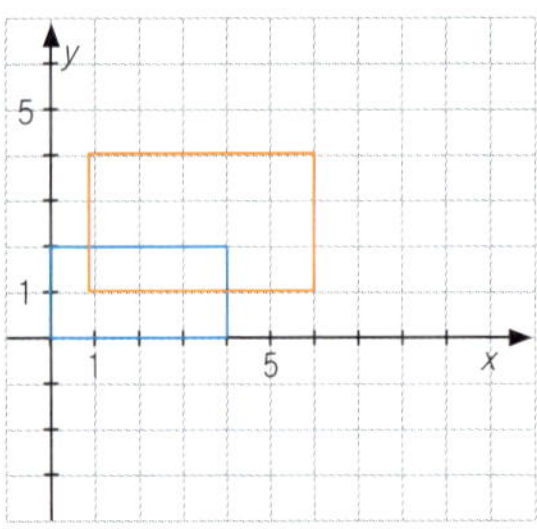

e)
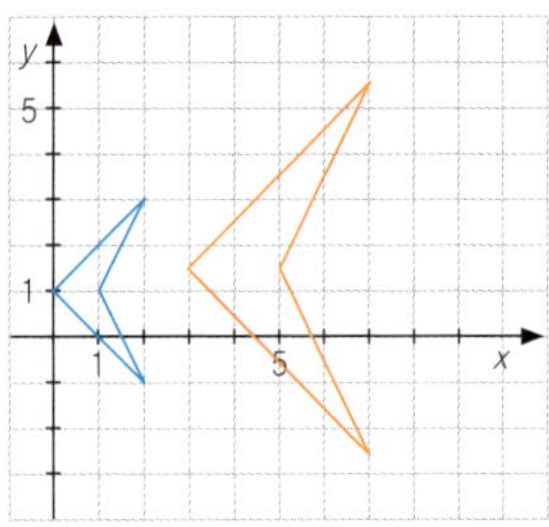

f)
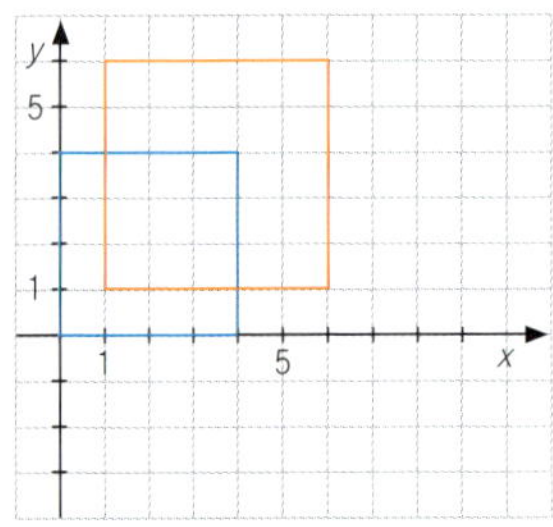

8 **Was kann man mit einer zentrischen Streckung erreichen? Begründe jeweils anhand von Beispielen.**

a) Achsenspiegelung einer Figur
b) Punktspiegelung einer Figur
c) Drehung einer Figur um 90°
d) Drehung einer Figur um 180°
e) eine Figur verschieben (ohne sie dabei auf andere Weise zu verändern)
f) maßstabsgerechte Vergrößerung oder Verkleinerung einer Figur

9 **Untersuche alle zentrischen Streckungen der Aufgaben 1, 2, 3, 5 und 6. Ordne sie den Eigenschaften aus Aufgabe 8 zu.**
Beispiel: maßstabsgerechte Vergrößerung: 1 b), 1 d), …

10 Verschieben mit zentrischen Streckungen

Pia sagt, sie könne mit zentrischen Streckungen eine Figur verschieben, ohne dabei ihre Größe zu verändern. Dazu führt sie zwei zentrische Streckungen hintereinander aus.

a) Erkläre, was Pia meint.

b) Betrachte die Grafik und gib zu beiden zentrischen Streckungen an: Name der Ursprungsfigur, der Bildfigur und des Streckzentrums; dazu den Streckfaktor.

c) Finde eine andere Möglichkeit, die Ursprungs- auf die Zielfigur mit zwei zentrischen Streckungen abzubilden.

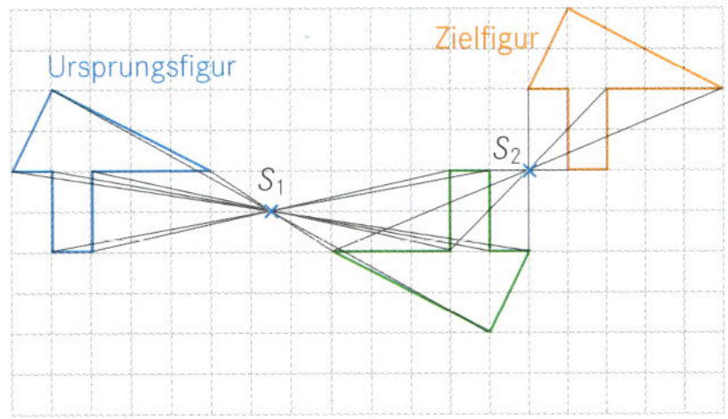

11 Verknüpfung zentrischer Streckungen

Mache es wie Pia in Aufgabe 10: Finde jeweils eine Verknüpfung zweier zentrischer Streckungen, mit denen du die Original- auf die Zielfigur abbildest.
Suche die Lösung zunächst zeichnerisch. Gib dann jeweils Streckzentrum und Streckfaktor an.

a) Verschiebung (1) → (A)

b) (1) → (B)

c) (2) → (C)

d) (2) → (D)

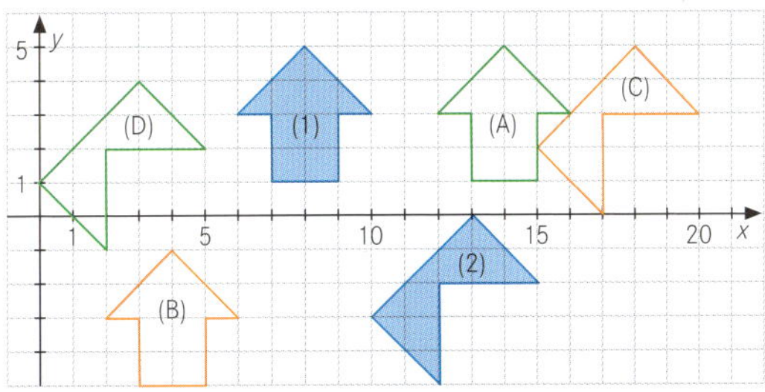

7.2 Flächeninhalte und Volumina bei zentrischen Streckungen

DAS MUSST DU WISSEN

Wenn eine ebene Figur zentrisch gestreckt wird mit dem Streckfaktor k, ...

- ... ändert sich ihr **Flächeninhalt** mit dem Faktor k^2.
- ... ändert sich sein **Volumen** mit dem Faktor $|k|^3$.

Beispiel: zentrische Streckung eines Dreieckprismas.

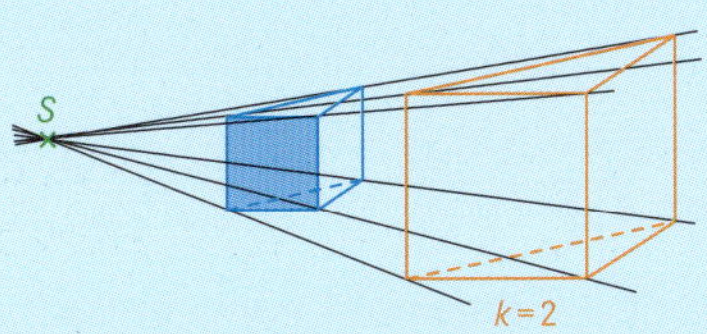

7 Streckung, Strahlensätze, Ähnlichkeit

1 Zeichne das Streckzentrum ein und gib den Streckfaktor an.

Die Originalfiguren sind blau, die Bildfiguren orange gezeichnet.

a)

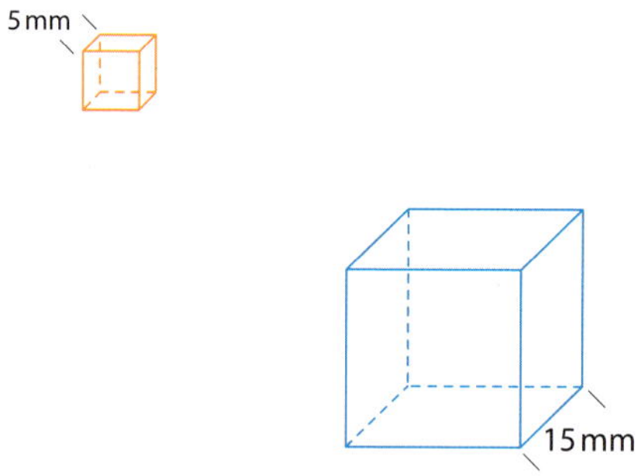

b)

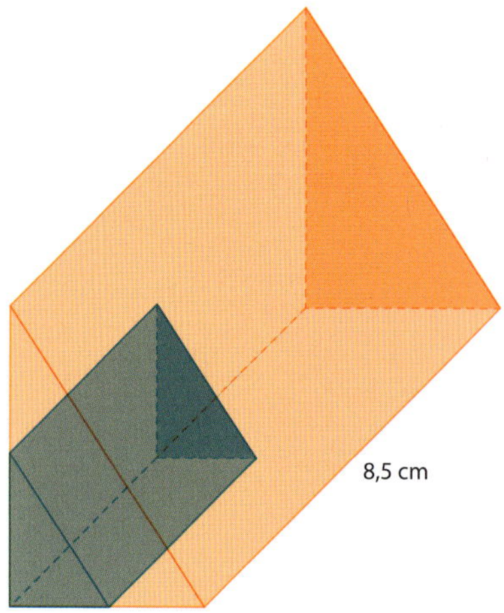

c)

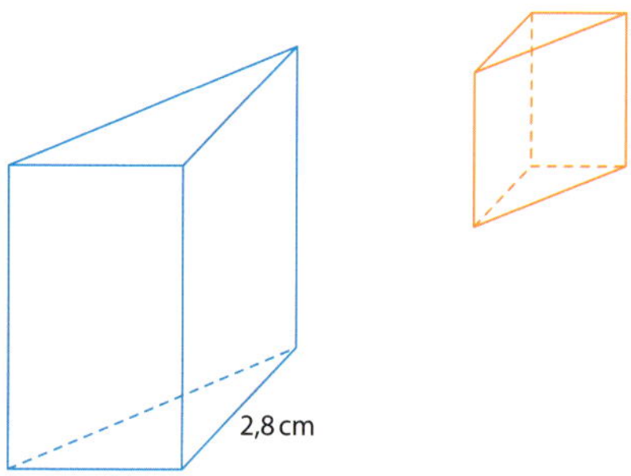

2 Berechne für die zentrischen Streckungen aus Aufgabe 1 die Oberflächeninhalte und Volumina der Original- und der Bildfiguren.

Die Strecken im Vordergrund kannst du abmessen, die anderen Längen sind wegen der perspektivischen Verzerrung angegeben.

3 Bestimme den Streckfaktor.

Zeichne ein Rechteck deiner Wahl und bilde es mit einer zentrischen Streckung so ab, dass sein Flächeninhalt 4-mal (9-mal; $\frac{1}{4}$-mal; 2-mal) so groß wird. Was ist jeweils der Streckfaktor?

4 Erkläre anhand von Skizzen, wieso sich bei einer zentrischen Streckung mit Streckfaktor *k* …

a) … der Flächeninhalt um k^2 ändert.

b) … das Volumen um $|k|^3$ ändert.

c) Warum wird bei der Änderung des Volumens der Betrag von *k* mit 3 potenziert, beim Flächeninhalt aber nicht der Betrag, sondern *k* selbst quadriert?

7.3 Strahlensätze

DARUM GEHT ES

Mit den Strahlensätzen kann man Streckenlängen berechnen.

DAS MUSST DU WISSEN **1. Strahlensatz**

Die folgenden Abbildungen zeigen zwei „Strahlensatzfiguren". Die Ausgangslage: Zwei Strahlen mit demselben Ausgangspunkt werden von zwei Parallelen geschnitten.

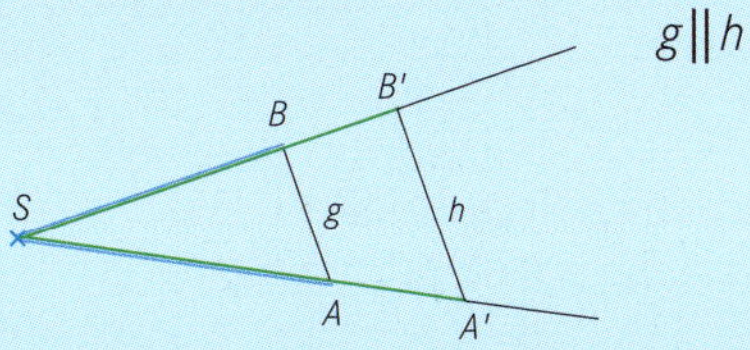

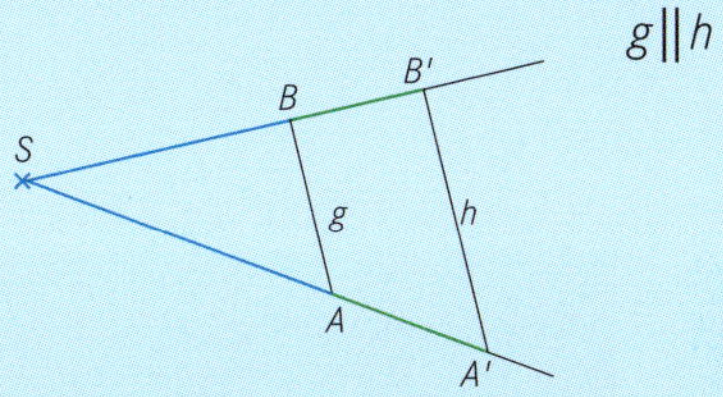

Dann stehen die Streckenabschnitte auf dem einen Strahl zueinander in demselben Verhältnis wie die entsprechenden Streckenabschnitte auf dem anderen Strahl.

$\frac{\overline{SA}}{\overline{SA'}} = \frac{\overline{SB}}{\overline{SB'}}$ $\qquad$ $\frac{\overline{SA}}{\overline{AA'}} = \frac{\overline{SB}}{\overline{BB'}}$

DAS MUSST DU WISSEN **2. Strahlensatz**

Die Ausgangslage ist dieselbe wie oben:
Zwei Strahlen mit demselben Ausgangspunkt werden von zwei Parallelen geschnitten.

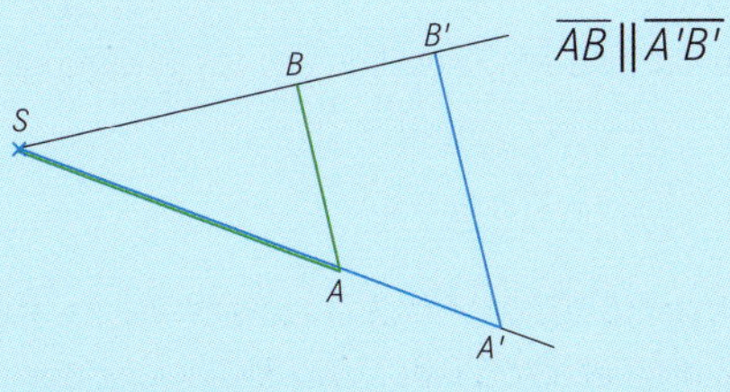

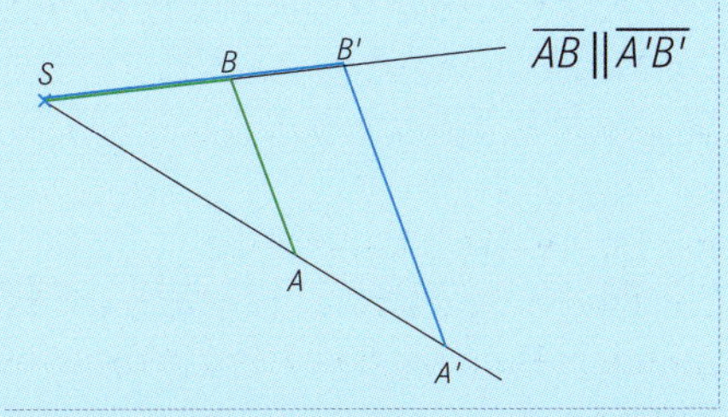

Die Streckenabschnitte auf den Parallelen stehen zueinander in demselben Verhältnis wie die entsprechenden Streckenabschnitte auf einem der Strahlen.

$\frac{\overline{AB}}{\overline{A'B'}} = \frac{\overline{SA}}{\overline{SA'}}$ $\qquad$ $\frac{\overline{AB}}{\overline{A'B'}} = \frac{\overline{SB}}{\overline{SB'}}$

1 **Berechne die fehlenden Streckenlängen.**
Alle Angaben in Zentimeter. Runde die Ergebnisse auf ganze Millimeter.

a) $\overline{AD} \parallel \overline{BC}$

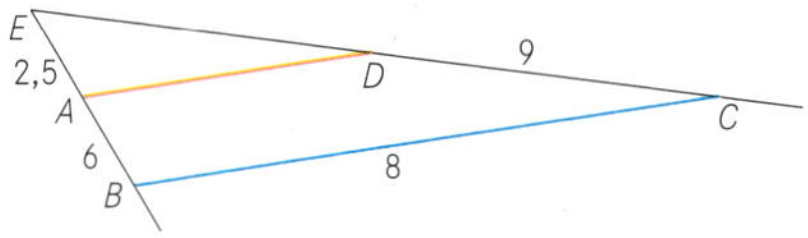

b) $\overline{BE} \parallel \overline{CD}$

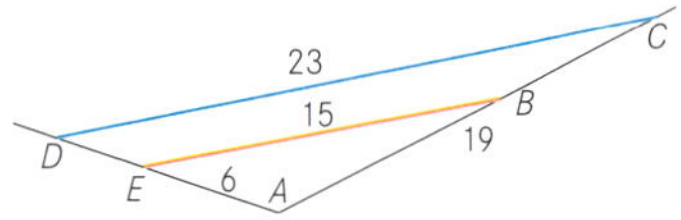

2 **Wieso kann man die fehlenden Längen nicht mit den Strahlensätzen berechnen?**

a)

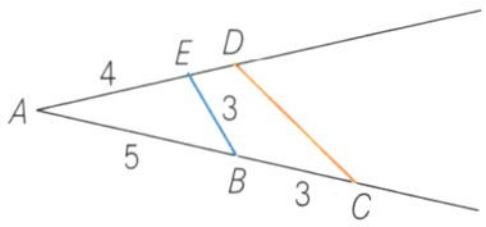

b) $\overline{AB} \parallel \overline{CE}$

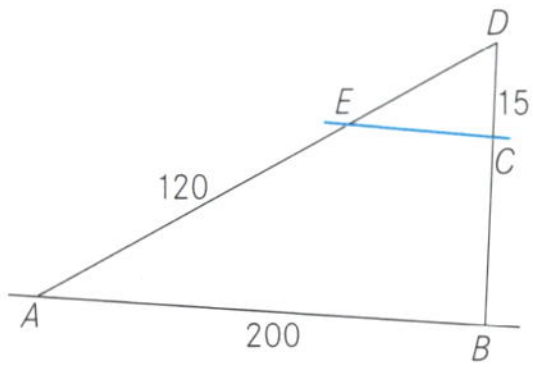

c) $\overline{AF} \parallel \overline{BE}$

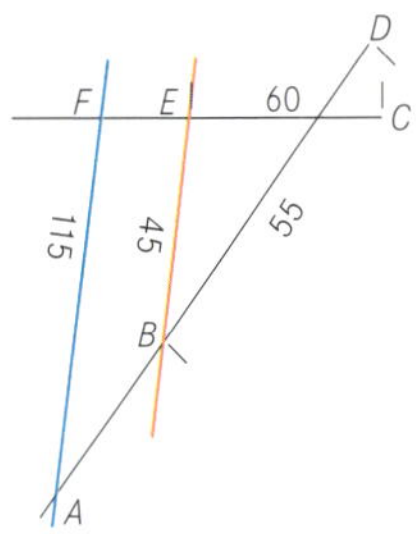

3 **Berechne die fehlenden Streckenlängen.**

$\overline{AC} \parallel \overline{BD}$

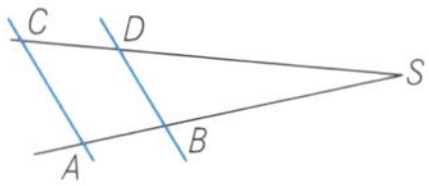

	$\overline{AS}$	$\overline{AB}$	$\overline{SB}$	$\overline{SC}$	$\overline{CD}$	$\overline{DS}$	$\overline{AC}$	$\overline{BD}$
a)	5 cm	1 cm				12 cm	12,5 cm	
b)	2 m		1 m		3 m			2,5 m
c)		15 mm	65 mm	64 mm				19,5 mm
d)		80 cm		175 cm			70 cm	30 cm
e)	25 mm				27 mm	10,5 mm	50 mm	

4 **Zeichne die „Strahlensatzfiguren“ aus 3 a) und 3 c).**

a) Mache zunächst eine Skizze (Planfigur). Erinnere dich, wie man Dreiecke konstruiert, bei denen nur die drei Längenangaben gegeben sind. Wozu brauchst du diese Technik hier?

b) Miss nach, ob deine berechneten Ergebnisse stimmen.

5 **Zeichne selbst „Strahlensatzfiguren".**
Bei den acht Streckenabschnitten sollen die angegebenen Längen vorkommen. Miss und berechne die fehlenden Längen – kommst du beim Messen und Berechnen auf dieselben Ergebnisse?

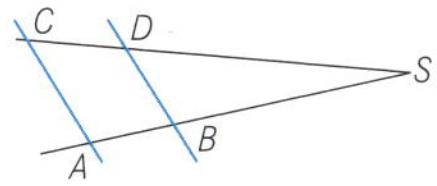

$\overline{AC} \parallel \overline{BD}$

Tipp: Es gibt jeweils viele Möglichkeiten. Leicht zu zeichnen ist, wenn man nur Längen auf den beiden Strahlen (also keine auf den Parallelen) oder nur Längen auf *einem* Strahl und den Parallelen vorgibt. Ob das geht, hängt von den gegebenen Längen ab, z. B. kann man bei a) die Längen 2 cm, 4 cm und 6 cm den Abschnitten eines Strahls zuordnen.

a) 2 cm; 4 cm; 5 cm; 6 cm
b) 3,2 cm; 6 cm; 6,4 cm; 12 cm
c) 24 mm; 32 mm; 54 mm; 72 mm; 78 mm; 104 mm

6 **Die Strahlensätze gelten auch bei einander schneidenden Geraden, wenn die Parallelen auf beiden Seiten des Schnittpunktes liegen.**
Stelle die Strahlensätze für diese Figur auf.
Tipp: Vergleiche die beiden Strahlensätze auf S. 99.

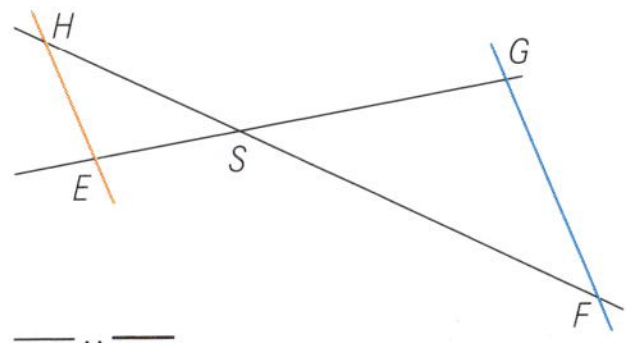

$\overline{EH} \parallel \overline{GF}$

7 **Berechne die fehlenden Streckenlängen.**
Alle Angaben in Zentimeter.
Tipp: zu c) und d): Im ersten Schritt kannst du eine der drei Parallelen außer Acht lassen und die fehlenden Angaben für zwei Parallelen berechnen.

a) $\overline{AB} \parallel \overline{DC}$

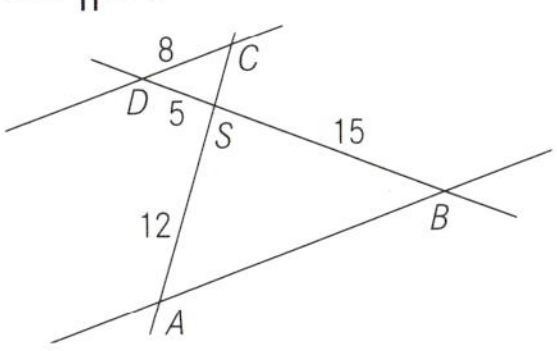

b) $\overline{EF} \parallel \overline{GH}$

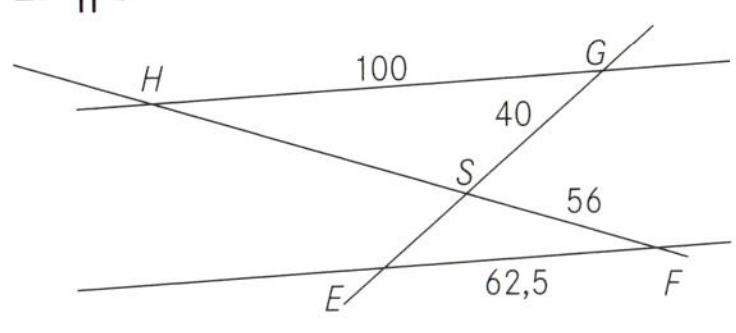

c) $\overline{AF} \parallel \overline{BE} \parallel \overline{CD}$

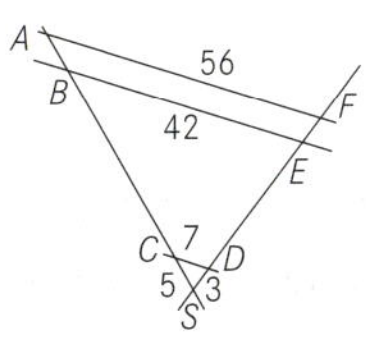

d) $\overline{AB} \parallel \overline{CF} \parallel \overline{DE}$

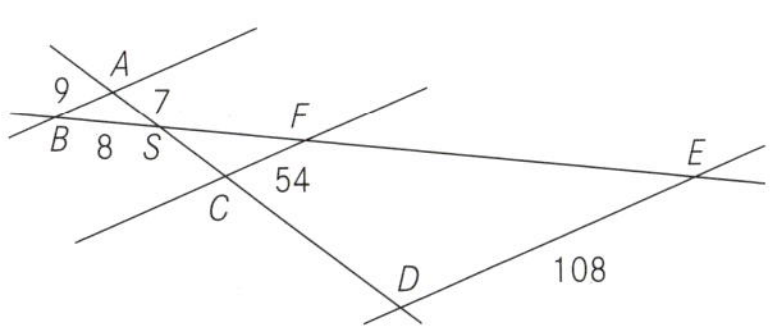

8 Streckenmessungen im Gelände

Manche Strecken sind im Gelände schwierig zu messen. Mithilfe der Strahlensätze kann man eine Strecke berechnen, wenn man statt ihrer andere Strecken misst.

a) Wie breit ist der Fluss?

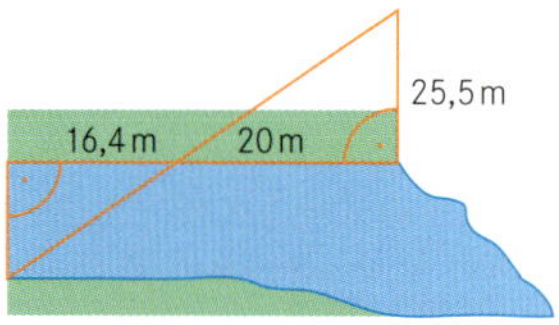

b) $a = 5{,}22$ m; $b = 5$ m; $c = 1$ m
Wie breit ist die Autobahn (mit Standstreifen)?

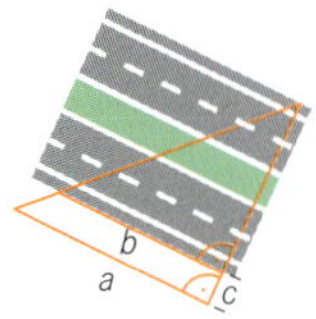

c) Welche Strecken würdest du an Land messen lassen, um die Flussbreite zu berechnen? Skizziere und benenne die zu messenden Strecken mit Variablen.
Stelle auch die Gleichung zur Berechnung der Flussbreite auf. (Nimm für die Flussbreite eine Variable und löse die Gleichung nach der Variablen für die Flussbreite auf.)

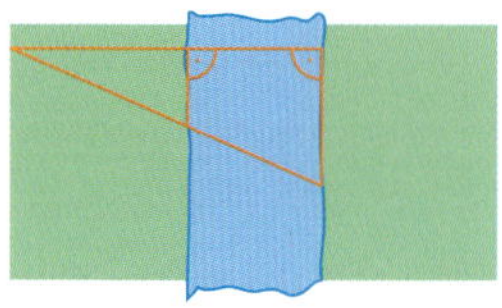

d) Wie groß ist die Spannweite des Flugzeugs (der Abstand von einer Flügelspitze bis zur anderen)?
Verfahre wie bei Aufgabe c).

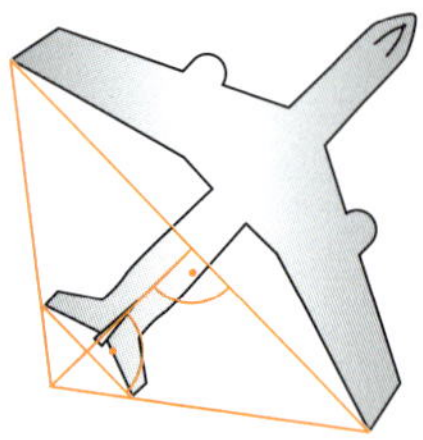

9 Wie kann man es messen?

Mache immer zuerst eine Skizze und berechne dann. Wie genau sind die Ergebnisse? Begründe und runde sinnvoll.

a) Timo will die Höhe des Berliner Fernsehturms abschätzen. Er weiß, dass er etwa 2 km entfernt ist. Er misst seine Daumenlänge (38 mm) und den Abstand vom Daumen bis zum Auge (bei ausgestrecktem Arm 51 cm). Er schließt ein Auge und peilt den Fernsehturm an: Er ist etwa $2\frac{1}{3}$ Daumenlängen hoch.

b) Timo meint, das Verfahren aus Aufgabe a) sei nicht sinnvoll, wenn man sehr dicht am Fernsehturm steht. Was meint er? Begründe, ob er recht hat.

c) Hannah will wissen, wie weit sie noch vom Kölner Dom entfernt ist. Sie weiß, dass seine Turmspitze 157 m hoch ist. Die Breite ihres Daumens kennt sie, ihre Armlänge auch. Wie kann sie die Entfernung bestimmen?

d) Hannah schätzt mit dem in Aufgabe c) beschriebenen Vorgehen, dass sie 4 km vom Kölner Dom entfernt ist. Was könnte sie gemessen haben? Setze sinnvolle Werte ein.

e) Mit einer Messlehre kann man besonders exakt messen.
Erkläre mit einem Strahlensatz.

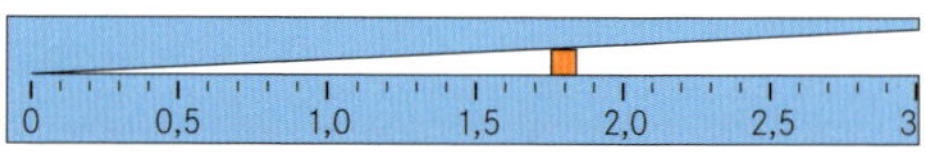

f) Wie hoch ist der Gegenstand aus Aufgabe e)?

g) Ben schätzt die Höhe eines Flutlichtmastes im Bremer Weserstadion ab. Er schätzt, dass er 300 m entfernt sitzt und er peilt ihn bei ausgestrecktem Arm (Abstand Daumen-Auge = 48 cm) auf $2\frac{2}{3}$ Daumenlängen. Sein Daumen ist 4 cm lang.

h) An der Nordsee steht in der Nähe von Emden ein 65 m hoher Leuchtturm. Marie will wissen, wie weit sie noch vom Leuchtturm entfernt ist. Sie peilt ihn bei ausgestrecktem Arm an und misst 1,5 Daumenlängen. Ihr Daumen ist 41 mm lang, der Abstand Daumen-Auge beträgt 56 cm.

i) Wie breit und wie hoch ist der Gegenstand?

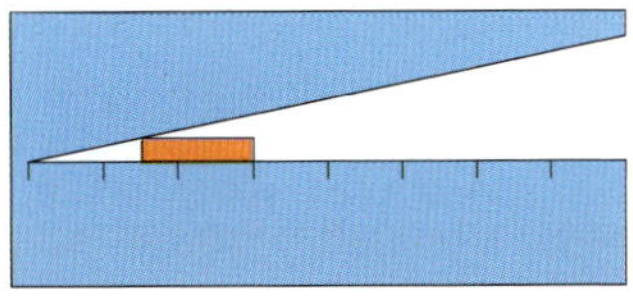

TIPPS UND INFOS | **Parallelität von Geraden untersuchen**

Damit man die Strahlensätze zur Berechnung von Längen anwenden kann, müssen zwei der Strecken parallel verlaufen.
Man kann den Strahlensatz auch in entgegengesetzter Richtung nutzen:

Man misst die Strecken $\overline{AA'}$, $\overline{AS}$, $\overline{BB'}$ und $\overline{BS}$.

Wenn $\frac{\overline{AA'}}{\overline{AS}} = \frac{\overline{BB'}}{\overline{BS}}$, dann ist $\overline{AB} \parallel \overline{A'B'}$.

Wenn $\frac{\overline{AA'}}{\overline{AS}} \neq \frac{\overline{BB'}}{\overline{BS}}$, dann sind AB und $A'B'$ nicht parallel.

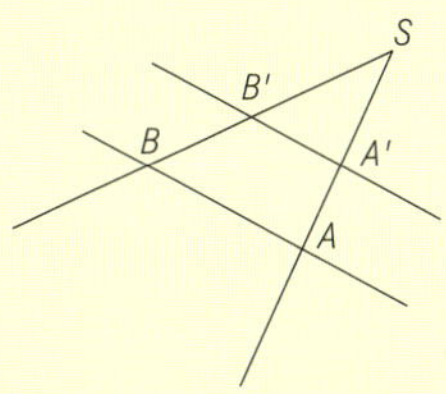

(Man kann auch anhand einer anderen Strahlensatzfigur die Parallelität testen.)

10 **Sind die Geraden *g* und *h* parallel?**

	$\overline{CS}$	$\overline{CD}$	$\overline{DS}$	$\overline{FS}$	$\overline{EF}$	$\overline{ES}$	$\overline{CF}$	$\overline{DE}$
a)	12		8		8	16	15	10
b)		3	12	50	10		49	39,2
c)		28	12	30	20		30	9
d)	12	4		24		16	12	7

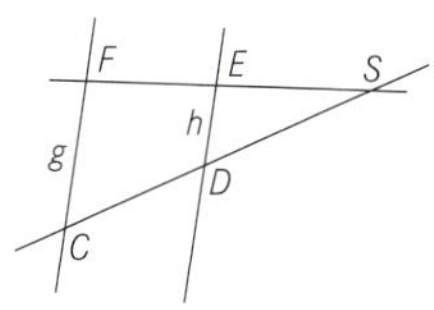

	$\overline{GI}$	$\overline{GS}$	$\overline{SI}$	$\overline{HK}$	$\overline{HS}$	$\overline{SK}$	$\overline{GH}$	$\overline{KI}$
e)	140	80		180	100		70	30
f)	25		7		27	10,5	50	14
g)		20	2	16,5		1,5	30,25	2,75
h)	20	18			12	$\frac{2}{3}$	28,5	1,5

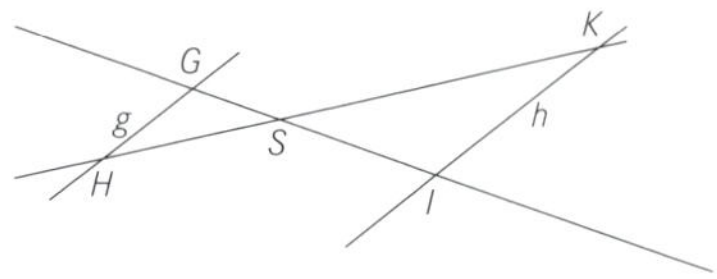

7.4 Ähnliche Figuren – Anwendungen

DAS MUSST DU WISSEN Ähnlichkeit

Einander ähnliche Figuren

Zwei Figuren F_1 und F_2 heißen **ähnlich zueinander,** wenn sie dieselbe Form haben. Dabei können die Figuren auch vergrößert bzw. verkleinert und auch gespiegelt sein.
Anders ausgedrückt: Zwei Figuren sind *einander ähnlich,* wenn entsprechende Winkel gleich sind und entsprechende Seitenlängen in demselben Längenverhältnis stehen. In Zeichen (mathematische Schreibweise):
$F_1 \sim F_2$.

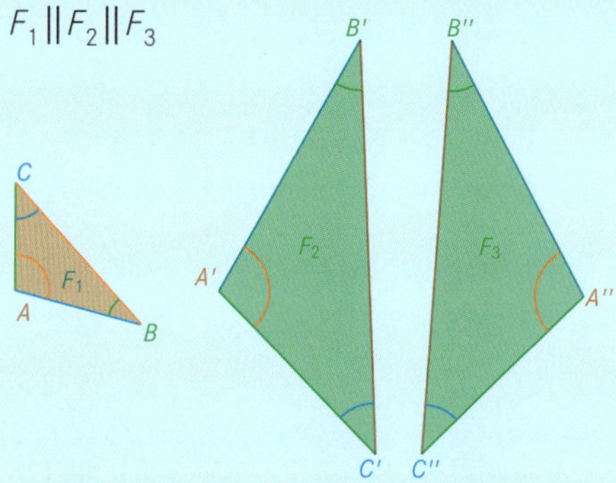

Man kann es auch ganz anders ausdrücken:
Wenn eine Figur mit einer Verknüpfung aus Kongruenzabbildungen und zentrischen Streckungen abgebildet wird, sind Figur und Bildfigur *zueinander ähnlich.*

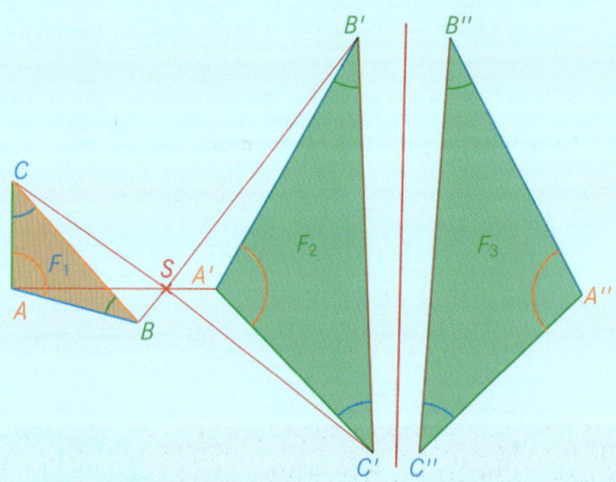

Ähnlichkeitsfaktor

Das Größenverhältnis Bildfigur zu Originalfigur heißt **Ähnlichkeitsfaktor** oder **Maßstab.**
Beispiel: Der Ähnlichkeitsfaktor der obigen Abbildung $F_1 \rightarrow F_2$ ist 2,2 : 1.

DAS MUSST DU WISSEN – Kongruenzabbildung

Kongruenzabbildungen sind Abbildungen, bei denen Größe und Form der Figur erhalten bleiben. Das sind: Achsenspiegelung, Punktspiegelung, Drehung, Verschiebung und alle Verknüpfungen dieser Abbildungen.
Zwei Figuren sind *zueinander kongruent,* wenn sie dieselbe Form *und* dieselbe Größe haben. Vergleiche mit der Definition von Ähnlichkeit S. 104.
In Zeichen: „$F_1 || F_2$“ heißt: F_1 ist kongruent zu F_2.

1 **Sind die Figuren ähnlich zueinander? Gib für ähnliche Figuren den Ähnlichkeitsfaktor an.**

a)

b)
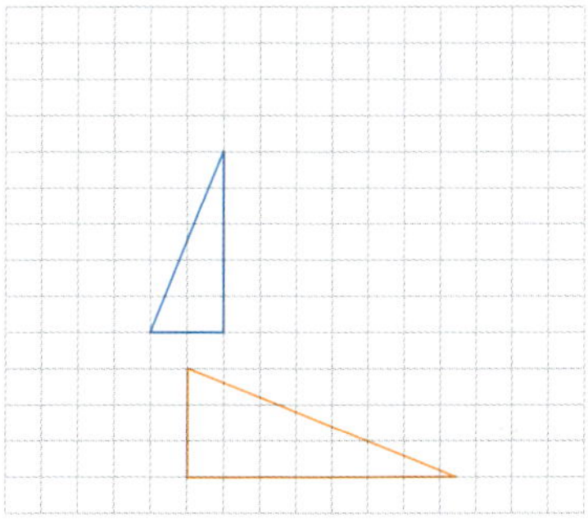

c)
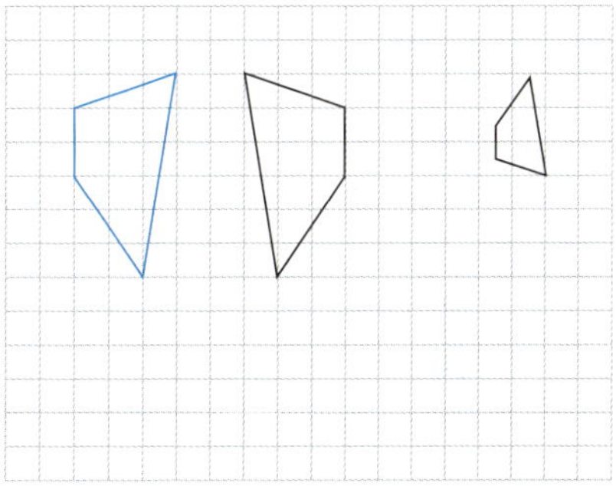

2 **Ähnlichkeitsabbildungen**
Betrachte die beiden Ähnlichkeitsabbildungen aus Aufgabe 1.
Versuche diese Abbildungen mit einer Verknüpfung aus Achsenspiegelung, Drehung, Verschiebung und/oder zentrischer Streckung zu erreichen. Vergleiche dazu die Grafik auf S. 104. Probiere und zeichne die Zwischenschritte mit Bleistift oben ein.

DAS MUSST DU WISSEN – Ähnlichkeitsfaktor

Der Ähnlichkeitsfaktor (der Maßstab) ist abhängig von der Richtung der Abbildung.
Beispiel: In der Abbildung auf S. 104 ist
- für $F_1 \rightarrow F_2$ der Ähnlichkeitsfaktor 2,2 : 1, aber
- für $F_2 \rightarrow F_1$ der Ähnlichkeitsfaktor 1 : 2,2 $\left(\text{oder auch: } \frac{1}{2,2}\right)$.

3 **Welche Figuren sind zueinander ähnlich, welche kongruent?**

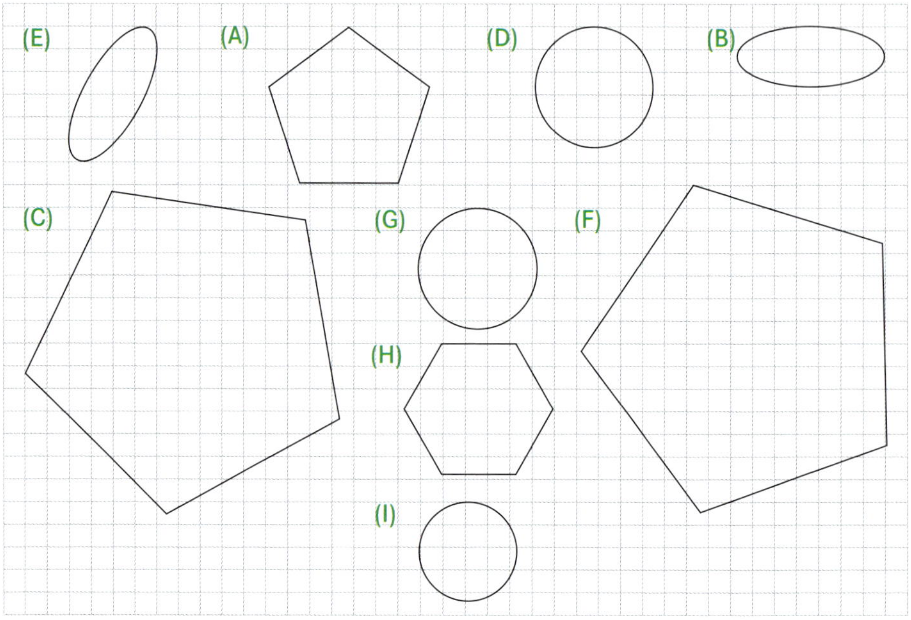

a) Nenne alle Figuren, die zueinander ähnlich sind. Notiere in der mathematischen Schreibweise.
b) Gib zu jedem Paar ähnlicher Figuren den Ähnlichkeitsfaktor an.
c) Welche Figuren sind kongruent zueinander? Notiere in der mathematischen Schreibweise.
d) Vergleiche deine Antworten zu Aufgabe b) und c). Was stellst du fest?

4 **Was ist zueinander kongruent, was ist zueinander ähnlich?**

a) Schiffsmodell und Schiff
b) ein Baum und das Foto des Baumes
c) Stadtplan und Grundriss der Stadt
d) Hand und Fuß
e) Skizze und Wirklichkeit
f) Baby und Erwachsener
g) Gummibärchen in einer Tüte zueinander
h) verschieden große Kreise
i) Foto auf dem Display einer Digitalkamera und Abzug des Fotos

5 Ähnlichkeit und Kongruenz

Zeichne jeweils die Original- und die Bildfigur in ein Koordinatensystem. Welche sind ähnlich oder sogar kongruent zueinander?

▷ Beweise die Kongruenz von Figuren, indem du eine passende Verknüpfung aus Achsenspiegelung, Drehung und/oder Verschiebung einzeichnest.

▷ Beweise die Ähnlichkeit von Figuren, indem du eine passende Verknüpfung aus den oben genannten Abbildungen und einer zentrischen Streckung einzeichnest.

a) Original: $A(-1\,|\,0)$, $B(2\,|\,3)$, $C(1\,|\,5)$;
Bild: $A'(1\,|\,0)$, $B'(-2\,|\,3)$, $C'(-1\,|\,5)$.

b) Original: $A(1\,|\,1)$, $B(3\,|\,4)$, $C(1\,|\,5)$;
Bild: $A'(7\,|\,0)$, $B'(3\,|\,4)$, $C'(7\,|\,5)$.

c) Original: $A(-4\,|\,-5)$, $B(-1\,|\,-5)$, $C(-1\,|\,0)$, $D(-1{,}5\,|\,0)$, $E(-3\,|\,-4)$, $F(-3\,|\,0)$, $G(-4\,|\,0)$;
Bild: $A'(8\,|\,10)$, $B'(2\,|\,10)$, $C'(2\,|\,0)$, $D'(3\,|\,0)$, $E'(6\,|\,8)$, $F'(6\,|\,0)$, $G'(8\,|\,0)$.

6 Fotoformate

Jacquelines Digitalkamera macht Bilder mit den Maßen 1 728 Pixel × 2 592 Pixel. Für Fotoabzüge kann sie wählen zwischen den Bildformaten 9 × 13, 10 × 15, 13 × 18 und dem Posterformat 42 × 59 (alle in Zentimeter).

a) Welche Fotoformate sind ähnlich zum Format des Originalbildes?

b) Was könnte passieren, wenn Jacqueline eines der anderen Formate für die Abzüge wählt?

c) Jacqueline kann an ihrer Kamera das Bildformat ändern in 1 944 Pixel × 2 592 Pixel und in 1 851 Pixel × 2 592 Pixel. Welche Einstellung wäre für welche Abzüge geeignet?

7 Zentrische Streckung und Strahlensätze

Julie hat ein Modell des Eiffelturms in ihre Hamburger Schule mitgebracht, es ist 20 cm groß. Sie will eine zentrische Streckung von ihrem Modell zum echten Eiffelturm konstruieren.

a) Folgende Angaben werden recherchiert: Der Eiffelturm ist 300 m hoch; Luftlinie Paris–Hamburg ca. 750 km. Wozu sind diese Angaben wichtig?

b) Der Eiffelturm hat vier „Standbeine", sie zeigen genau nach Norden, nach Westen, nach Süden und nach Osten. Julie sagt, sie müsse ihr Modell genau gleich ausrichten, damit es eine zentrische Streckung wird. Warum?

c) Wie groß ist der Streckfaktor?

d) Wie weit entfernt und in welche Richtung vom Modell liegt das Streckzentrum?
Tipp: Skizziere eine passende Strahlensatzfigur.

e) Julie stellt ihr Eiffelturmmodell auf den Kopf. Wo liegt nun das Streckzentrum und wie groß ist der Streckfaktor?
Tipp: Entwickle wieder eine Strahlensatzfigur.

Test

1 **Eine Figur wird zentrisch gestreckt. Zeichne in ein Koordinatensystem und bestimme die fehlenden Angaben.** |9|

	Originalfigur	Streckzentrum, Streckfaktor	Bildfigur
a)	$A(6\|2)$; $B(0\|4)$; $C(0\|0)$; $D(1\|3)$	$S(3\|2)$, $k = \frac{1}{2}$	
b)	$A(1\|4)$; $B(0\|0)$; $C(2\|-1)$; $D(2{,}5\|1)$		$A'(1\|1)$; $B'(3\|9)$; $C'(-1\|11)$; $D'(-2\|7)$
c)		$S(4\|0)$, $k = -3$	$A'(10\|12)$; $B'(-5\|0)$; $C'(7\|-3)$

2 **Körper zentrisch strecken**

a) Der kleine Würfel ist aus einer zentrischen Streckung mit Streckfaktor $\frac{1}{3}$ aus dem großen Würfel entstanden. Wo ist das Streckzentrum? Bestimme auch Kantenlänge, Oberflächeninhalt und Volumen des Original- und des Bildwürfels. |5|

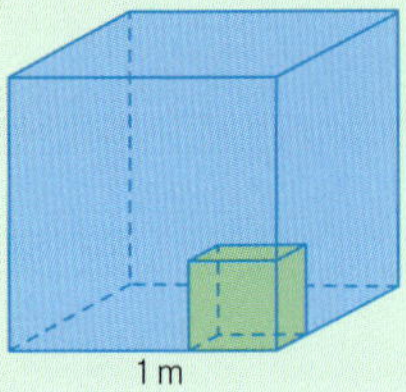

b) Ein Prisma mit dem Oberflächeninhalt 85 cm² und dem Volumen 70 cm³ wird zentrisch gestreckt, das Bildprisma hat ein Volumen von 4 480 cm³. Ermittle den Streckfaktor und den Oberflächeninhalt des Bildprismas. |3|

3 **Berechne die fehlenden Angaben.** |8|

$g \| h \| i$

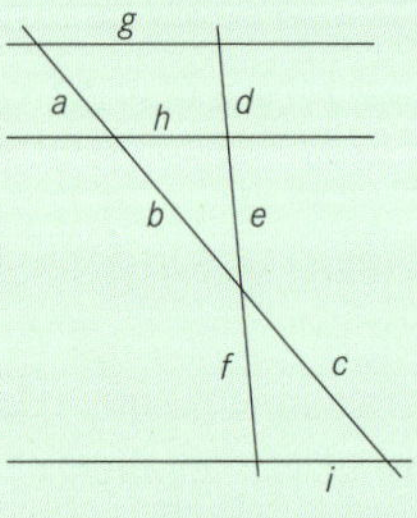

	a	*b*	*c*	*d*	*e*	*f*	*g*	*h*	*i*
a)	8	4			6	13,5	7		
b)		40		21	24			$18\frac{2}{3}$	1,4

4 Emma peilt mit ihrem Daumen einen Turm an. Runde sinnvoll. |8|

Emmas Daumen ist 12 mm breit und ihr Arm 55 cm lang. Mache dir jeweils eine Skizze.

a) Wie hoch ist der Turm? In 200 m Entfernung vom Turm peilt sie die Höhe mit ausgestrecktem Arm auf 6 Daumenbreiten.

b) Sie steht vor einer kreisrunden Zielscheibe mit dem Radius 85 cm. Emma peilt ihren Durchmesser auf 2,5 Daumenbreiten. Wie weit entfernt steht sie?

5 Welche der Figuren ist ähnlich zur blauen Figur, welche sogar kongruent? Schreibe mit mathematischen Zeichen und gib ggf. den Ähnlichkeitsfaktor an. |5|

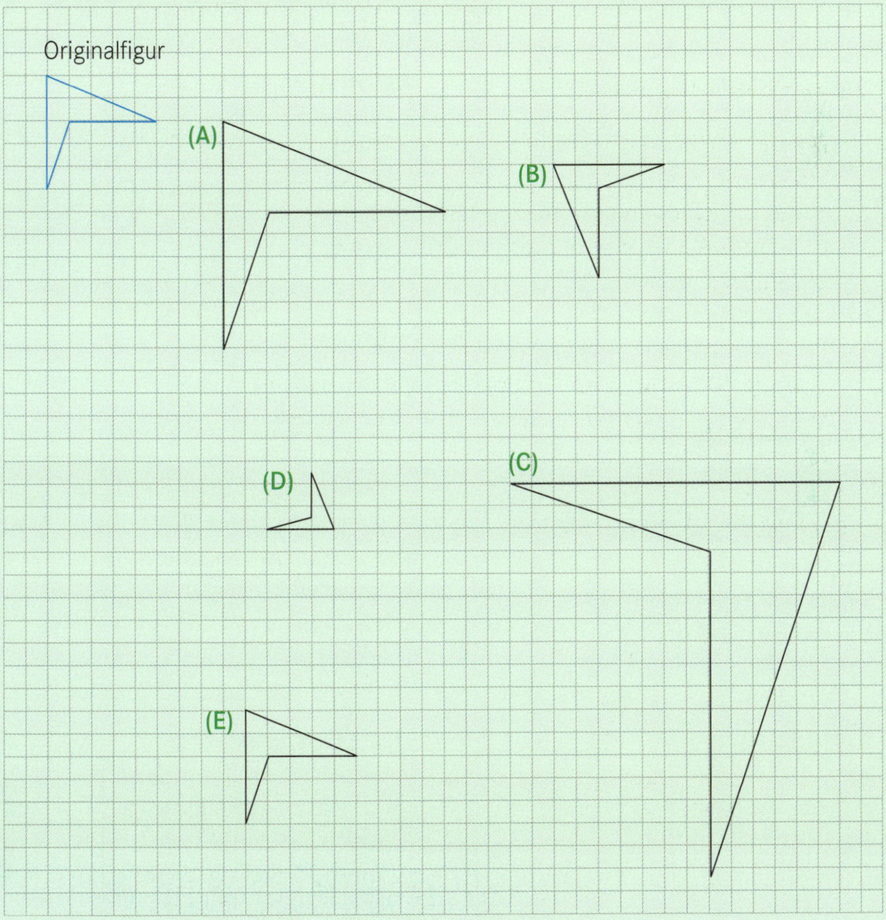

||38||

Wie viele Punkte hast du? Erreichst du mehr als 30 Punkte, beherrschst du den Inhalt des Kapitels wirklich gut. Erreichst du weniger als 16 Punkte, dann solltest du dieses Kapitel wiederholen.

Stichwortverzeichnis

Verzeichnis der Zeichen und Abkürzungen

Bezeichnung in diesem Buch	Bedeutung	Abweichende Bezeichnung in anderen Büchern
A	Flächeninhalt	
V	Volumen	
O	Oberfläche	
L	Lösungsmenge	
$x \rightarrow y$	Zuordnung zweier Größen	
f	Funktion	
$y = f(x)$	Funktionsgleichung	
$f: x \rightarrow f(x)$	Funktionsvorschrift	
$P(2 \mid 5)$	Punkt im Koordinatensystem	$P(1; 5)$
m	Steigung einer Geraden	
b	y-Achsenabschnitt	
$\{\ \}$	leere Menge	$\emptyset$
$\{(x \mid y) \mid y = f(x)\}$	unendlich große Lösungsmenge	
q	Quadratzahl	
$n = \sqrt{q}$	Quadratwurzel aus q	
ABC	Dreieck mit den Eckpunkten A, B, C	
r, U	Kreisradius, Kreisumfang	Umfang u
rat (irr)	rationale (irrationale) Zahl	
$\overline{AB}$	Strecke auf der Zahlengeraden, in ebenen Figuren	
$h(h_c)$	Höhe im Dreieck, Trapez (über der Seite c)	
d	Raumdiagonale, Kreisdurchmesser	D
p, q	Hypotenusenabschnitte im rechtwinkligen Dreieck	
M	Mittelpunkt eines Dreiecks; Mantelfläche eines Prismas (Kreiszylinders)	
ω	Verzerrungswinkel eines Körpers im Schrägbild	
k	Verkürzungsfaktor eines Körpers im Schrägbild	
G	Kreisgrundfläche eines Kreiszylinders	
$A'B'C'$	Bildfigur eines Dreiecks mit den Eckpunkten A', B', C'	
S	Streckzentrum einer zentrischen Streckung	
$\overline{A'B'}$	Bildstrecke in einer Bildfigur	
$\overline{AB} \parallel \overline{CD}$	parallele Strecken $\overline{AB}$ und $\overline{CD}$	
$F_1 \sim F_2$	einander ähnliche Figuren F_1 und F_2	
$F_1 \cong F_2$	zueinander kongruente Figuren F_1 und F_2	

Besser in

Mathematik Lösungsheft

8. Klasse

Gymnasium

Cornelsen SCRIPTOR

1 Terme und Gleichungen

1.1 Terme mit mehreren Variablen

Übung 1 Seite 7

a) $10ab + 12xy$ b) $a - 4b$
c) $7a^3b + 3a^2b + 4a$ d) $2ab^2 - b$

Übung 2 Seite 7

a) $15xy$ b) $3x^3$ c) $12x^2y$ d) $-14x^2$

Übung 3 Seite 8

a) $10ab + 10b^2$
b) $-2a^2 + 2b^2 + 3a^2 - 3b^2 = a^2 - b^2$
c) $-12x + 10xy - 12y - 8$
d) $-(a + b) + (e - f)$

Übung 4 Seite 8

a) Ein möglicher Term ist: $3 \cdot (a \cdot 2a \cdot 3a)$. Vereinfacht gilt für das Volumen: $18a^3$.
b) Ein möglicher Term ist: $6 \cdot (a \cdot 3a) + 4 \cdot (2a \cdot 3a) + 4 \cdot a \cdot 2a$. Vereinfacht gilt für die Oberfläche: $18a^2 + 24a^2 + 8a^2 = 50a^2$.
c) Ein Würfel mit dem Volumen a^3 passt 18-mal in den Körper.
d) Die Oberfläche für $a = 2\,\text{cm}$ beträgt $200\,\text{cm}^2$.

Übung 5 Seite 8

a) $U = 4c + 6d$ b) $U = 9c + 5d$

1.2 Terme mit Klammern ...

Übung 1 Seite 9

a) $3x + 3y$ b) $42x + 14xy$ c) $-2u - 2v$
d) $55 - 5y$ e) $-xy + 13x$ f) $u^2v + uv^2$

Übung 2 Seite 9

a) $x \cdot (8 + a)$ b) $9 \cdot (r^2 + s^2)$
c) $14y + by = y \cdot (14 + b)$
d) $u \cdot (11 - v)$
e) $xy \cdot (3 + c)$ f) $7x \cdot (y - 2s + 7a)$

Übung 3 Seite 9

a) $O = -2a^2 + 6a + 12b$
b) $O = -2b^2 + 16a + 4b$

1.3 Produkte von Summen ...

Übung 1 Seite 11

a) $x^2 + 2xy + y^2$ b) $25u^2 + 10uv + v^2$
c) $x^2y^2 + 16xy + 64$ d) $x^2 - 18x + 81$
e) $16a^2 - 8ab + b^2$ f) $s^2 - 2sk + k^2$
g) $x^2 - y^2$ h) $16u^2 - 144$

Übung 2 Seite 11

a) $(y + 25)^2$ b) $(x - 6)^2$
c) $(2 + v)(2 - v)$ d) $(ab - 1)^2$
e) $(14u + 1)(14u - 1)$ f) $(9b + 4y)^2$

Übung 3 Seite 11

a) $U = 12a$ $A = 9a^2 - 4b^2$
b) $U = 4u$ $A = u^2 - v^2$
c) $U = 8c + 4d$ $A = (2c + d)^2$

1.4 Gleichungen

Übung 1 Seite 12

a) $12x + 7 = 31$
$12x = 24$
$x = 2;\ L = \{2\}$

b) $9x - 2 = 4x + 13$
$9x = 4x + 15$
$5x = 15$
$x = 3;\ L = \{3\}$

c) $2(3x + 9) = -3$
$6x + 18 = -3$
$6x = -21$
$x = -\frac{7}{2};\ L = \left\{-\frac{7}{2}\right\}$

d) $\frac{3}{x} + 2 = \frac{15}{x}$
$3 + 2x = 15$
$2x = 12$
$x = 6;\ L = \{6\}$

e) $5(9 - 11y) = -40y$
$45 - 55y = -40y$
$45 = 15y$
$3 = y;\ L = \{3\}$

f) $x(4x - 6) = (2x - 2)^2$
$4x^2 - 6x = 4x^2 - 8x + 4$
$-6x = -8x + 4$
$2x = 4$
$x = 2;\ L = \{2\}$

Übung 2 Seite 12

a) $x(x + 3) = 0$
$x^2 + 3x = 0$
$x = 0$ oder $x + 3 = 0$
$x = 0$ oder $x = -3;\ L = \{-3; 0\}$

b) $3(x - 3) \cdot (x + 4) = 0$
$x - 3 = 0$ oder $x + 4 = 0$
$x = 3$ oder $x = -4;\ L = \{-4; 3\}$

c) $x^2 + 4x + 4 = 0$
$(x + 2)^2 = 0$
$(x + 2) \cdot (x + 2) = 0$
$x + 2 = 0$
$x = -2;\ L = \{-2\}$

d) $x^2 - 81 = 0$
$(x + 9) \cdot (x - 9) = 0$
$x + 9 = 0$ oder $x - 9 = 0$
$x = -9$ oder $x = 9;\ L = \{-9; 9\}$

Übung 3 Seite13

Erklärung: 0,9t ist das um 10 % reduzierte T-Shirt, das dann um 2 € reduziert wird.
Der ursprüngliche Preis betrug 20 €.

Übung 4 Seite 13

$\left(x - \frac{2}{3}\right) \cdot x = 0$

$x_1 = 0$ oder $x_2 = \frac{2}{3};\ L = \left\{0; \frac{2}{3}\right\}$

Test

Übung 1 Seite 13

a) $5x^2$
b) $2ef + 4f$
c) $3a - 7ab - a^2 - b$
d) $13xz - 2xy$

Übung 2 Seite 13

a) $6x^2 - 9x$
b) $3a - c - 6ac + 2c^2$
c) $d^2 - 14df + 49f^2$
d) $\frac{1}{4}r^2 - \frac{4}{9}t^2$

Übung 3 Seite 13

a) $O = 20x^2 + 2x^2 = 22x^2$
b) $V = 5x^3 \rightarrow V = 135\,\text{cm}^3$

Übung 4 Seite 13

a) $4x + 4 = 8$
$4x = 4$
$x = 1$
Probe: $9 = 9$

b) $5a - 2a - 6 = a + 8$
$2a = 14$
$a = 7$
Probe: $35 - 20 = 7 + 8$
$15 = 15$

Übung 5 Seite 13

$a = 60\,\text{cm}$ $h = 20\,\text{cm}$
$V = 72\,000\,\text{cm}^3$
$= 72\,\text{dm}^3$ (72 l)
$O = 4 \cdot 60 \cdot 20\,\text{cm}^2 + 7\,200\,\text{cm}^2$
$= 12\,000\,\text{cm}^2$
$= 120\,\text{dm}^2$
$= 1{,}2\,\text{m}^2$

2.1 Eindeutige Zuordnungen ...

Übung 1 Seite 15

a) Eine Möglichkeit ist ...

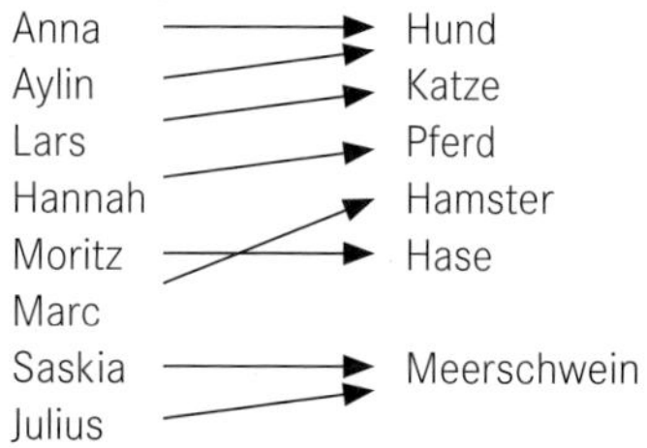

b) Eine Möglichkeit ist ...

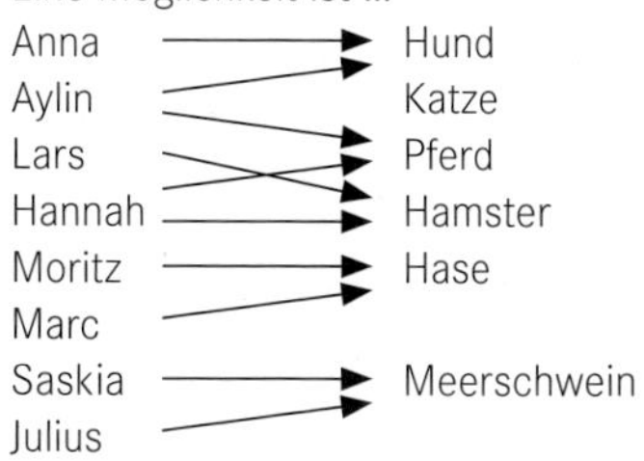

Übung 2 Seite 16

a) Funktion, da zu jedem Alterszeitpunkt eine Größe gemessen wird.
b) Funktion, da es zu jeder Zahl nur eine Quadratzahl gibt, z. B.: 2 → 4, 3 → 9 oder 5 → 25.
c) Keine Funktion, da die Körpergröße viele Jahre gleich bleibt und somit einer Größe mehrere Jahre zugeordnet werden.
d) Funktion, da jeder Monat eine festgelegte Anzahl von Tagen hat.

Übung 3 Seite 16

a) Funktion, da eine senkrechte Gerade immer nur einen Schnittpunkt mit dem Graphen hat.
b) Keine Funktion. Es gibt Stellen, an denen eine Senkrechte zwei Schnittpunkte hat.
c) Keine Funktion. Es gibt Stellen, an denen eine Senkrechte zwei und drei Schnittpunkte hat.
d) Funktion. Eine senkrechte Gerade hat immer nur einen Schnittpunkt mit dem Graphen.
e) Funktion. Eine senkrechte Gerade hat immer nur einen Schnittpunkt mit dem Graphen.
f) Keine Funktion. Es gibt Stellen, an denen eine Senkrechte zwei Schnittpunkte hat.

2.2 Darstellung von Funktionen ...

Übung 1 Seite 17

a)

Zeit (in min)	0,5	1,5	**2,5**	4,5	7,5	8,5	9,5
Höhe (in cm)	5,8	5,4	**5**	4,2	3	2,6	2,2

b) Die Kerze hat nach 3,5 Minuten eine Höhe von 4,6 cm.

Übung 2 Seite 17

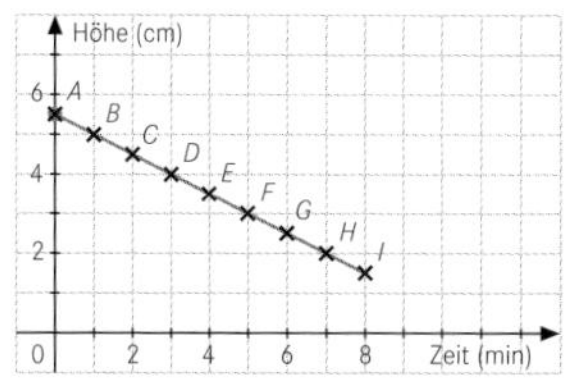

Übung 3 Seite 18

a)

x	-6	-4	-2	0	2	4	6
y	1	0	1	2	3	4	5

b)

x	-6	-4	-2	0	2	4	6
y	-5	0	3	4	3	0	-5

2.3 Funktionsgleichung ...

Übung 1 Seite 20

x	1	2	3	4	5	6,5	10	13
$f(x)$	2	4	6	8	10	13	20	26

Übung 2 Seite 20

x	-6	-5	-4	-3	-2	-1	0	1	2	3	4
$f(x)$	2	1,5	1	0,5	0	-0,5	-1	-1,5	-2	-2,5	-3

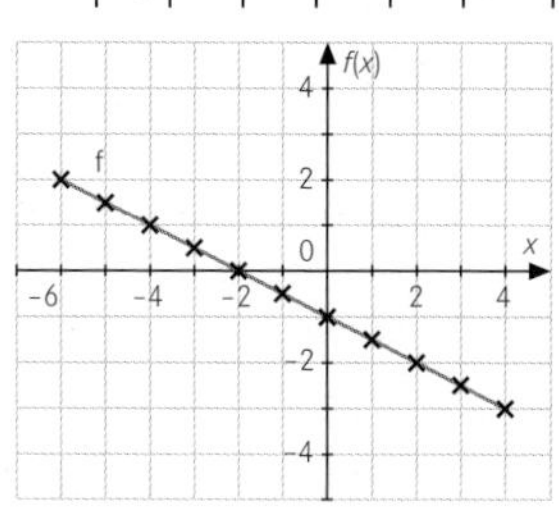

Übung 3 Seite 20

a)

x	-4	-3	-2	-1	0	1	2	3	4
$f(x)$	-2	-1,5	-1	-0,5	0	0,5	1	1,5	2

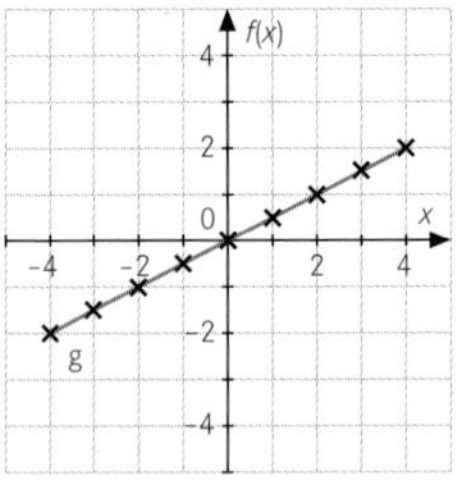

b)

x	-4	-3	-2	-1	0	1	2	3	4
$g(x)$	6	5	4	3	2	1	0	-1	-2

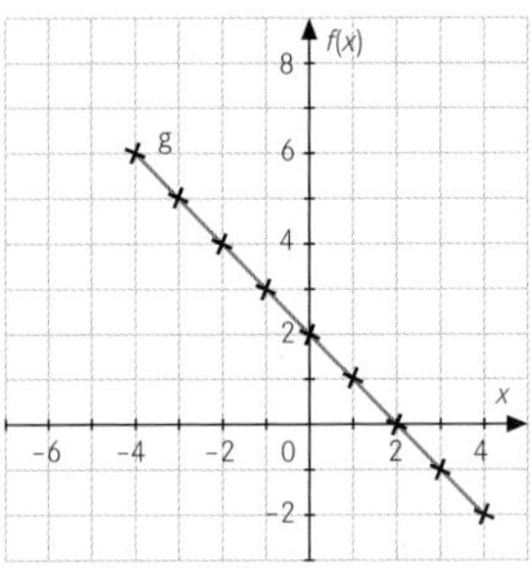

Übung 4 Seite 21

a) $P(2|3)$, $Q(-4|-2)$, $f: x \rightarrow 0{,}5x$
Punkt P: $f(2) = 1 \neq 3$, liegt nicht auf der Geraden
Punkt Q: $f(-4) = -2 = -2$, liegt auf der Geraden

b) $A(6|0)$, $B(-3|1)$, $g: x \rightarrow \frac{1}{3}x - 2$
Punkt A: $g(6) = 0 = 0$, liegt auf der Geraden
Punkt B: $g(-3) = -3 \neq 1$, liegt nicht auf der Geraden

Übung 5 Seite 21

a) $f: x \rightarrow x - 3$; $A(4|1)$, $B(1|-2)$
b) $f: x \rightarrow x + 4$; $A(0|4)$, $B(-2|2)$

Übung 6 Seite 22

a) $f: x \rightarrow -x$
b) $g: x \rightarrow 0{,}5x$
c) $h: x \rightarrow 0{,}5x + 3$
d) $k: x \rightarrow 0 \cdot x + 1$
e) $m: x \rightarrow 0 \cdot x - 3$

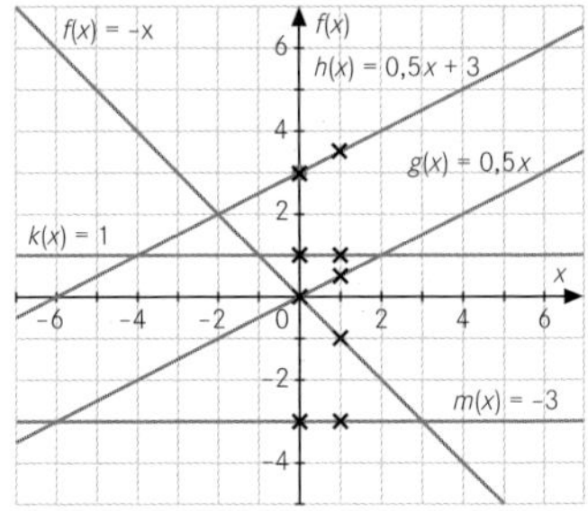

Übung 7 Seite 22

grün: b), c), g) rot: d), e)

Übung 8 Seite 23

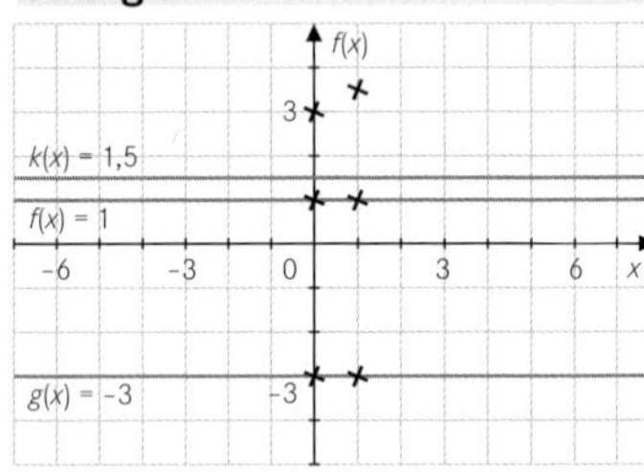

2.4 Merkmale linearer Funktionen

Übung 1 Seite 23

x	-4	-3	-2	-1	0	1	2	3	4
$f(x)$	-2	-1,5	-1	-0,5	0	0,5	1	1,5	2
$g(x)$	-8	-6	-4	-2	0	2	4	6	8

Graphen: s. Seite 24 (im Buch).

Übung 2 Seite 23

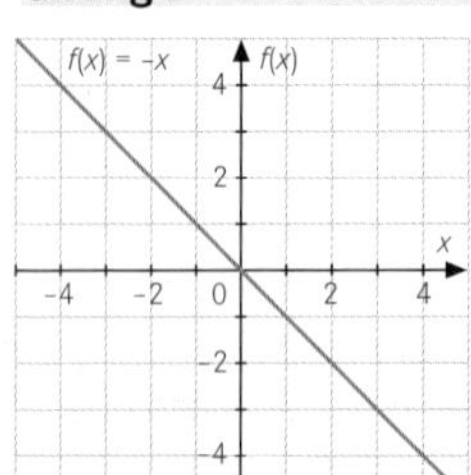

Übung 3 Seite 23

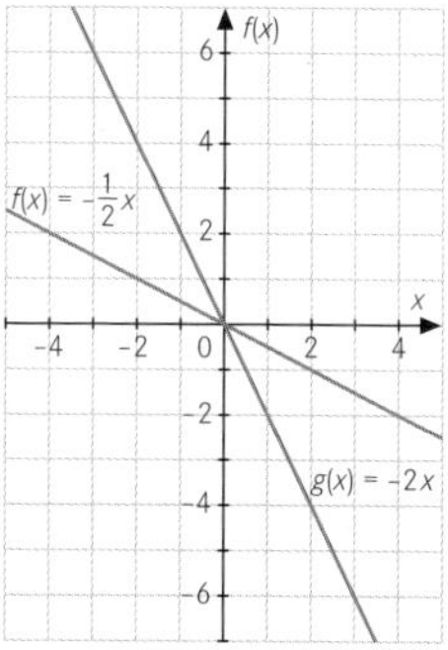

Übung 4 Seite 25

x	−4	−3	−2	−1	0	1	2	3	4
f(x)	−2	−1	0	1	2	3	4	5	6
g(x)	−6	−5	−4	−3	−2	−1	0	1	2

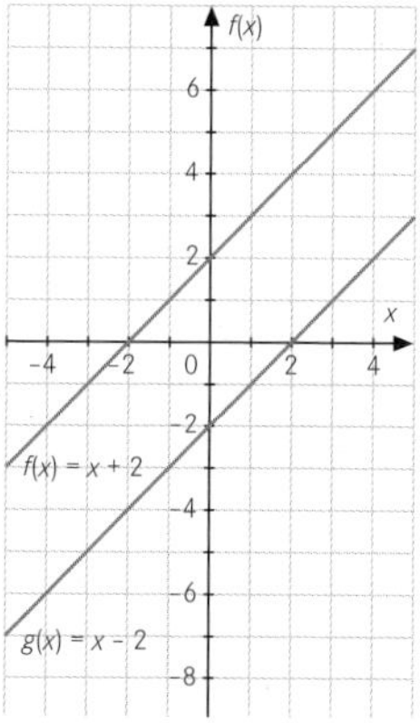

Übung 5 Seite 26

a) Verschobene Geraden:
(1) Die Gerade ist eine um 3 nach oben verschobene Ursprungsgerade.
(2) Die Gerade ist eine um 7 nach unten verschobene Ursprungsgerade.
(3) Die Ursprungsgerade ist um 1,5 nach oben verschoben.
(4) Die Ursprungsgerade ist um 5 nach unten verschoben.
(5) Die Ursprungsgerade ist um 3,25 nach unten verschoben.
(6) Die Gerade ist eine um $\frac{1}{2}$ nach oben verschobene Ursprungsgerade.

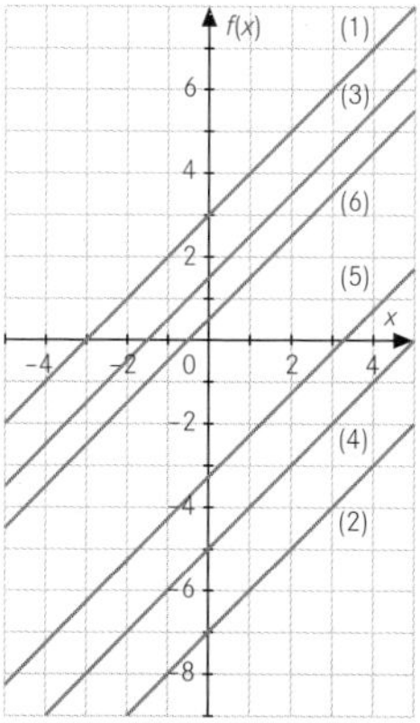

b) Geraden mit unterschiedlichen Steigungen:
(1) Die Gerade steigt um den Faktor 3.
(2) Die Gerade steigt um den Faktor $\frac{1}{3}$.
(3) Die Gerade ist eine gespiegelte Ursprungsgerade und fällt um den Faktor 1.
(4) Die Gerade hat eine negative Steigung von 7.
(5) Die Gerade hat eine positive Steigung von 3,2.
(6) Die Gerade fällt um den Faktor 0,7.

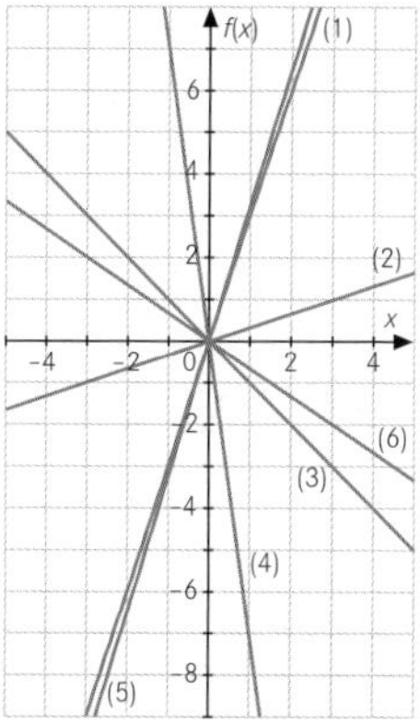

Übung 6 Seite 27

a) Die Gerade steigt um den Faktor 3 und ist nach oben um 1 verschoben.
b) Die Gerade hat eine negative Steigung von $\frac{1}{3}$ und ist um 2 nach oben verschoben.
c) Gespiegelte, um 4 nach unten verschobene Ursprungsgerade.

d) Die Gerade mit einer Steigung von 7 ist um 1,5 nach unten verschoben.
e) Die Ursprungsgerade ist um 1,2 nach oben verschoben.
f) Die Gerade mit negativer Steigung von 0,7 ist um 1 nach unten verschoben.

2.5 Bestimmung linearer Funktionen

Übung 1 Seite 28

$f: x \rightarrow x + 1{,}5$ $f(x) = x - 2{,}5$

Übung 2 Seite 29

a) $m = \frac{6}{2} = \frac{3}{1} = 3$ b) $m = \frac{1}{4}$
c) $m = -\frac{6}{6} = -1$ d) $m = -\frac{2}{1} = -2$
e) $m = \frac{2}{4} = \frac{1}{2}$ f) $m = -\frac{3}{2}$

Übung 3 Seite 29

a) $f(x) = x + 2$ b) $f(x) = -\frac{1}{5}x + 3$
c) $f(x) = -\frac{1}{2}x$

Übung 4 Seite 30

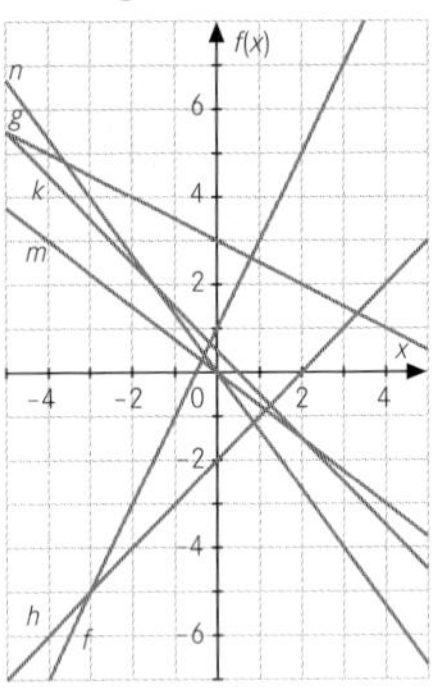

Übung 5 Seite 31

a) $f(x) = x$ b) $f(x) = \frac{1}{4}x + \frac{3}{4}$
c) $f(x) = -x + 3$ d) $f(x) = \frac{2}{3}x + \frac{1}{3}$
e) $f(x) = -3x + 1{,}5$ f) $f(x) = -\frac{1}{7}x + \frac{17}{7}$

Übung 6 Seite 31

a) $y = -\frac{1}{4}x + 3$ b) $y = \frac{1}{3}x + \frac{2}{3}$
c) $y = 1$ d) $y = 2x - 1$
e) $y = -x - 0{,}5$ f) $y = 3x - 7{,}5$

2.6 Lineare Gleichungen

Übung 1 Seite 33

a) – b) $x = -3$ c) $x = 2$
d) $x = -3$ e) $x = 1$ f) $x = -1$

Übung 2 Seite 33

a) $x = -1$ b) $x = 3$ c) $x = 3$
d) $x = \frac{1}{2}$ e) $x = \frac{3}{4}$ f) $x = -4$

Übung 3 Seite 34

a) $x = 3$ b) $x = -13$ c) $x = 2$
d) $x = 4{,}5$ e) $x = -2{,}5$ f) $x = 0{,}7$

Übung 4 Seite 35

a) $x = -2$ b) $x = 3$ c) $x = -4$
d) $x = 1$ e) $x = 2$ f) $3{,}25 = x$

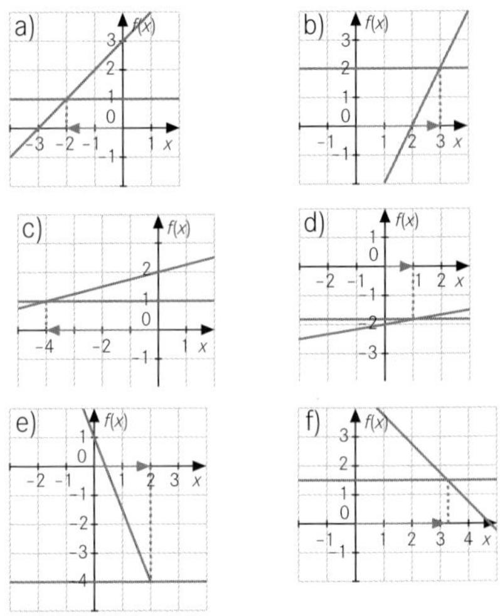

Test

Übung 1 Seite 36

a) Die Zuordnung *f* ist eine Funktion, da jedes Buch einen festen Preis hat.
b) Die Zuordnung *g* ist keine Funktion, da es zu einem Preis mehrere Bücher geben kann.
c) Der Graph *h* ist keine Funktion, da es Stellen gibt, an denen eine Senkrechte zwei Schnittpunkte mit dem Graphen hat.
d) Eine Senkrechte schneidet den Graphen immer nur in einem Punkt. Graph *k* ist eine Funktion.

Übung 2 Seite 36

$f: x \rightarrow x + 3{,}5$ $g: x \rightarrow -\frac{1}{5}x + 2$

$h: x \rightarrow x - 1$ $k: x \rightarrow \frac{1}{3}x - 3$

$l: x \rightarrow -5$

Übung 3 Seite 36

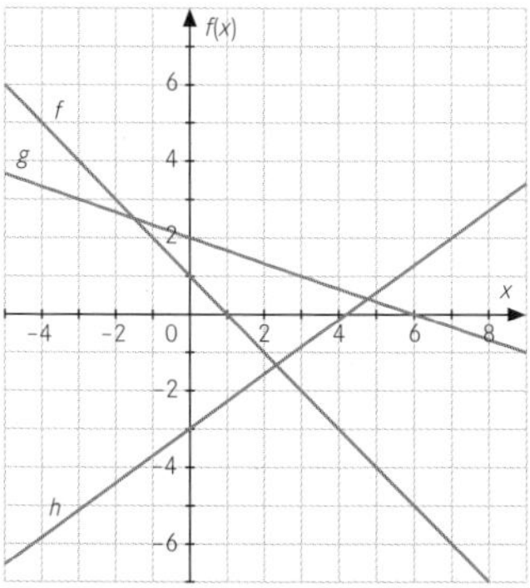

Übung 4 Seite 36

a) Nullstelle: $x = 1{,}6$

b) $P(4\,|\,1{,}5)$ liegt nicht auf dem Graphen f.
$Q(-8\,|\,-1{,}2)$ liegt auf dem Graphen von f.

Übung 5 Seite 36

a) $m = \frac{3-5}{5-(-5)} = -\frac{2}{10} = -\frac{1}{5}$

b) $f(x) = -\frac{1}{5} \cdot x + b$
$P(1\,|\,-0{,}2)$ einsetzen:
$-0{,}2 = -\frac{1}{5} \cdot 1 + b \rightarrow b = 0 \rightarrow f(x) = -\frac{1}{5}x$

3 Lineare Gleichungssysteme

3.2 Zeichnerisches Lösungsverfahren

Übung 1 Seite 40

a) $(2{,}5\,|\,7{,}5)$ b) $(2\,|\,-4)$ c) $(-2\,|\,1)$ d) $(10\,|\,10)$

Übung 2 Seite 40

a) $(3\,|\,1)$ b) $(1{,}5\,|\,2{,}5)$ c) $(-2\,|\,1)$ d) $(-2\,|\,0)$

Übung 3 Seite 40

a) $y = -5x$; $y = x + 3$; Lösung: $(-0{,}5\,|\,2{,}5)$

b) $y = x - 0{,}5$; $y = \frac{1}{3}x - 2$; Lösung: $(-2{,}25\,|\,-2{,}75)$

3.3 Anzahl der Lösungen

Übung 1 Seite 42

a) $L = \{(x\,|\,y)\,|\,y = 3x + 3\}$

b) $L = \{\ \}$; Geradengleichungen: $y = \frac{4}{3}x + 2$ und $y = \frac{4}{3}x - \frac{1}{2}$

c) $L = \{(6\,|\,4)\}$ d) $L = \left\{(x\,|\,y)\,|\,y = \frac{2}{3}x + \frac{1}{3}\right\}$

Übung 2 Seite 42

Tipp zu Übung 2

Zu den Bezeichnungen: Bei $y = mx + a$ wird die Zahl m Steigungsfaktor genannt und a wird y-Achsenabschnitt genannt.

Wenn der Steigungsfaktor bei beiden Funktionsgleichungen ...

... verschieden ist, dann sind die Geraden nicht parallel und schneiden sich in genau einem Punkt.

... gleich ist und auch der y-Achsenabschnitt gleich ist, dann handelt es sich um dieselbe Gerade, also gibt es unendlich viele Lösungen.

... gleich ist und der y-Achsenabschnitt verschieden, dann sind die Geraden parallel, aber nicht gleich und die Lösungsmenge ist leer.

a) $L = \{\ \}$; Geradengleichungen:
$y = 28x$ und $y = 28x - \frac{1}{2}$

b) $L = \left\{\left(-2\,|\,1\frac{2}{3}\right)\right\}$ c) $L = \{(x\,|\,y)\,|\,y = -1{,}8x + 1{,}5\}$

d) $L = \{\ \}$; Geradengleichungen:
$y = -x + 12$ und $y = -x + 11$

Übung 3 Seite 42

z. B.:

zu 1a): $(0\,|\,3)$; $(1\,|\,6)$; $(-1\,|\,0)$; $(5\,|\,18)$. Außerdem: zur Probe in beide Ausgangsgleichungen einsetzen!

zu 1d): $\left(0\,|\,\frac{1}{3}\right)$; $(1\,|\,1)$; $\left(-1\,|\,-\frac{1}{3}\right)$; $\left(6\,|\,4\frac{1}{3}\right)$; und Probe!

zu 2c): $(0\,|\,1{,}5)$; $(1\,|\,-0{,}3)$; $(-1\,|\,3{,}3)$; $(10\,|\,-16{,}5)$; und Probe!

3.4 Rechnerische Lösungsverfahren

Übung 1 Seite 44

a) Lösungsansatz: $14y - 3 \cdot (7y - 3) = 12$;
Lösung: $\left(-6 \middle| -\frac{3}{7}\right)$

b) Lösungsansatz, z. B: $2 \cdot (-y) + 3y = 5$;
Lösung: $(-5 \mid 5)$

c) Lösungsansatz: $27x - 12 \cdot (9x - 5) = 24$;
Lösung: $\left(\frac{4}{9} \middle| -1\right)$

d) Lösungsansatz: $x = 5y$; Lösung: $(-30 \mid -6)$

e) Lösungsansatz: $y = 5x - 2$; Lösung: $\left(1\frac{1}{3} \middle| 4\frac{2}{3}\right)$

f) Lösungsansatz: $x = 4y - 7$; Lösung: $(1 \mid 2)$

Übung 2 Seite 44

a) In diesem Schritt erhält man eine Gleichung, in der nur noch eine Unbekannte vorkommt. Diese Unbekannte kann man anschließend durch einfache Umformungen berechnen.

b) Aus Gleichung (II') ist bekannt, dass x denselben Wert hat wie der Term „$-12y + 18$“. Also verändert sich durch das Einsetzen dieses Terms nichts am Wert der linken Gleichungsseite von (I).

Übung 3 Seite 44

Tipp zu Übung 3 – Hinweis
Aus Gleichung (I) ist bekannt, dass die Terme „$-13x$“ und „$32y + 0{,}5$“ denselben Wert haben. Deswegen darf man die beiden Terme beliebig füreinander einsetzen.

a) Lösungsansatz, z. B.:
(I') $7x = 16y - 1$;
(II') $2 \cdot (16y - 1) - 32y = 2$; $L = \{\ \}$

b) Lösungsansatz, z. B.:
(I') $17x = 1 - 3y$;
(II') $5y - (1 - 3y) = 13$; Lösung: $\left(-\frac{1}{4} \middle| 1\frac{3}{4}\right)$

c) Lösungsansatz, z. B.:
(II') $x = -1{,}5y + 1$; Lösung: $\left(\frac{10}{13} \middle| \frac{2}{13}\right)$

d) Lösungsansatz, z. B.:
(II') $-3{,}2x + 2 \cdot (1{,}6x - 1) = -2$;
unendlich viele Lösungen:
$L = \{(x \mid y) \mid y = 0{,}4x - 0{,}25\}$

e) Lösungsansatz:
(II') $5x = 2{,}5y - 1$;
(I') $5 \cdot (2{,}5y - 1) - 4{,}5y = 42{,}2$;
Lösung: $(2{,}75 \mid 5{,}9)$

f) Lösungsansatz:
(I') $6y = 7x - 1$;
(II') $-1{,}5x + 2 \cdot (7x - 1) = 10{,}5$; Lösung: $(1 \mid 1)$

Übung 4 Seite 45

a) Lösungsansatz: $5x - 7 = 25x + 1$;
Lösung: $\left(-\frac{2}{5} \middle| -9\right)$

b) Lösungsansatz: $y - \frac{1}{3} = \frac{y}{3} + 11\frac{1}{3}$;
Lösung: $\left(17\frac{1}{6} \middle| 17\frac{1}{2}\right)$

c) Lösungsansatz: $12y + 3 = 14y$;
Lösung: $(21 \mid 1{,}5)$

d) Lösungsansatz:
(I') $y = 3{,}5x - 1{,}5$; (II') $y = 3{,}5x - 1{,}5$
Es gibt unendlich viele Lösungen:
$L = \{(x \mid y) \mid y = 3{,}5x - 1{,}5\}$

e) Lösungsansatz: (I') $y = 7x + 2{,}4$; (II') $y = 3x + 2$;
Lösung: $(-0{,}1 \mid 1{,}7)$

f) Lösungsansatz:
(I') $x = -13y + 15$; (II') $x = -13y + 3$; $L = \{\ \}$

Übung 5 Seite 45

a) In diesem Schritt erhält man eine Gleichung, in der nur noch eine Unbekannte vorkommt. Diese Unbekannte kann man anschließend durch einfache Umformungen berechnen.

b) Man weiß zwar noch nicht, welchen Wert die beiden Terme haben, aber man weiß aus den Gleichungen (I') und (II'), dass beide denselben Wert haben, nämlich den Wert x.

Übung 6 Seite 46

Tipp zu 6 – Hinweis
Aus den Gleichungen (I) und (II) ist bekannt, dass die Terme „$2y + 5$“ und „$-14y + 1$“ denselben Wert haben, nämlich den Wert „$17x$“. Deswegen darf man die beiden Terme gleichsetzen.

a) $L = \{\ \}$

b) Lösungsansatz:
(I') $\frac{2}{5}y = 10 - \frac{6}{7}x$;
(II') $\frac{2}{5}y = 3 - x$;
dann (I') = (II) gleichsetzen; $L = \{(-49 \mid 130)\}$

c) Lösungsansatz: (II') $-4{,}8x + 5 = 6{,}3y$; dann (I) = (II') gleichsetzen; $L = \left\{\left(\frac{1}{6} \middle| \frac{2}{3}\right)\right\}$

Übung 7 Seite 46

a) Gleichungen (andere Umformungen sind möglich):

$y = \frac{2}{3}x - 1$

$y = \frac{2}{5}x - 1{,}5$ Lösung: $\left(-1\frac{7}{8}\middle|-2\frac{1}{4}\right)$

b) Gleichungen (andere Umformungen sind möglich):

$y = -\frac{5}{4}x + 2$

$y = \frac{4}{5}x - 3$ Lösung: $\left(+\frac{100}{41}\middle|-\frac{43}{41}\right)$

Übung 8 Seite 47

a) Lösungsansatz:

$x + 3{,}6y = 7$

$-x - 3y = 2$

$0{,}6y = 9$

Lösung: $(-47\,|\,15)$

b) Lösungsansatz:

$7x - 1{,}3y = 12$

$-7x + 1{,}3y = 12$

$0 = 24$ f

keine Lösung: $L = \{\ \}$

c) Lösungsansatz:

$5x + 4y = 12$

$3x - 4y = 6$

$8x = 18$

Lösung: $\left(2\frac{1}{4}\middle|\frac{3}{16}\right)$

d) Lösungsansatz:

$0{,}18x + 0{,}54y = 0{,}36$

$-0{,}18x + 0{,}06y = 0{,}18$

$0{,}6y = 0{,}54$

Lösung: $(-0{,}7\,|\,0{,}9)$

e) Lösungsansatz:

$-20x + 16y = -4$

$8x - 16y = 2$

$-12x = -2$

Lösung: $\left(\frac{1}{6}\middle|-\frac{1}{24}\right)$

f) Lösungsansatz: $-\frac{7}{6}x + \frac{7}{8}y = \frac{16}{3}$

$1\frac{1}{6}x - \frac{7}{8}y = -5\frac{1}{3}$

$0 = 0$

unendlich viele Lösungen:

Lösungsmenge $L = \left\{(x\,|\,y)\,\middle|\,y = 1\frac{1}{3}x + 6\frac{2}{21}\right\}$

Übung 9 Seite 47

a) Lösungsansatz, z. B.:

$-4x + 12y = 28$

$4x + 5y = 6$

$17y = 34$

Lösung: $(-1\,|\,2)$

b) Lösungsansatz, z. B.:

$4x + 5y = -6$

$-4x - 3y = -10$

$2y = -16$

Lösung: $(8{,}5\,|\,-8)$

c) Lösungsansatz, z. B.:

$12x + y = 32$

$28x - y = 72$

$40x = 104$

Lösung: $(2{,}6\,|\,0{,}8)$

Übung 10 Seite 47

a) Gleichungen (andere Umformungen sind möglich): $y = -\frac{7}{5}x + 1{,}5$; $y = \frac{1}{3}x - 0{,}5$

Lösung: $\left(+\frac{15}{13}\middle|-\frac{3}{26}\right)$

b) Gleichungen (andere Umformungen sind möglich): $y = -\frac{1}{3}x + 5$; $y = \frac{1}{4}x + 4$

Lösung: $\left(1\frac{5}{7}\middle|4\frac{3}{7}\right)$

3.5 Vergleich der Lösungsverfahren

Übung 1 Seite 48

a) Einsetzungsverfahren mit (I') $y = -1{,}2x + 1{,}5$; Lösung: $\left(-1\frac{2}{3}\middle|3\frac{1}{2}\right)$

b) Gleichsetzungsverfahren oder Additionsverfahren; Lösung: $(-8\,|\,14{,}5)$

c) Einsetzungsverfahren mit (II') $y = -3x - 1$; Lösung: $\left(-\frac{4}{9}\middle|\frac{1}{3}\right)$

d) Gleichsetzungsverfahren oder Additionsverfahren; Lösung: $\left(2\frac{1}{8}\middle|-1\frac{1}{4}\right)$

e) Gleichsetzungsverfahren oder Additionsverfahren; Lösung: $L = \{\ \}$

f) Einsetzungsverfahren; Lösung: $\left(2\frac{2}{3}\middle|-3\right)$

3.6 Anwendungen

Übung 1 Seite 50

a) x: Anzahl einfache Brötchen;
y: Anzahl Mohnbrötchen;
(I) $25x + 35y = 500$; (II) $x + y = 18$;
$x = 13$; $y = 5$.
Sie hat 13 einfache Brötchen und 5 Mohnbrötchen gekauft.

b) x; y: Seiten des rechteckigen Hasenstalls;
(I) $x = 1{,}8y$; (II) $2x + 2y = 16$;
$x = 5\frac{1}{7} \approx 5{,}14$; $y = 2\frac{6}{7} \approx 2{,}86$.
Die Seiten des Hasenstalls sind 5,14 m und 2,86 m lang.

c) x: Anzahl 4er-Tischgruppen;
y: Anzahl 6er-Tischgruppen;
(I) $4x + 6y = 30$; (II) $x + y = 6$;
$x = 3$; $y = 3$.
Sie bilden drei 4er-Tischgruppen und drei 6er-Tischgruppen.

d) x: Bestellungen Kakao; y: Bestellungen Cola;
(I) $1{,}5x + 1{,}1y = 39{,}8$; (II) $x + y = 30$;
$x = 17$; $y = 13$.
Es wurden 17 Kakao und 13 Cola bestellt.

e) x: lange Arbeitstage; y: kurze Arbeitstage;
(I) $25x + 11y = 427$; (II) $x + y = 21$;
$x = 14$; $y = 7$.
Er hat 14 lange und 7 kurze Arbeitstage auf dem Reiterhof ausgeholfen.

f) Die Frage ist, bei wie vielen Aufgaben (linearen Gleichungssystemen) beide Varianten (mit/ohne Computerprogramm) gleich viel Zeit benötigen.
x: Anzahl Aufgaben (lineare Gleichungssysteme);
y: Zeit in Minuten;
(I) $90 + \frac{50}{60}x = y$; (II) $4x = y$;
$x \approx 28{,}4$; $y \approx 113{,}7$.
Ab etwa 29 zu lösenden Aufgaben würde sich das Schreiben des Programms lohnen.

Übung 2 Seite 50

a) x: Zeit ab 15:00 Uhr in Stunden;
y: Distanz zu Berghausen in km;
(I) $y = 23x$; $23x - y = 0$
(II) $y = 0{,}8 - 8x$; $8x + y = 0{,}8$
$x \approx 0{,}026$; $y \approx 0{,}594$;
$0{,}026\,h = 93{,}6\,s$
Sie treffen sich um 15:01 Uhr und 33 Sekunden 594 m von Burghausen entfernt.

b) x: Zeit ab 13:00 in Stunden;
y: Distanz zu Lütthütt in km;
(I) $y = 0{,}5 + 22x$ (Finn)
(II) $y = 1{,}3 + 18x$ (Jonas)
(III) $y = 24x$ (Selina und Lea)
Für die Überholvorgänge betrachtet man immer nur 2 Gleichungen:
(I) und (II), Finn/Jonas: $x = 0{,}2$; $y = 4{,}9$; $0{,}2\,h = 12\,min$
Jonas überholt Finn um 13:12 Uhr.
(I) und (III), Selina-Lea/Finn:
$x = 0{,}25$; $y = 6$; $0{,}25\,h = 15\,min$
Selina und Lea überholen Finn um 13:15 Uhr.
(II) und (III), Selina-Lea/Jonas:
$x = \frac{1{,}3}{6}$; $y = 5{,}2$; $\frac{1{,}3}{6}\,h = 13\,min$
Selina und Lea überholen Finn um 13:13 Uhr.

Übung 3 Seite 51

a) x: gegebene Euro; y: erhaltenen Türkische Lira;
(I) $2{,}3x = y$; (II) $2{,}55x - 1{,}8 = y$;
$x = 7{,}2$; $y = 16{,}56$.
Sie haben 7,20 € gegeben und 16,56 Türkische Lira bekommen.

b) Wenn man weniger als 7,20 € umtauschen will, ist die *Nordbank* günstiger, bei mehr als 7,20 € die *Reisesparkasse*.

Übung 4 Seite 51

a) x: Gesprächsminuten; y: Kosten in Cent;
(I) $23x = y$; (II) $13{,}5x + 900 = y$;
$x = \frac{1800}{19} \approx 95$; $y = \frac{41400}{19} \approx 2179$.
Bei bis zu 95 Gesprächsminuten ist der Tarif „Mobi-Hopps“ günstiger, ab 95 Minuten „Geflüster“.

b) x: Gesprächsminuten; y: Kosten in Cent;
(I) $25(x - 10) = y$; (II) $4{,}5x + 5400 = y$;
$x = \frac{11300}{41} \approx 276$; $y = \frac{272250}{41} \approx 6640$;
$276\,min = 4\,h\ 36\,min$.
Bei bis zu 4 h 36 min Gesprächszeit ist der Tarif „Samtklang“ günstiger, bei mehr der Tarif „See“.

Übung 5 Seite 51

a) Vanessas Geschwindigkeit: $5\frac{5}{6}\,\frac{m}{s}$
Lenas Geschwindigkeit: $5\,\frac{m}{s}$
Lena holt Vanessa nicht ein, denn sie läuft langsamer als Vanessa.

b) Finn holt Jonas nicht ein, er würde ihn erst auf einer längeren Strecke einholen.
(Nach weiteren 400 m würde er ihn einholen.)

Test

Übung 1 Seite 52

a) $\left(2 \mid \frac{8}{9}\right)$ b) $(1 \mid 2)$ c) $(-6 \mid 0{,}25)$

Übung 2 Seite 52

„Kalt“: Grundgebühr: 110 €, keine Minutenkosten
„gg“: keine Grundgebühr, $70\,\frac{ct}{min}$
„looP“: 15 € Grundgebühr, $40\,\frac{ct}{min}$
„whisper“: 20 € Grundgebühr, $30\,\frac{ct}{min}$
Empfehlungen: bis 35 min: „gg“;

35–300 min: „whisper“; ab 300 min: „Kalt“ (Anmerkung: Bei exakt 35 min sind „gg“, „whisper“ und „looP“ gleich teuer. Trotzdem ist „looP“ für keinen Fall empfehlenswert.)

Übung 3 Seite 52

a) x: h auf Schotter; y: h auf Asphalt;
(I) $12x + 21y = 89$; (II) $x + y = 5\frac{1}{4}$;
$x \approx 2{,}36$; $y \approx 2{,}89$.
2,36 h ≈ 2 h 22 min; 2,89 h = 2 h 53 min.
Sie ist etwa 2 h 22 min auf Schotter und 2 h 53 min auf Asphalt gefahren.

b) x: Mittwoch im Kino; y: anderer Tag im Kino;
(I) $x + y = 16$; (II) $8x + 11{,}6y = 142{,}40$
$x = 12$; $y = 4$.
Sie waren 12-mal am Mittwoch und 4-mal an anderen Tagen im Kino.

c) x: Anzahl Freibadbesuche; y: Kosten in €;
(I) $y = 2{,}8x$; (II) $y = 35 + 0{,}6 \cdot 2{,}8 \cdot x$;
$x \approx 31{,}25$; $y \approx 87{,}5$.
Die Rabattkarte lohnt sich ab 21 Freibadbesuchen pro Jahr.

d) x; y: Kantenlängen des rechteckigen Spiegels;
(I) $x = 1{,}4y$; (II) $2x + 2y = 4$;
$x = \frac{7}{6} \approx 1{,}17$; $y = \frac{5}{6} \approx 0{,}83$.
Der Spiegel kann höchstens 117 cm × 83 cm groß werden.

e) x; y: Seitenlängen des DIN-A4-Blatts;
(I) $x = \sqrt{2} \cdot y$; (II) $2x + 2y = 1\,014$;
$x \approx 297$; $y \approx 210$.
Ein DIN-A4-Blatt hat die Seitenlängen 297 mm und 210 mm.

4 Reelle Zahlen

4.1 Quadratwurzeln

Übung 1 Seite 55

a)

Quadratwurzel x	1	2	3	4	5	6	7	8	9	1	1	1	1	1	1	1	1	1	1	2
										0	1	2	3	4	5	6	7	8	9	0
Quadratzahl x^2	1	4	9	1	2	3	4	6	8	1	1	1	1	1	2	2	2	3	3	4
				6	5	6	9	4	1	0	2	4	6	9	2	5	8	2	6	0
										0	1	4	9	6	5	6	9	4	1	0

b)

Quadratwurzel x											
$\sqrt{2}$	$\sqrt{3}$	$\sqrt{5}$	$\sqrt{6}$	$\sqrt{7}$	$\sqrt{8}$	$\sqrt{10}$	$\sqrt{11}$	$\sqrt{12}$	$\sqrt{13}$	$\sqrt{14}$	$\sqrt{15}$
Quadratzahl x^2											
2	3	5	6	7	8	10	11	12	13	14	15

Übung 2 Seite 55

a) 3 b) 7 c) – d) 8
e) – f) – g) 12 h) –

Übung 3 Seite 55

a) $3 = \sqrt{9}$ b) $4 = \sqrt{16}$ c) $13 = \sqrt{169}$
d) $15 = \sqrt{225}$ e) $1 = \sqrt{1}$ f) $17 = \sqrt{289}$
g) $20 = \sqrt{400}$ h) $1{,}5 = \sqrt{2{,}25}$

Übung 4 Seite 55

a) $L = \{8; -8\}$ b) $L = \{\sqrt{11}; -\sqrt{11}\}$
c) $L = \{9; -9\}$ d) $L = \{13; -13\}$
e) $L = \{\sqrt{1{,}8}; -\sqrt{1{,}8}\}$ f) $L = \{1; -1\}$
g) $L = \{\ \}$ h) $L = \{\sqrt{20}; -\sqrt{20}\}$

Übung 5 Seite 55

	keine Lösung für	eine Lösung für	zwei Lösungen für
a)	$a < 0$	$a = 0$	$a > 0$
b)	$a < 2$	$a = 2$	$a > 2$
c)	$a < 0$	$a = 0$	$a > 0$
d)	$a > 1$	$a = 1$	$a < 1$

Übung 6 Seite 55

a) $s = 8$ cm b) $x = \sqrt{7}$ cm
c) $s = 11$ cm d) 0,6 cm

4.2 Näherungsweise Bestimmung ...

Übung 1 Seite 57

a) $1 < \sqrt{3} < 2$, denn $1 < 3 < 4$

$1{,}7 < \sqrt{3} < 1{,}8$,
denn $2{,}89 < 3 < 3{,}24$

$1{,}73 < \sqrt{3} < 1{,}74$,
denn $2{,}9929 < 3 < 3{,}0276$

$1{,}732 < \sqrt{3} < 1{,}733$,
denn $2{,}999\,824 < 3 < 3{,}003\,289$

$\underline{1{,}7320} < \sqrt{3} < 1{,}7321$,
denn $2{,}999\,824 < 3 < 3{,}000\,170\,41$

b) $2 < \sqrt{7} < 3$, denn $4 < 7 < 9$

$2{,}6 < \sqrt{7} < 2{,}7$,
denn $6{,}76 < 7 < 7{,}29$

$2{,}64 < \sqrt{7} < 2{,}65$,
denn $6{,}9696 < 7 < 7{,}0225$

$2{,}645 < \sqrt{7} < 2{,}646$,
denn $6{,}996\,025 < 7 < 7{,}0013$

$\underline{2{,}6457} < \sqrt{7} < 2{,}6458$,
denn $6{,}999\,72... < 7 < 7{,}000\,25$

Übung 2 Seite 57

a) $5 < \sqrt{30} < 6$
b) $7 < \sqrt{55} < 8$
c) $9 < \sqrt{90} < 10$
d) $15 < \sqrt{250} < 16$
e) $27 < \sqrt{750} < 28$
f) $31 < \sqrt{1\,000} < 32$

Übung 3 Seite 57

1. $b = \sqrt{34}$ cm
$\approx 5{,}83$ cm

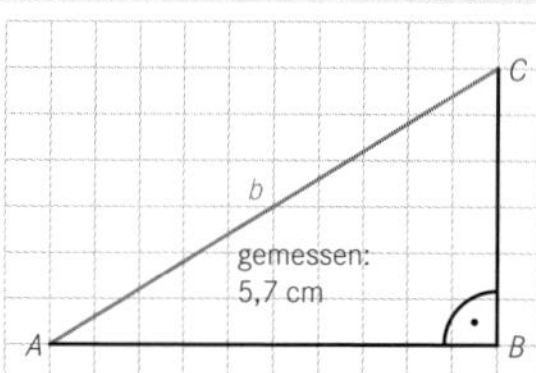

2. $b = \sqrt{54{,}5}$ cm
$\approx 7{,}38$ cm

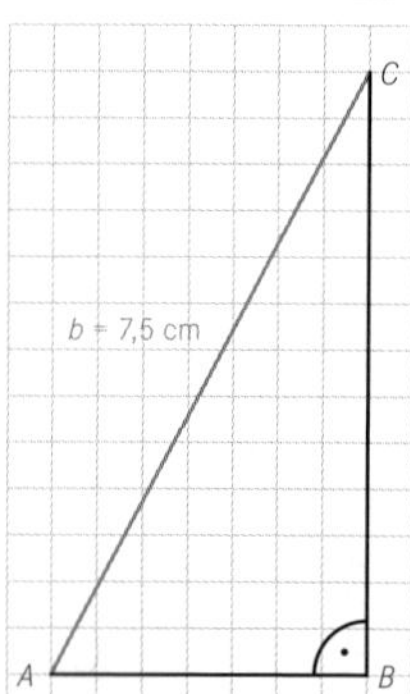

3. $b = \sqrt{87{,}8}$ cm
$\approx 9{,}36$ cm

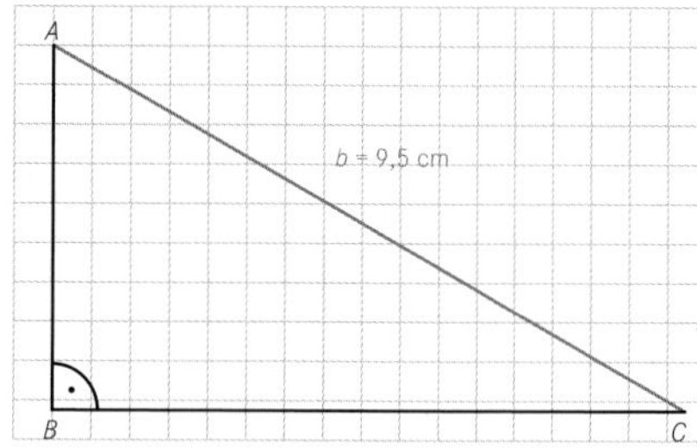

Übung 4 Seite 57

a) $U = 9{,}1 \cdot \pi$ cm
$A = 20{,}7025 \cdot \pi\,\text{cm}^2$

b) $r \approx 8{,}276...$ m
$U = 52$ m
$A = 215{,}17...\,\text{m}^2$

c) $r = 5{,}077...$ mm
$U = 31{,}899$ mm
$A = 81\,\text{mm}^2$

4.3 Anordnung reeller Zahlen

Übung 1 Seite 58

a) $2{,}\overline{23}$; $2{,}236$; $2{,}236\,06$; $2{,}24$; $2{,}\overline{33}$; $2{,}332\,33...$

b) $1{,}870$; $1{,}870\,828...$; $1{,}870\,870...$; $1{,}878\,778\,777$; $1{,}88$; $1{,}8\overline{8}$

c) $3{,}14$; $3{,}141\,59...$; $3{,}142\,85...$; $3{,}162\,2...$

Übung 2 Seite 58

a) $2{,}45 > \sqrt{6}$
b) $\sqrt{12} < 3{,}5$
c) $\sqrt{1{,}5} > 1{,}22$
d) $\sqrt{7} < \sqrt{8}$
e) $1{,}51 > \sqrt{2{,}25}$
f) $\sqrt{123} > 11$

Übung 3 Seite 58

	Natürliche Zahl	Ganze Zahl	Rationale Zahl	Irrationale Zahl	Reelle Zahl
-1	nein	ja	ja	nein	ja
$2{,}6$	nein	nein	ja	nein	ja
$\sqrt{3}$	nein	nein	nein	ja	ja
$0{,}222...$	nein	nein	ja	nein	ja
$-\sqrt{11}$	nein	nein	nein	ja	ja
$\frac{3}{19}$	nein	nein	ja	nein	ja
4	ja	ja	ja	nein	ja

Übung 4 Seite 58

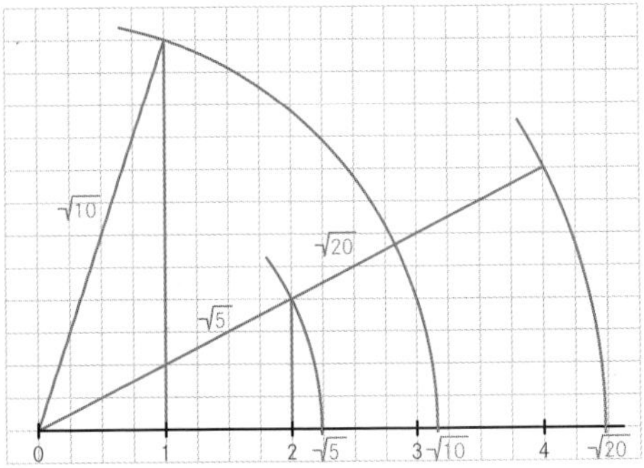

4.4 Rechnen mit Quadratwurzeln

Übung 1 Seite 59

a) $\sqrt{14}$ b) 6 c) 9
d) $\sqrt{35}$ e) 12 f) $3\sqrt{3}$

Übung 2 Seite 59

a) 2 b) $\sqrt{5}$ c) $\sqrt{5}$
d) $\sqrt{0{,}8}$ e) $\sqrt{\frac{39}{125}}$ f) $\sqrt{21}$

Übung 3 Seite 60

a) $5\sqrt{2}$ b) $5\sqrt{3}$ c) $2\sqrt{2}$
d) $10\sqrt{10}$ e) $4\sqrt{3}$ f) $4\sqrt{5}$

Übung 4 Seite 60

a) $3x$ b) $4y$ c) $2a\sqrt{2}$
d) $3x\sqrt{2}$ e) $a\sqrt{b}$ f) $x\sqrt{5y}$

Übung 5 Seite 61

a) $\frac{1}{3}\sqrt{3}$ b) $2\sqrt{2}$ c) $\frac{5}{7}\sqrt{7}$ d) $\sqrt{5}$
e) $-\frac{1}{2}(\sqrt{2}-2)$ f) $-\frac{5}{22}(\sqrt{3}+5)$
g) $\frac{\sqrt{7}}{5}(\sqrt{7}-\sqrt{2}) = \frac{7-\sqrt{14}}{5}$ h) $\frac{1}{11}(2\sqrt{3}-1)$

Übung 6 Seite 61

a) $7\sqrt{3}$ b) $7\sqrt{5}$ c) $-2\sqrt{11}$
d) $9\sqrt{2}$ e) $-\sqrt{5}+3\sqrt{3}$ f) $-2\sqrt{a}+2\sqrt{b}$

Übung 7 Seite 61

a) 18 b) 3 c) 45 d) 0

4.5 Terme und Gleichungen mit ...

Übung 1 Seite 62

a) $x = 256$ b) $a = \frac{1}{4}$ c) $x = 8$ d) $a = 66$
e) $x = 16$ f) { } g) $x = -\frac{23}{3}$

Übung 2 Seite 62

a) $x = 12$ b) $x = 3$ c) $x = 16$ d) $x = \frac{2}{3}$
e) $L = \{+0{,}4; -0{,}4\}$ f) $L = \left\{\frac{4}{3}; -\frac{4}{3}\right\}$
g) $L = \left\{2\sqrt{2}; -2\sqrt{2}\right\}$ h) $L = \left\{\frac{b}{a}; -\frac{b}{a}\right\}$

Übung 3 Seite 62

a) $A = 8\sqrt{8} + 12\sqrt{16} = 16\sqrt{2} + 48 = (\sqrt{2}+3)\cdot 16$
b) $x = 2\sqrt{7}$; $U = 6 + 2\sqrt{7}$; $A = 2$

Test

Übung 1 Seite 63

a) $3 < \sqrt{10} < 4$, denn $9 < 10 < 16$
$3{,}1 < \sqrt{10} < 3{,}2$, denn $9{,}61 < 10 < 10{,}24$
$3{,}16 < \sqrt{10} < 3{,}17$, denn $9{,}9856 < 10 < 10{,}0489$
$\underline{3{,}162} < \sqrt{10} < 3{,}163$,
denn $9{,}998\,244 < 10 < 10{,}004\,569$

b) $14 < \sqrt{200} < 15$,
denn $196 < 200 < 225$
$14{,}1 < \sqrt{200} < 14{,}2$,
denn $198{,}81 < 200 < 201{,}64$
$14{,}14 < \sqrt{200} < 14{,}15$,
denn $199{,}9396 < 200 < 200{,}2225$
$\underline{14{,}142} < \sqrt{200} < 14{,}143$,
denn $199{,}996\,164 < 200 < 200{,}024\,444\,9$

Übung 2 Seite 63

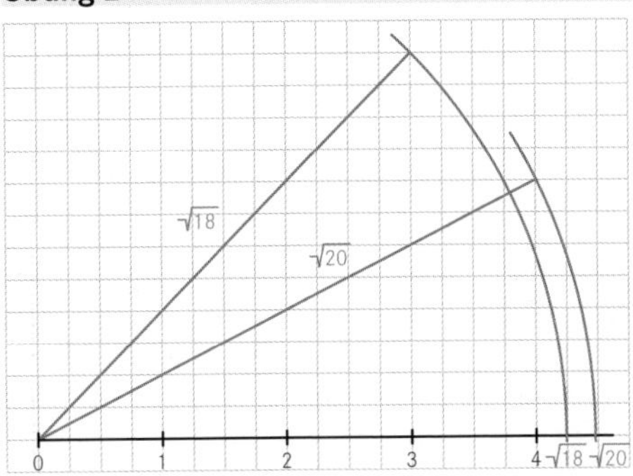

Übung 3 Seite 63

a) $\sqrt{2} + 6\sqrt{3}$ b) 80 c) 2,5

Übung 4 Seite 63

a) $0{,}4\sqrt{5}$ b) $\frac{3}{10} = 0{,}3$

Übung 5 Seite 63

a) $x = 16$; Probe: $\frac{\sqrt{16}}{2} = 2$, $\frac{4}{2} = 2$

b)
$$\begin{aligned} 4(x^2 - 16) &= 4x^2 + 64x + 256 \\ -64 &= 64x + 256 \\ 64x &= -320 \\ x &= -5 \end{aligned}$$
Probe: $2\sqrt{9} = 6$

5 Satzgruppe des Pythagoras

5.2 Satz des Pythagoras

Übung 1 Seite 66

Die in der Übung rot zu färbende Hypotenuse ist hier grau dargestellt. Die blau zu färbenden Katheten sind hier schwarz.

a) 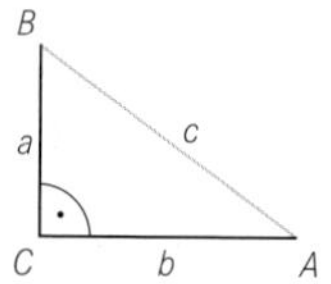

b) 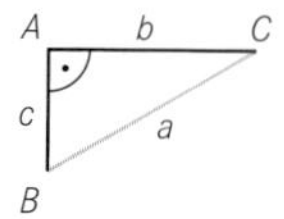

c) 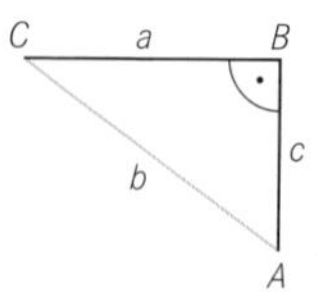

d) 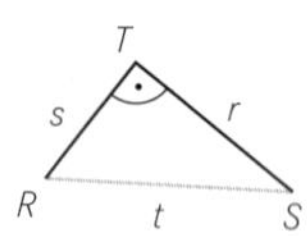

e) 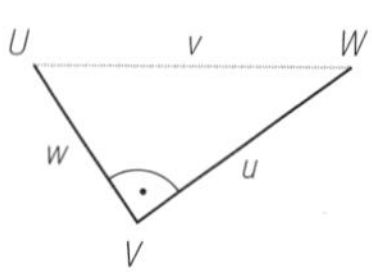

f) 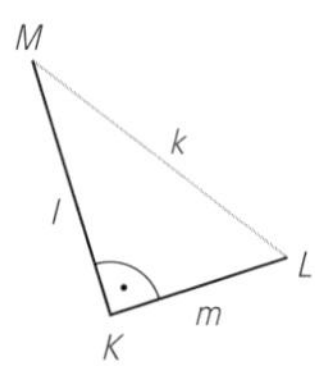

g) 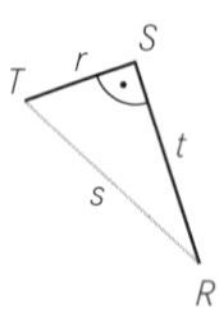

h) 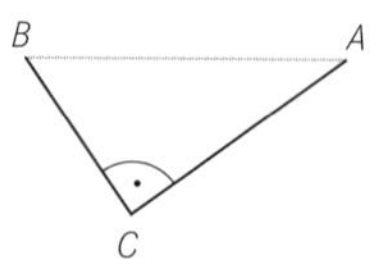

i) Hier sind sowohl die Markierungen für das große Dreieck *ABC* als auch für die Teildreiecke *ADC* und *DBC* dargestellt:

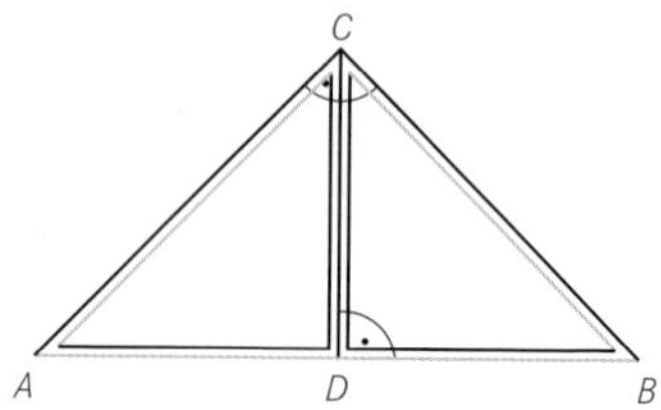

a) $a^2 + b^2 = c^2$ b) $c^2 + b^2 = a^2$
c) $a^2 + c^2 = b^2$ d) $s^2 + r^2 = t^2$
e) $w^2 + u^2 = v^2$ f) $m^2 + l^2 = k^2$
g) $r^2 + t^2 = s^2$ h) $\overline{AC}^2 + \overline{BC}^2 = \overline{AB}^2$
i) $\overline{AC}^2 + \overline{BC}^2 = \overline{AB}^2$; $\overline{AD}^2 + \overline{CD}^2 = \overline{AC}^2$; $\overline{CD}^2 + \overline{BD}^2 = \overline{BC}^2$

Übung 2 Seite 67

a) $c \approx 7{,}6$ cm b) $a \approx 5{,}59$ cm
c) $a \approx 15{,}62$ cm d) $c \approx 9{,}43$ cm
e) $c \approx 7{,}43$ cm

Übung 3 Seite 67

a) $b = 15$ cm b) $c \approx 11{,}62$ cm
c) $c = 15$ cm d) $b \approx 11{,}31$ cm
e) $a \approx 6{,}3$ cm

Übung 4 Seite 68

a) spitzwinklig b) rechtwinklig
c) rechtwinklig d) stumpfwinklig
e) stumpfwinklig f) spitzwinklig

5.3 Pythagoras in der Ebene

Übung 1 Seite 69

a) $d \approx 7{,}1$ cm b) $d \approx 11$ cm
c) $d \approx 2{,}8$ cm d) $d \approx 14{,}1$ cm

Übung 2 Seite 69

a) $d \approx 8{,}5\,\text{cm}$ b) $c \approx 7{,}2\,\text{cm}$
c) $b \approx 7{,}81\,\text{cm}$; $a = 11{,}66\,\text{cm}$
d) $d \approx 5\,\text{cm}$ (Zwischenschritt: Abschnitte auf der Grundseite berechnen: 3,3 cm und 0,7 cm)
e) $d \approx 3{,}2\,\text{cm}$ f) $a \approx 8{,}3\,\text{cm}$
g) $f \approx 6{,}82\,\text{cm}$ h) $b \approx 3{,}6\,\text{cm}$

Übung 3 Seite 69

a) $h \approx 2{,}52\,\text{m}$ b) $h \approx 3{,}57\,\text{m}$
c) $h \approx 3{,}05\,\text{m} + 1{,}47\,\text{m} = 4{,}52\,\text{m}$

Übung 4 Seite 69

a) $\sqrt{18{,}5^2 - 12^2} = h = 14{,}1$ (Höhe in cm);
$A = 14{,}1 \cdot 15 + (12 \cdot 14{,}1) : 2 = 296{,}1$ (Flächeninhalt in cm^2); $U = 74{,}6\,\text{cm}$
b) $A = (27 \cdot 6) : 2 + (21 \cdot 18) : 2 = 270$ (Flächeninhalt in m^2); $U = 72\,\text{m}$
c) $\sqrt{9^2 - 3^2} = x = 8{,}49$ (Länge in m);
$\sqrt{3^2 + 3^2} = y = 4{,}24$ (Länge in m);
$A = (3 \cdot 3) : 2 + (3 \cdot 8{,}49) : 2 + 8{,}49 \cdot 8{,}24$
$= 87{,}1926$ (Flächeninhalt in m^2); $U = 38{,}73\,\text{m}$

5.4 Pythagoras im Raum

Übung 1 Seite 70

a) $d \approx 25{,}98\,\text{cm}$ b) $d \approx 10{,}39\,\text{m}$
c) $d \approx 9{,}11\,\text{m}$ d) $d \approx 10{,}05\,\text{m}$

Übung 2 Seite 70

a) $h \approx \sqrt{8^2 - 3{,}25^2} \approx 7{,}31$ (Höhe in m)
b) $h_a = \sqrt{11^2 - 3{,}5^2} \approx 10{,}43$ (Höhe in m);
$h_k = \sqrt{10{,}43^2 - 3{,}5^2} = 9{,}83$ (Höhe in m)
$h \approx 9{,}83 + 7 = 16{,}83$ (Gesamthöhe in m)

5.5 Kathetensatz und Höhensatz

Übung 1 Seite 73

	a	b	c	h
a)	7,5 cm	9,5 cm	**12,1 cm**	**5,89 cm**
b)	**6,32 cm**	**18,97 cm**	**20 cm**	6 cm
c)	**1,99 cm**	3 cm	**3,6 cm**	**1,66 cm**
d)	**6,78 cm**	**7,35 cm**	**10 cm**	**4,98 cm**
e)	**18,89 cm**	**14,48 cm**	23,8 cm	**11,49 cm**

	p	q	A
a)	**4,65 cm**	**7,45 cm**	**35,63 cm²**
b)	2 cm	**18 cm**	**60 cm²**
c)	**1,1 cm**	2,5 cm	**2,99 cm²**
d)	4,6 cm	5,4 cm	**24,9 cm²**
e)	15 cm	**8,8 cm**	**136,73 cm²**

Übung 2 Seite 74

a) $x \approx 5{,}48\,\text{cm}$ b) $x \approx 4{,}06\,\text{cm}$
c) $x \approx 8{,}72\,\text{cm}$ d) $x = 12\,\text{cm}$

Übung 3 Seite 74

Lösungsverfahren wie im Beispiel zur Aufgabe. Zur Kontrolle die Seitenlängen der Quadrate:
a) ≈ 4,9 cm b) ≈ 3,7 cm c) ≈ 3,9 cm

Übung 4 Seite 75

Lösungsverfahren wie im Beispiel zur Aufgabe. Zur Kontrolle die Seitenlängen der Quadrate:
a) ≈ 4,9 cm b) ≈ 3,7 cm c) ≈ 3,9 cm

5.6 Anwendungen

Übung 1 Seite 75

$x = \sqrt{2^2 + 0{,}8^2} \approx 2{,}154$ (Diagonale der Tür in m); ja, die Platte passt durch die Tür.

Übung 2 Seite 75

$x = \sqrt{25^2 - 9^2} = 23{,}32$ (Reichweite der Drehleiter allein in m);
$h = 23{,}32\,\text{m} + 2{,}2\,\text{m} = 25{,}52\,\text{m}$

Übung 3 Seite 76

a) $24^2 = 2a^2 \longleftrightarrow \sqrt{24^2 : 2} = a \approx 16{,}97$ (Kantenlänge in cm)

b) $x = \sqrt{24^2 - 15^2} \approx 18{,}73$ (Kantenlänge in cm)

Übung 4 Seite 76

$5{,}70\,\text{m} : 2 = 2{,}85\,\text{m}$; $2{,}85\,\text{m} + \frac{10{,}5\,\text{cm}}{2} = 2{,}9025\,\text{m}$;

$x = \sqrt{2{,}9025^2 - 2{,}85^2} = 0{,}55$ (tiefste Stelle in m); an der tiefsten Stelle hängt das Seil 0,55 m herunter.

Übung 5 Seite 76

$x = \sqrt{4^2 + 6^2} \approx 7{,}21$ (Dachlänge in m);
7,21 m + 0,3 m = 7,51 m; die mittleren Dachsparren müssen 7,51 m lang sein.

Übung 6 Seite 76

6 370 km + 35 m = 6 370,035 km;
$x = \sqrt{6\,370{,}035^2 - 6\,370^2} \approx 21{,}1$ (Sichtweite in km)

Test

Übung 1 Seite 77

a) $r^2 + t^2 = s^2$
b) $c^2 + b^2 = a^2$; $m^2 + h^2 = b^2$; $n^2 + h^2 = c^2$

Übung 2 Seite 77

	a	b	c	h
a)	15 cm	31,62 cm	35 cm	13,55 cm
b)	11,08 cm	4,92 cm	12,13 cm	4,5 cm
c)	10,39 cm	6 cm	12 cm	5,2 cm
d)	7,2 cm	2,5 cm	7,62 cm	2,36 cm

	p	q	A
a)	6,43 cm	28,57 cm	237,15 cm^2
b)	10,13 cm	2 cm	27,28 cm^2
c)	9 cm	3 cm	31,2 cm^2
d)	6,8 cm	0,82 cm	9 cm^2

Übung 3 Seite 77

a) $d = \sqrt{9^2 + 9^2} = 12{,}73$ (Diagonale einer Würfelfläche in cm);
$e = \sqrt{12{,}73^2 + 9^2} = 15{,}59$ (Raumdiagonale des Würfels in cm)
b) $d = \sqrt{4^2 + 8^2} = 8{,}94$ (Diagonale der Grundfläche des Quaders in m);
$e = \sqrt{8{,}94^2 + 13^2} = 15{,}78$ (Raumdiagonale in m)

Übung 4 Seite 77

Lösung siehe Kapitel 5.5: Beispiel zu Aufgabe 3, Seite 74, und zu Aufgabe 4, Seite 75.

Übung 5 Seite 77

a) $h = \sqrt{25^2 - 3{,}5^2} = 24{,}75$ (Höhe in m)
b) $h = \sqrt{2{,}1^2 - 1{,}8^2} = 1{,}08$ (Höhe in m)

6 Prisma und Kreiszylinder

6.1 Grundbegriffe

Übung 1 Seite 79

(1) Würfel (auch korrekt: Prisma); (2) Prisma; (3) Prisma; (4) Kreiszylinder; (5) Prisma; (6) Quader (auch korrekt: Prisma); (7) Kreiszylinder

Übung 2 Seite 80

a)

Nr.	Ecken	Kanten	Begrenzungsflächen	Grundflächen	Seitenflächen
(1)	8	12	6	Quadrate	Quadrate
(2)	12	18	8	Sechsecke	Rechtecke
(3)	6	9	5	Dreiecke	Rechtecke
(5)	16	24	10	Achtecke	Rechtecke
(6)	8	12	6	Rechtecke	Rechtecke

b)

Nr.	Ecken	Kanten	Begrenzungsflächen	Grundflächen	Seitenfläche
(4)	0	2	3	Kreise	Rechteck
(7)	0	2	3	Kreise	Rechteck

c)
- Anzahl Ecken beim Prisma = 2 · Anzahl Ecken der Grundfläche
- Anzahl Kanten beim Prisma = 3 · Anzahl Ecken der Grundfläche
- Anzahl Begrenzungsflächen beim Prisma = Anzahl Ecken der Grundfläche + 2
- Ein Kreiszylinder hat immer 2 (gekrümmte) Kanten, 3 Begrenzungsflächen (eine davon gekrümmt) und keine Ecken.

Übung 3 Seite 80

a) Stimmt, denn bei jedem Würfel kann man sich zwei kongruente Grundflächen aussuchen und er hat immer rechteckige (sogar quadratische) Seitenflächen.
b) Falsch, Gegenbeispiel: Körper (3) aus Aufgabe 1.
c) Stimmt, Beispiel: Körper (1) aus Aufgabe 1.
d) Stimmt, denn bei jedem Quader kann man sich zwei kongruente Grundflächen aussuchen und er hat immer rechteckige Seitenflächen.
e) Falsch, Gegenbeispiel wie bei Aufgabe b.
f) Falsch, denn die Grundfläche jedes Prismas ist ein Vieleck, beim Kreiszylinder aber ein Kreis.
g) Stimmt, vgl. Aufgabe 2a.
h) Falsch, jeder Kreiszylinder hat 3 Begrenzungsflächen: 2 Kreisflächen und 1 Mantelfläche.
i) Stimmt, vgl. Formeln bei den Lösungen aus Aufgabe 2c.
j) Falsch, denn: Anzahl Begrenzungsflächen beim Prisma = Anzahl Ecken der Grundfläche + 2. Die Grundfläche hat mindestens 3 Ecken, also hat das Prisma mindestens 5 Begrenzungsflächen.
k) Falsch, Gegenbeispiel: Würfel haben nur gleiche Begrenzungsflächen.
l) Stimmt, denn die Grundfläche darf beliebig viele Ecken haben.

6.2 Netze und Abwicklungen

Übung 1 Seite 81

a) Körpernetze: (1), (3), (5), (6), (9)
Körperabwicklung: (2), (8), (10)
gehört zu keinem Körper: (4), (7)
b) (1) Würfel, Quader, Prisma; (2) Kreiszylinder; (3) Quader, Prisma; (5) Dreieckspyramide; (6) Prisma; (8) Kreispyramide; (9) Prisma; (10) Kreiszylinder

Übung 2 Seite 82

a) verschiedene Lösungen möglich, z. B.:

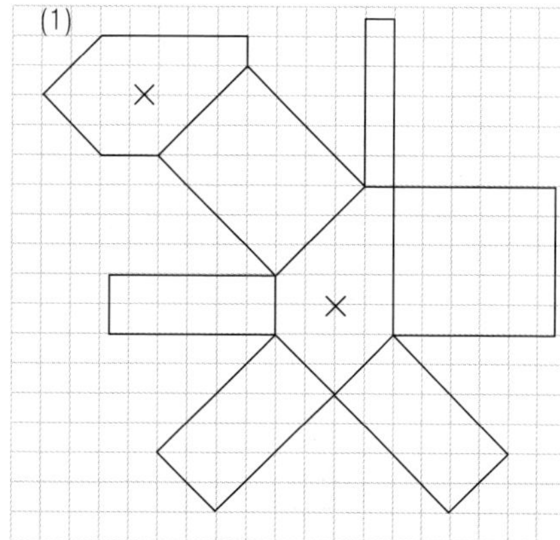

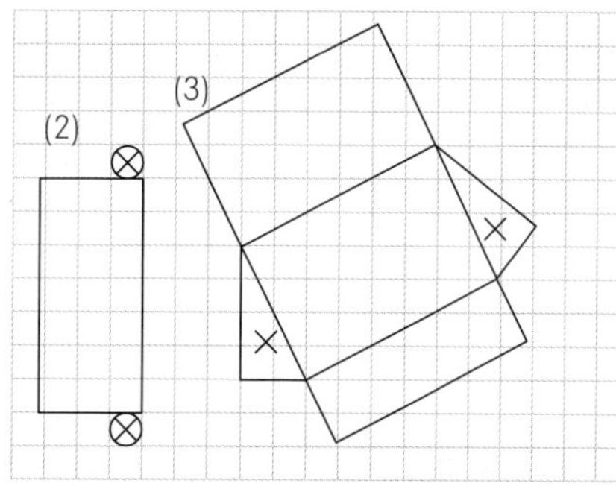

b) Oben sind die Grundflächen mit einem Kreuz (×) markiert.
c) verschiedene Lösungen möglich

6.3 Schrägbilder verstehen und zeichnen

Übung 1 Seite 84

a), b) Die parallel zur Bildebene verlaufenden Kanten sollten blau gefärbt werden. In diesem Schwarz-Weiß-Druck wurden stattdessen die blau zu färbenden Kanten fett gezeichnet. Siehe nächste Seite.

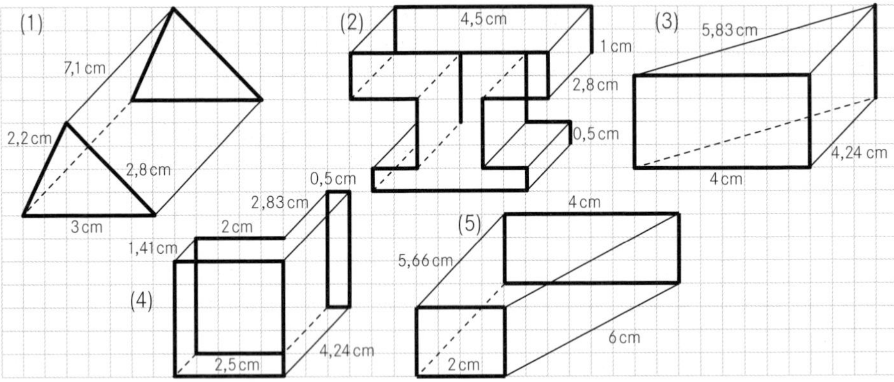

c) (1) Grundfläche: Dreieck, Umfang ≈ 8,1 cm, Flächeninhalt = 3 cm^2.
Höhe ≈ 7,1 cm.
Volumen ≈ $3 \cdot 7{,}1\ \text{cm}^3 = 21{,}3\ \text{cm}^3$,
Oberflächeninhalt ≈ $2 \cdot 3\ \text{cm}^2 + 8{,}1 \cdot 7{,}1\ \text{cm}^2 \approx 63{,}5\ \text{cm}^2$.
(2) Grundfläche: Zwölfeck, Umfang = 19 cm, Flächeninhalt = 8,5 cm^2.
Höhe ≈ 2,8 cm.
Volumen ≈ $8{,}5 \cdot 2{,}8\ \text{cm}^3 = 23{,}8\ \text{cm}^3$,
Oberflächeninhalt ≈ $2 \cdot 8{,}5\ \text{cm}^2 + 19 \cdot 2{,}8\ \text{cm}^2 = 70{,}2\ \text{cm}^2$.
(3) Grundfläche: rechtwinkliges Dreieck, Umfang ≈ 14,1 cm, Flächeninhalt ≈ 8,5 cm^2.
Höhe = 2 cm.
Volumen = $8{,}5 \cdot 2\ \text{cm}^3 = 17\ \text{cm}^3$,
Oberflächeninhalt ≈ $2 \cdot 8{,}5\ \text{cm}^2 + 14{,}1 \cdot 2\ \text{cm}^2 = 45{,}2\ \text{cm}^2$.
(4) Grundfläche: Sechseck, Seitenlängen: 2,5 cm, ca. 4,24 cm, 0,5 cm, ca. 2,83 cm, 2 cm und ca. 1,41 cm, Umfang ≈ 13,48 cm, Flächeninhalt ≈ 4,94 cm^2.
Höhe = 2,5 cm.
Volumen ≈ $4{,}94 \cdot 2{,}5\ \text{cm}^3 \approx 12{,}4\ \text{cm}^3$,
Oberflächeninhalt ≈ $2 \cdot 4{,}94\ \text{cm}^2 + 13{,}48 \cdot 2{,}5\ \text{cm}^2 \approx 43{,}6\ \text{cm}^2$.
(5) Grundfläche: Viereck, Seitenlängen: 2 cm, 6 cm, 4 cm und ca. 5,66 cm, Umfang ≈ 17,66 cm, Flächeninhalt = 16,98 cm^2.
Höhe = 1,5 cm.
Volumen ≈ $16{,}98 \cdot 1{,}5\ \text{cm}^3 \approx 25{,}5\ \text{cm}^3$,
Oberflächeninhalt ≈ $2 \cdot 16{,}98\ \text{cm}^2 + 17{,}66 \cdot 1{,}5\ \text{cm}^2 \approx 60{,}5\ \text{cm}^2$.

Übung 2 Seite 84

b, c)

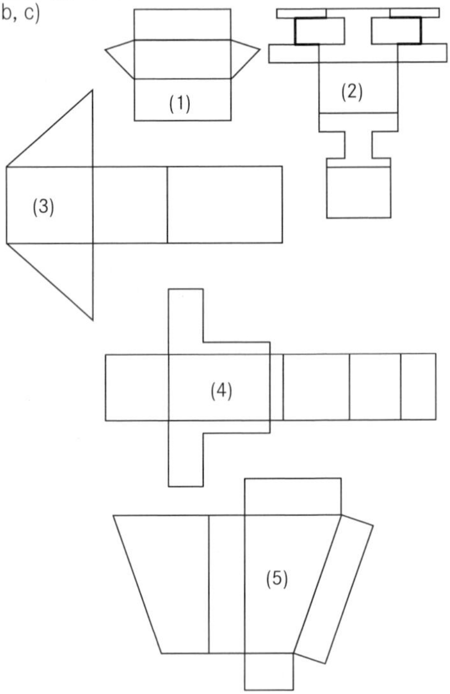

Übung 3 Seite 85

a) Die Lösung ist hier verkleinert dargestellt:

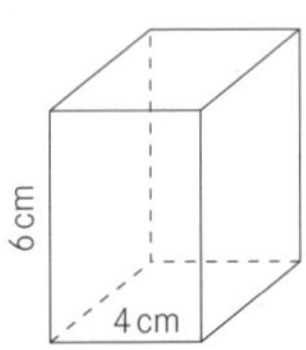

b) Es gibt zwei Möglichkeiten, die Lösungen sind hier verkleinert dargestellt:

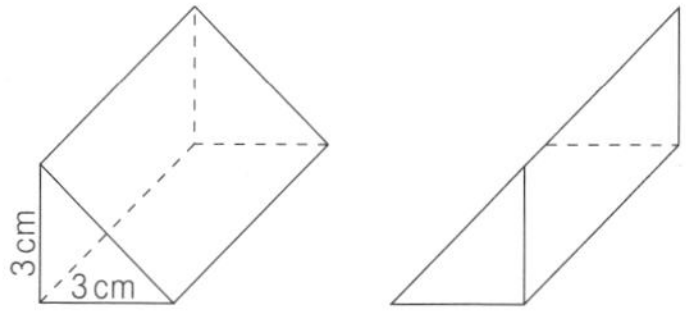

c) (1)

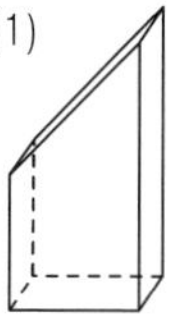

(2)

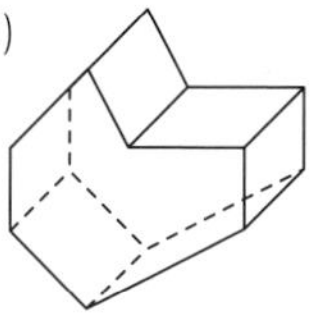

Übung 4 — Seite 85

a) Wenn die Prismen auf ihrer Grundfläche stehen, muss man die Grundfläche perspektivisch „in die Tiefe hinein“ zeichnen. Das ist aufwändiger, weil ihre Grundflächen auch Winkel haben können, die nicht rechtwinklig sind, vgl. das auf S. 83 beschriebene Verfahren. Die Seitenflächen aller Prismen sind Rechtecke – hier greift immer das einfache Verfahren mit Verzerrungswinkel 45° und Verkürzungsfaktor 0,5.

b), c) Da bei einem Quader auch die Grundfläche ein Rechteck ist, kann Igor sie ohne das aufwändigere Verfahren mit Verzerrungswinkel 45° und Verkürzungsfaktor 0,5 zeichnen.

d) So zeichnet Igor die Grundfläche: Zunächst zeichnet er nur die beiden Katheten (die Seiten, die im rechten Winkel zueinander stehen) mit dem Verzerrungswinkel von 45°. Die Hypotenuse kann er – ohne weitere Konstruktion – einfach als Verbindung der zwei Endpunkte einzeichnen.

Übung 5 — Seite 86

a) (1) Höhe; (2) Grundfläche; (3) Höhe

b) (1) Grundfläche: $r = 0{,}75\,\text{cm}$; $U \approx 4{,}71\,\text{cm}$;
Flächeninhalt $\approx 1{,}77\,\text{cm}^2$.
Höhe $= 2\,\text{cm}$.
Volumen $\approx 1{,}77 \cdot 2\,\text{cm}^3 = 3{,}54\,\text{cm}^3$,
Oberflächeninhalt $\approx 2 \cdot 1{,}77\,\text{cm}^2 + 2 \cdot 4{,}71\,\text{cm}^2 = 12{,}96\,\text{cm}^2$.

(2) Grundfläche: $r = 0{,}5\,\text{cm}$; $U \approx 3{,}14\,\text{cm}$;
Flächeninhalt $\approx 0{,}79\,\text{cm}^2$.
Höhe $\approx 4{,}24\,\text{cm}$.
Volumen $\approx 0{,}79 \cdot 4{,}24\,\text{cm}^3 \approx 3{,}35\,\text{cm}^3$,
Oberflächeninhalt $\approx 2 \cdot 0{,}79\,\text{cm}^2 + 4{,}24 \cdot 3{,}14\,\text{cm}^2 \approx 14{,}89\,\text{cm}^2$.

(3) Grundfläche: $r = 0{,}25\,\text{cm}$; $U \approx 1{,}57\,\text{cm}$;
Flächeninhalt $\approx 0{,}20\,\text{cm}^2$.
Höhe $\approx 2{,}5\,\text{cm}$.
Volumen $\approx 2{,}5 \cdot 0{,}2\,\text{cm}^3 = 0{,}5\,\text{cm}^3$,
Oberflächeninhalt $\approx 2 \cdot 0{,}2\,\text{cm}^2 + 2{,}5 \cdot 1{,}57\,\text{cm}^2 = 4{,}33\,\text{cm}^2$.

c) (1) (2) (3)

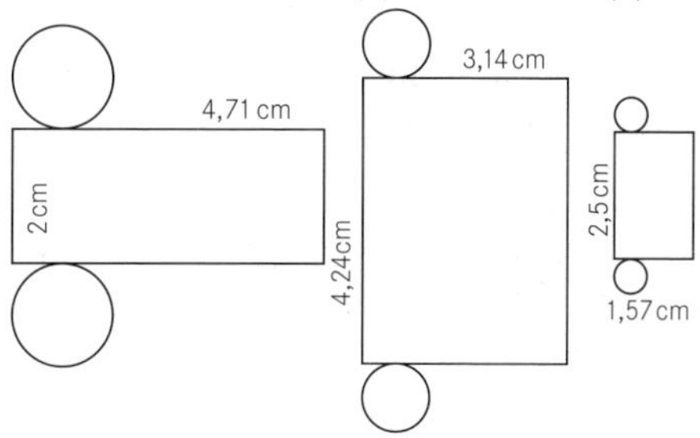

Übung 6 — Seite 86

1. Sie zeichnet die Grundfläche.
2. Sie zeichnet vom Mittelpunkt der Grundfläche abgehend die Höhe *h* des liegenden Kreiszylinders ein – mit dem Verzerrungswinkel 45° und dem Verkürzungsfaktor $\frac{1}{2}$.
3. Sie zeichnet mit dünner Linie die zweite Grundfläche ein und verbindet die Grundflächen miteinander.
4. Sie radiert die Hilfslinie weg und zeichnet die sichtbaren Kanten dick nach und die verdeckten gestrichelt.

Übung 7 — Seite 86

a)

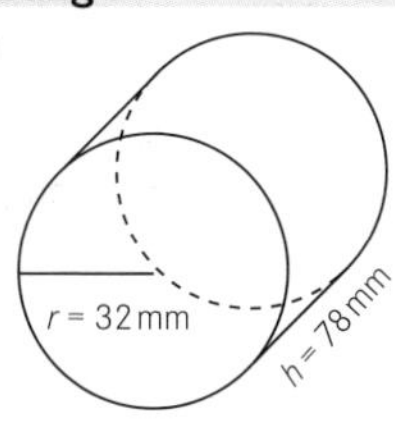

b)

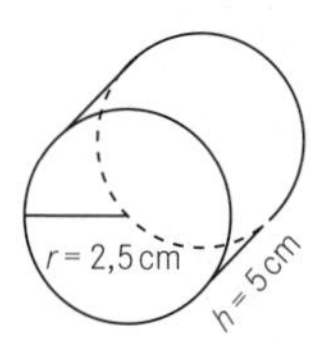

c)

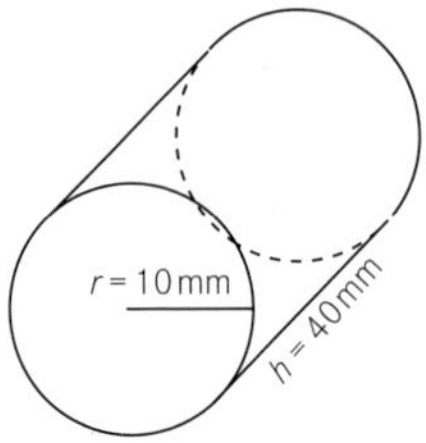

6.4 Oberflächeninhalt und Volumen

Übung 1 Seite 88

(1) Kantenlängen: 2,5 cm; 1 cm; 5 cm;
$O = 40\,\text{cm}^2$
$V = 12{,}5\,\text{cm}^2$

(2) $h = 2\,\text{cm}$; $d = 2\,\text{cm}$; $r = 1\,\text{cm}$;
$O = 2\pi r \cdot (r + h) \approx 18{,}85\,\text{cm}^2$
$V = \pi r^2 \cdot h \approx 6{,}28\,\text{cm}^2$

(3) $h = 9\,\text{mm}$; $d = 1\,\text{cm}$; $r = 5\,\text{mm}$;
$O \approx 439{,}82\,\text{mm}^2 \approx 4{,}40\,\text{cm}^2$
$V \approx 706{,}86\,\text{mm}^3$

Übung 2 Seite 88

a) $a = 3\,\text{cm}$; $G = 6\,\text{cm}^2$
$O = 2 \cdot 6\,\text{cm}^2 + 40\,\text{cm} \cdot 12\,\text{cm} = 492\,\text{cm}^2$
$V = 6\,\text{cm}^2 \cdot 40\,\text{cm} = 240\,\text{cm}^3$

b) $c \approx 3{,}16\,\text{dm}$; $G = 1{,}5\,\text{dm}^2$
$O \approx 2 \cdot 1{,}5\,\text{dm}^2 + 8\,\text{dm} \cdot 7{,}16\,\text{dm} = 60{,}28\,\text{dm}^2$
$V = 1{,}5\,\text{dm}^2 \cdot 8\,\text{dm} = 12\,\text{dm}^3$

c) $b = 12\,\text{cm}$; $G = 30\,\text{cm}^2$; $h = \frac{V}{G} = 400\,\text{m}$
$O = 2 \cdot 30\,\text{cm}^2 + 40\,000\,\text{cm} \cdot 30\,\text{cm}$
$= 1\,200\,060\,\text{cm}^2 = 120{,}006\,\text{m}^2$

d) $c \approx 4{,}04\,\text{cm}$; $G = 1{,}2\,\text{cm}^2$; $h = \frac{V}{G} = 4\,\text{cm}$
$O \approx 2 \cdot 1{,}2\,\text{cm}^2 + 4\,\text{cm} \cdot 8{,}64\,\text{cm} = 36{,}96\,\text{cm}^2$

e) Zuerst muss G berechnet werden. $G = \frac{V}{h} = 6\,\text{m}^2$.
Dann b: $\frac{1}{2} \cdot a \cdot b = G$, also: $b = 2\frac{G}{a} = 4\,\text{m}$
$c = 5\,\text{m}$
$O = 2 \cdot 6\,\text{m}^2 + 4\,\text{m} \cdot 12\,\text{m} = 60\,\text{m}^2$

Übung 3 Seite 89

a) Es gibt nur eine Möglichkeit: Ein Quader mit zwei Figuren (1) und vier Figuren (2).
Netz: Verschiedene Lösungsmöglichkeiten, hier ein verkleinertes Netz:

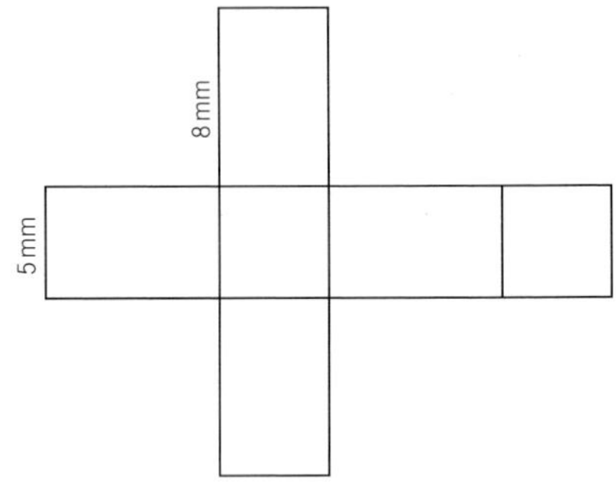

$O = 210\,\text{cm}^2$
$V = 8\,\text{cm} \cdot 25\,\text{cm}^2 = 200\,\text{cm}^3$

b) Stimmt nicht: Auch Figur (2) kann Grundfläche sein, denn beide Bedingungen wären erfüllt: 1.) Die beiden Grundflächen sind kongruent und parallel, 2.) die Seitenflächen sind rechteckig.

c) Es ist keine Lösung möglich: Man kann die beiden Figuren nicht zu einem Netz zusammenfügen, da sie keine gleichlangen Kanten haben.

Übung 4 Seite 89

a) 1. Vorüberlegung: Um das Volumen zu berechnen, kann man sich das links unten vorragende Stück in die Einbuchtung rechts oben verschieben. Dann kann man leicht so rechnen:
$V = 3a \cdot 2b \cdot c = 105\,\text{cm} \cdot 160\,\text{cm} \cdot 120\,\text{cm}$
$= 2\,016\,000\,\text{cm}^3 = 2{,}016\,\text{m}^3$

2. Vorüberlegungen: Dies ist ein Prisma mit der Höhe $e = 450\,\text{cm}$.
Die Grundfläche kann man z. B. so in drei Teile zerlegen:
$G = a \cdot d + 2 \cdot (b \cdot (c - d))$
$= 14\,\text{cm}^2 + 2 \cdot (1\,\text{cm} \cdot 4\,\text{cm}) = 22\,\text{cm}^2$
$V = G \cdot h = 22\,\text{cm}^2 \cdot 450\,\text{cm} = 9\,900\,\text{cm}^3$
$= 9{,}9\,\text{dm}^3$

3. $V_1 = (60\,\text{m})^2 \cdot 20\,\text{m} = 72\,000\,\text{m}^3$
$V_2 = (40\,\text{m})^2 \cdot 20\,\text{m} = 32\,000\,\text{m}^3$
$V_3 = (20\,\text{m})^2 \cdot 20\,\text{m} = 8\,000\,\text{m}^3$
$V_{Gesamt} = 112\,000\,\text{m}^3$

4. $V_{Prisma} = 10\,\text{m} \cdot 35\,\text{m} \cdot 7{,}5\,\text{m} = 2\,625\,\text{m}^3$
$V_{Zylinder} \approx 88\,\text{m} \cdot (\pi \cdot (1{,}5\,\text{m})^2) \approx 622\,\text{m}^3$
$V_{Gesamt} \approx 3\,247\,\text{m}^3$

b) 1. $V_1 = c \cdot \pi \cdot \left(\frac{b}{2}\right)^2 \approx 990\,cm^3$

$V_{Loch} = c \cdot \pi \cdot \left(\frac{a}{2}\right)^2 \approx 802\,cm^3$

$V_{Gesamt} = V_1 - V_{Loch} = 188\,cm^3$

2. $V_{Zylinder} = d \cdot \pi \cdot \left(\frac{a}{2}\right)^2 \approx 50\,dm^3$

$V_{Dreiecksprisma} = d \cdot \left(\frac{1}{2} \cdot b \cdot c\right) = 3\,dm^3$

$V_{Gesamt} = V_{Zylinder} - V_{Dreiecksprisma} \approx 47\,dm^3$

Test

Übung 1 Seite 90

a) Falsch. Gegenbeispiel: Ein Körper mit einem Drei- und einem Viereck als einzigen parallelen Begrenzungsflächen.
b) Falsch. Gegenbeispiel: Ein Prisma mit einem Dreieck als Grundfläche hat 5 Begrenzungsflächen.
c) Stimmt: Kreiszylinder haben zwei gekrümmte Kanten und keine Ecke.
d) Stimmt: Alle Kreiszylinder haben 3 Begrenzungsflächen, Prismen mindestens 5 (bei einem Dreieck als Grundfläche).
e) Falsch. Man kann einen Kreiszylinder beliebig vergrößern, dabei wird auch sein Oberflächeninhalt beliebig groß.
f) Stimmt, denn die beiden Voraussetzungen sind erfüllt: Erstens sind die Grundflächen parallel und kongruent, zweitens sind alle Seitenflächen rechteckig.
g) Stimmt. ...
h) Falsch, die Kreisflächen können bei einer Abwicklung an beliebigen Stellen der richtigen Kanten platziert werden.

Übung 2 Seite 90

a) A4; B1; C2; D6
b) Körper A4: Vorüberlegung: Grundfläche G = gleichseitiges Dreieck mit $h_G \approx 2{,}6\,cm$
Grundfläche $G = \frac{1}{2} \cdot 3\,dm \cdot 3\,dm = 4{,}5\,dm^2$
$O \approx 2 \cdot G + 9{,}7\,dm \cdot 9\,dm = 96{,}3\,dm^2$
$V = G \cdot h = 4{,}5\,dm^2 \cdot 9\,dm = 40{,}5\,dm^3$
Körper B1:
$O = 4 \cdot 3\,cm \cdot 6\,cm + 2 \cdot (3\,cm)^2 = 90\,cm^2$
$V = 3\,cm \cdot 3\,cm \cdot 6\,cm = 54\,cm^3$
Körper C2:
$O = 6 \cdot (15\,mm)^2 = 1\,350\,mm^2 = 13{,}5\,cm^2$
$V = (15\,mm)^3 = 3\,375\,mm^3 = 3{,}375\,cm^3$
Körper D6: Vorüberlegung:
Grundfläche $G = \pi \cdot (1{,}5\,m)^2 \approx 7{,}1\,m^2$
$O = 2 \cdot G + (\pi \cdot 3\,m) \cdot 18\,m \approx 184\,m^2$
$V \approx 7{,}1\,m^2 \cdot 18\,m = 127{,}8\,m^3$

Übung 3 Seite 91

a) (1), (5)
b) Die Schrägbilder sind verkleinert dargestellt; auch andere Ansichten sind möglich.

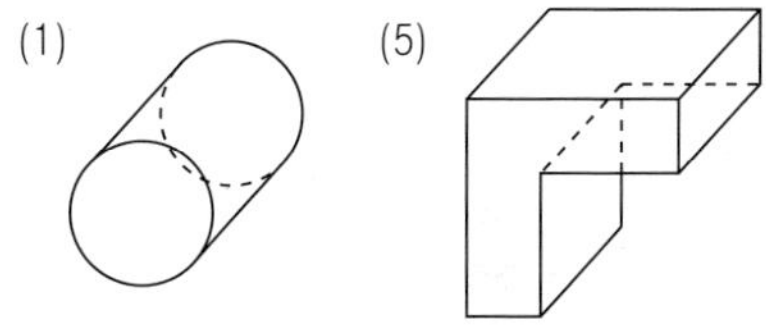

Übung 4 Seite 91

Netz und Abwicklungen sind verkleinert dargestellt; andere Netze und Abwicklungen sind möglich.

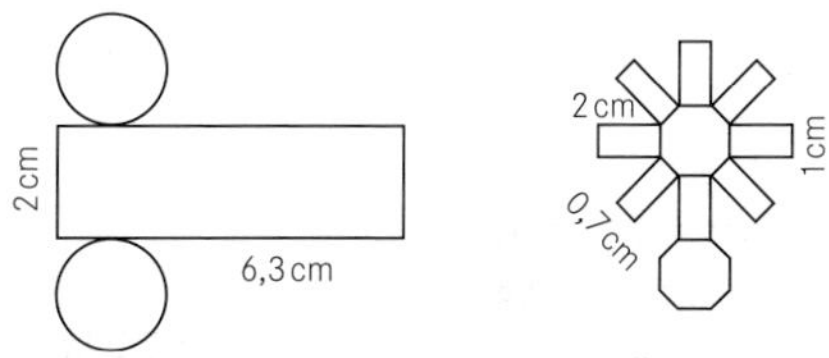

Übung 5 Seite 91

a) Vorüberlegung: Grundfläche = $15\,dm^2$
$O = 2 \cdot 15\,dm^2 + 1\,dm \cdot 23\,dm = 53\,dm^2$;
$V = 15\,dm^2 \cdot 1\,dm = 15\,dm^3$
b) Vorüberlegungen: Grundfläche kann nur ein Dreieck sein. Die drei Kanten, die der Höhe des Prismas entsprechen, müssen gleich lang sein, es müssen also die 9 m langen Kanten sein. Grundfläche ist ein rechtwinkliges Dreieck;
Grundfläche $\approx \frac{1}{2} \cdot 7{,}5\,m \cdot 10\,m = 37{,}5\,m^2$
$O = 2 \cdot 37{,}5\,m^2 + 30\,m \cdot 9\,m = 345\,m^2$
$V = 9\,m \cdot 37{,}5\,m^2 = 337{,}5\,m^3$
c) Vorüberlegung: Grundfläche $\approx 56{,}7\,cm^2$.
$O \approx 2 \cdot 56{,}7\,cm^2 + 70\,cm^2 = 183{,}4\,cm^2$
weitere Vorüberlegungen:
Umfang der Grundfläche $U_G \approx 26{,}7\,cm$;
Höhe $h = \frac{\text{Mantelflächeninhalt}}{U_G} \approx 2{,}6\,cm$.
$V \approx 2{,}6\,cm \cdot 56{,}7\,cm^2 \approx 147{,}4\,cm^3$

7.1 Zentrische Streckung

Übung 1 Seite 93

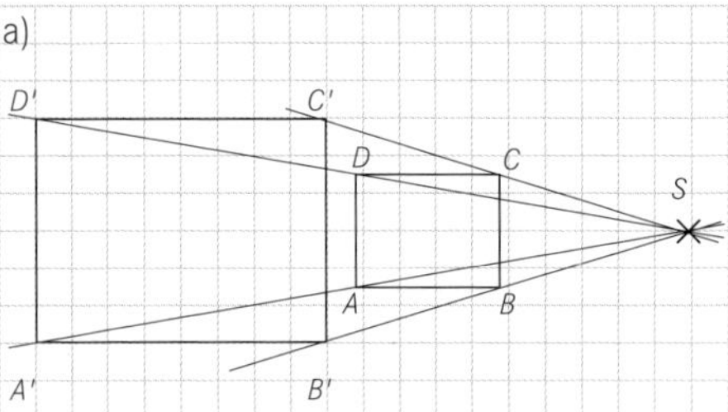

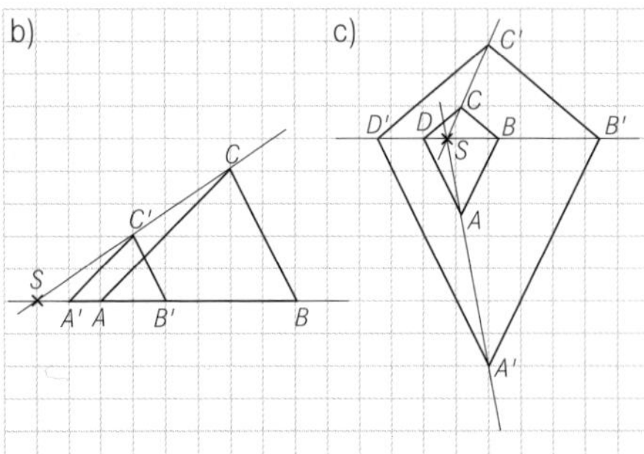

Übung 2 Seite 94

a) $A'(-2\,|\,-2)$; $B'(-6\,|\,-2)$; $C'(-6\,|\,-8)$; $D'(-2\,|\,-6)$

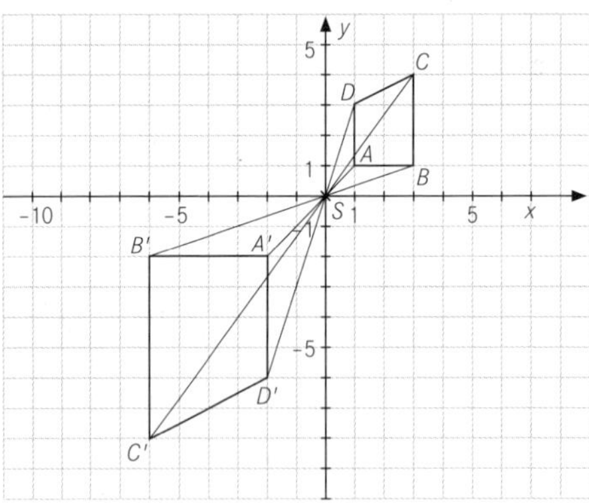

b) $A'(2\,|\,2)$; $B'(6\,|\,2)$; $C'(6\,|\,8)$; $D'(2\,|\,6)$

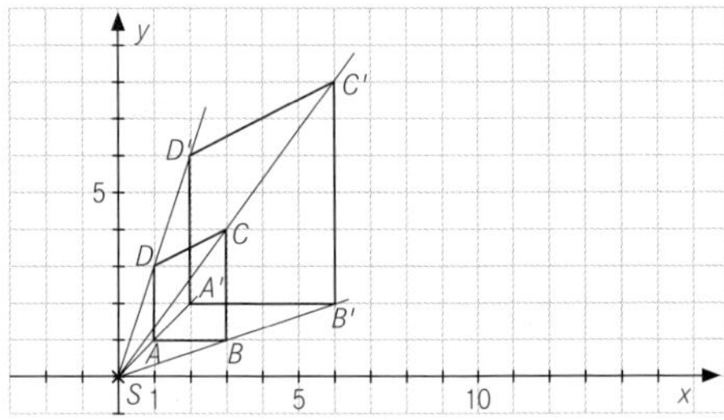

c) $A'(5\,|\,5)$; $B'(3\,|\,5)$; $C'(3\,|\,2)$; $D'(5\,|\,3)$

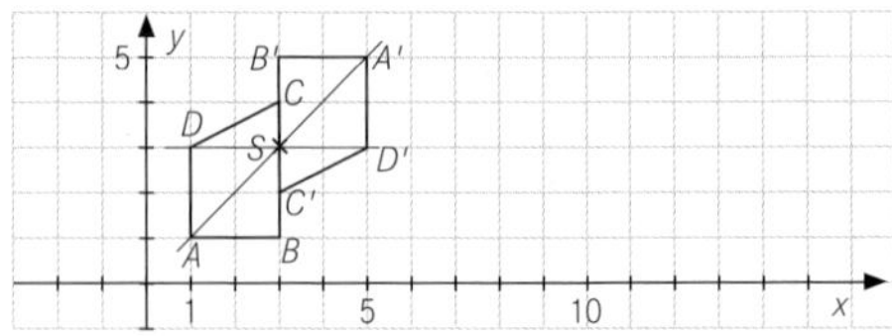

Übung 3 Seite 94

a) $A(-3\,|\,6)$; $B(-7\,|\,2)$; $C(1\,|\,-2)$

b) $A(5\,|\,-10)$; $B(9\,|\,-6)$; $C(1\,|\,-2)$

c) $A(5\,|\,20)$; $B(-3\,|\,12)$; $C(13\,|\,4)$

d) Gleich: Die Konstruktion ist gleich, einziger Unterschied: Will man – wie bei Aufgabe 2 – einen Bildpunkt finden, nimmt man das k-Fache des Abstandes Originalpunkt-Streckzentrum. Will man den Originalpunkt finden, nimmt man das $\frac{1}{k}$-Fache des Abstandes Bildpunkt-Streckzentrum.

Übung 4 Seite 94

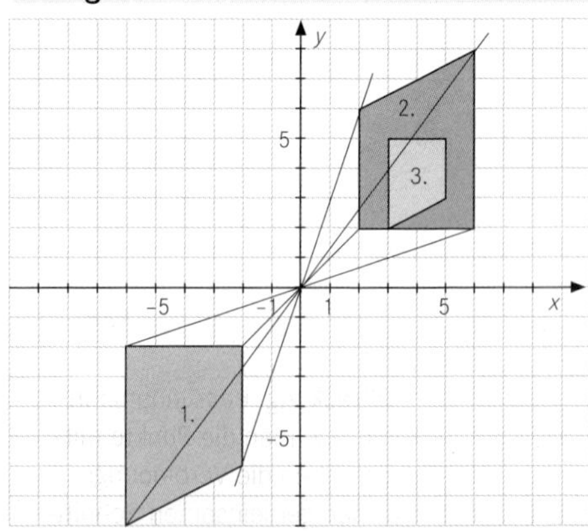

a) $S(0\,|\,0)$; $k = -1$ (vgl. obige Zeichnung)

b) 1. $\not\supset$ 3.: $S(12|12)$; $k = 0{,}5$
   2. $\not\supset$ 3.: $S(4|4)$; $k = -0{,}5$

c) Andrej hat Recht.
   Begründung: Bei einer zentrischen Streckung werden in der Figur die Winkel und die Verhältnisse der Seitenlängen nicht verändert. Deswegen kann man auch eine zentrische Streckung zwischen den zwei Bildfiguren konstruieren. (So wie du es bei Aufgabe a) und b) gemacht hast.) Für Fortgeschrittene die Ausnahme: Wenn die zu den verschiedenen zentrischen Streckungen gehörenden Bildfiguren gleich groß und gleich ausgerichtet sind (das passiert, wenn beide zentrische Streckungen denselben Streckfaktor haben), dann findet man kein passendes Streckzentrum.

Übung 5 Seite 95

a) $B(4|3)$, $C(4|4)$; $A'(7|5)$, $D'(7|-1)$, $E'(9|1)$
b) $B(2|-1)$; $A'(2|3{,}5)$, $C'(3{,}5|3{,}5)$
c) $k = -0{,}5$; $D(1|5)$; $B'(6{,}5|5)$, $C'(6|4)$
d) $B(5|1)$, $C(3|4)$; $A'(0|0)$
e) $S(8|-2)$; $B(6|0)$; $A'(-2{,}5|4)$, $D'(3{,}5|7)$
f) $S(3|-2)$; $k = 2$; $D'(1|6)$, $E'(-1|4)$

Übung 6 Seite 95

(A): zentrische Streckung (1) → (A) mit $S(8|15)$; $k = 2$
(B): keine zentrische Streckung
(C): zentrische Streckung (2) → (C); zwei Möglichkeiten: (a) mit $S(-3|5{,}5)$; $k = 2$; (b) mit $S\left(5|2\frac{1}{6}\right)$; $k = -2$
(D): zentrische Streckung (2) → (D); zwei Möglichkeiten: (a) mit $S(-11|8)$; $k = 1{,}5$; (b) mit $S(5{,}8|2)$; $k = -1{,}5$
(E): zentrische Streckung (1) → (E) mit $S(4|8)$; $k = -0{,}5$
(F): keine zentrische Streckung

Übung 7 Seite 96

a) $S(5|1)$, $k = 0{,}5$
b) Keine zentrische Streckung. Begründung: In Abhängigkeit davon, wie man die Punkte miteinander verbindet, haben die Verbindungslinien entweder keinen gemeinsamen Schnittpunkt oder das Verhältnis der Teilstrecken ist verschieden.
c) $S(0|0)$, $k = -2$
d) Keine zentrische Streckung. Begründung: Die Verbindungslinien haben keinen gemeinsamen Schnittpunkt.
e) $S(-3|0{,}5)$, $k = 2$
f) $S(-4|-4)$, $k = 1{,}25$

Übung 8 Seite 96

a) Nein (außer achsensymmetrische Figuren).
b) Ja. Jede zentrische Streckung mit $k = -1$ ist eine Punktspiegelung.
c) Nein.
d) Ja. Eine Drehung um 180° um den Punkt S ist dasselbe wie eine Punktspiegelung im Punkt S; also siehe b).
e) Nein (außer punktsymmetrische Figuren).
f) Ja. Jede zentrische Streckung vergrößert bzw. verkleinert maßstabsgerecht um den Faktor $|k|$.

Übung 9 Seite 96

maßstabsgerechte Vergrößerung: 1a), 1c), 2b), 5d), 5e), 5f), 6A; maßstabsgerechte Verkleinerung: 1b), 3a), 3c), 5b); Punktspiegelung: 2a), 2c), 3b), 5a), 5c), 6C, 6D, 6E; Drehung um 180°: siehe „Punktspiegelung"

Übung 10 Seite 97

a) Schau dir die Abbildung zur Aufgabe an. Die Ursprungsfigur wird verschoben zur Zielfigur, indem sie zweimal hintereinander zentrisch gestreckt wird.
b) 1. zentrische Streckung: $A \to A_1$ mit S_1 und $k_1 = -1$
   2. zentrische Streckung: $A_1 \to A_2$ mit S_2 und $k_2 = -1$
c) Es gibt unendlich viele Möglichkeiten. Es muss immer $k_1 \cdot k_2 = 1$ sein und das zweite Streckzentrum muss passend zum ersten gewählt werden.
   Für folgendes Beispiel ist der Ursprung $(0|0)$ beim linken unteren Punkt der blauen Figur gewählt: $S_1(0|0)$, $k_1 = 5$; $S_2(16{,}25|2{,}5)$, $k_2 = \frac{1}{5}$.

Übung 11 Seite 97

jeweils verschiedene Möglichkeiten

7.2 Flächeninhalte und Volumina ...

Übung 1 Seite 98

a) $k = \frac{1}{3}$

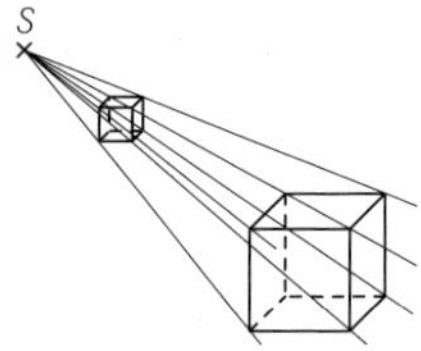

b) $k = 2$

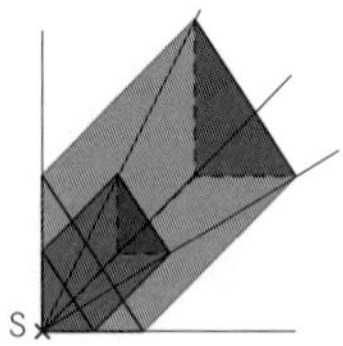

c) $k = -0{,}5$

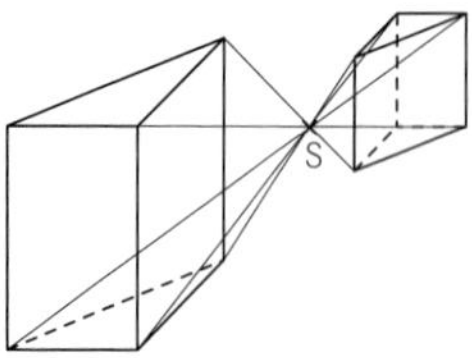

Übung 2 Seite 98

a) Originalwürfel: $O_O = 6 \cdot 2{,}25\,\text{cm}^2 = 13{,}5\,\text{cm}^2$
$V_O = 1{,}5\,\text{cm} \cdot 2{,}25\,\text{cm}^2 = 3{,}375\,\text{cm}^3$;
Bildwürfel: $O_B = k^2 \cdot O_O = 1{,}5\,\text{cm}^2$
$V_B = |k|^3 \cdot V_O = 0{,}125\,\text{cm}^3$

b) Bildprisma: $O_B \approx 2 \cdot \left(\frac{1}{2} \cdot 2\,\text{cm} \cdot 3\,\text{cm}\right)$
$+ (8{,}6\,\text{cm} \cdot 8{,}5\,\text{cm}) \approx 79{,}1\,\text{cm}^2$
$V_B = \left(\frac{1}{2} \cdot 2\,\text{cm} \cdot 3\,\text{cm}\right) \cdot 8{,}5\,\text{cm} = 25{,}5\,\text{cm}^3$;
Originalprisma: $O_O \approx \frac{1}{k^2} \cdot O_B \approx 19{,}78\,\text{cm}^2$
$V_O = \frac{1}{|k|^3} \cdot V_B \approx 3{,}19\,\text{cm}^3$

c) Originalprisma: Grundfläche G
$= \frac{1}{2} \cdot 1{,}5\,\text{cm} \cdot 2{,}8\,\text{cm} = 2{,}1\,\text{cm}^2$
Länge der Hypotenuse:
$\sqrt{(1{,}5\,\text{cm})^2 + (2{,}8\,\text{cm})^2} \approx 3{,}18\,\text{cm}^2$
Umfang der Grundfläche $U \approx 7{,}48\,\text{cm}$
$O_O = 2 \cdot G + h \cdot U \approx 22{,}9\,\text{cm}^2$
$V_O = G \cdot h \approx 5{,}25\,\text{cm}^3$;
Bildprisma: $O_B = k^2 \cdot O_O \approx 5{,}7\,\text{cm}^2$
$V_B = |k|^3 \cdot V_O \approx 0{,}66\,\text{cm}^3$

Übung 3 Seite 98

Flächeninhalt A_R; Streckungsfaktor k

A_R	4-fach	$\frac{1}{4}$-fach	9-fach	2-fach
k	2	$\frac{1}{2}$	3	$\sqrt{2} \approx 1{,}41$

Übung 4 Seite 98

a) Alle Längen – also auch alle Kantenlängen – werden k-fach abgebildet. Wenn z. B. bei einem Rechteck beide Seitenlängen um den Faktor k verändert werden, ändert sich der Flächeninhalt um k^2.

b) Wenn man die Argumente aus a) auf einen Quader anwendet, gelangt man zur Lösung.

c) Flächeninhalte und Volumina echter Figuren und Körper sind immer positiv. Deswegen ist es richtig, immer mit $|k^2|$ bzw. $|k^3|$ zu multiplizieren. Da k^2 immer positiv ist („Minus mal Minus = Plus"), ist das Betragnehmen bei k^2 nicht notwendig. Dagegen kann k^3 auch negativ sein. Deshalb muss hier der Betrag genommen werden.

7.3 Strahlensätze

Übung 1 Seite 100

a) $\overline{AD} \approx 2{,}35\,\text{cm}$
$\overline{DE} = 3{,}75\,\text{cm}$

b) $\overline{AB} \approx 12{,}4\,\text{cm}$
$\overline{BC} \approx 6{,}6\,\text{cm}$
$\overline{DE} = 3{,}2\,\text{cm}$

Übung 2 Seite 100

a) Dies ist keine Figur, bei der man den Strahlensatz anwenden kann, weil die Strecken $\overline{BE}$ und $\overline{CD}$ nicht parallel sind.

b) Es ist eine Streckenlänge zu wenig gegeben.

c) Die Strecken $\overline{BD}$ und $\overline{CE}$ gehören nicht zu einer Strahlensatzfigur.

Übung 3 Seite 100

	$\overline{AS}$	$\overline{AB}$	$\overline{SB}$	$\overline{SC}$
a)	5 cm	1 cm	**4 cm**	**15 cm**
b)	2 m	**1 m**	1 m	**6 m**
c)	**80 mm**	15 mm	65 mm	64 mm
d)	**140 cm**	80 cm	**60 cm**	175 cm
e)	25 mm	**18 mm**	**7 mm**	**37,5 mm**

	$\overline{CD}$	$\overline{DS}$	$\overline{AC}$	$\overline{BD}$
a)	**3 cm**	12 cm	12,5 cm	**10 cm**
b)	3 m	**3 m**	**5 m**	2,5 m
c)	**12 mm**	**52 mm**	**24 mm**	19,5 mm
d)	**100 cm**	**75 cm**	70 cm	30 cm
e)	27 mm	10,5 mm	50 mm	**14 mm**

Übung 4 Seite 100

Figuren sind verkleinert dargestellt.

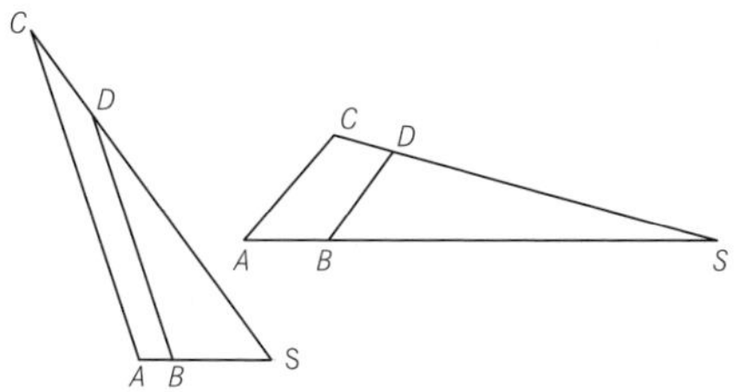

Übung 5 Seite 101

	$\overline{AS}$	$\overline{AB}$	$\overline{SB}$	$\overline{SC}$
a)	**6 cm**	**2 cm**	**4 cm**	7,5 cm
b)	**6 cm**	2,8 cm	**3,2 cm**	9 cm
c)	**78 mm**	**24 mm**	**54 mm**	**104 mm**

	$\overline{CD}$	$\overline{DS}$	$\overline{AC}$	$\overline{BD}$
a)	2,5 cm	**5 cm**	3 cm	2 cm
b)	4,2 cm	4,8 cm	**12 cm**	**6,4 cm**
c)	**32 mm**	**72 mm**	40 mm	27,69 mm

Übung 6 Seite 101

1. Strahlensatz: $\frac{\overline{SE}}{\overline{SG}} = \frac{\overline{SH}}{\overline{SF}}$ $\frac{\overline{SE}}{\overline{EG}} = \frac{\overline{SH}}{\overline{HF}}$

2. Strahlensatz: $\frac{\overline{EH}}{\overline{GF}} = \frac{\overline{SE}}{\overline{SG}}$ $\frac{\overline{SE}}{\overline{EG}} = \frac{\overline{SH}}{\overline{SF}}$

Übung 7 Seite 101

a) $\overline{AB}$ = 24 cm
$\overline{SC}$ = 4 cm

b) $\overline{ES}$ = 25 cm
$\overline{HS}$ = 89,6 cm

c) $\overline{AB}$ = 10 cm
$\overline{DE}$ = 15 cm
$\overline{EF}$ = 6 cm

d) $\overline{CD}$ = 42 cm
$\overline{CS}$ = 42 cm
$\overline{EF}$ = 48 cm
$\overline{FS}$ = 48 cm

Übung 8 Seite 102

a) $\frac{25{,}5}{20} \cdot 16{,}4 = 20{,}91$. Der Fluss ist 20,91 m breit.

b) x: Autobahnbreite; $\frac{c + x}{x} = \frac{a}{b}$;
Auflösen nach x. $x \approx 22{,}73$.
Die Autobahn ist 22,73 m breit.

c) Verschiedene Lösungen möglich, z. B.:
x: Flussbreite

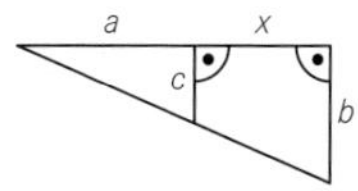

$x = \frac{a \cdot b}{c} - a$

d) Verschiedene Lösungen möglich, z. B.:
x: Spannweite

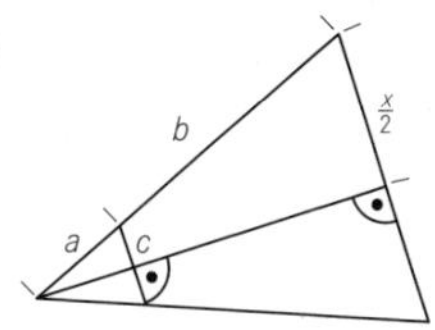

$x = 2 \cdot \frac{a + b}{a} \cdot c$

Übung 9 Seite 102

a) Man nutzt den 2. Strahlensatz:

$$\frac{\text{Höhe Turm}}{\text{Entfernung vom Turm}} = \frac{\text{gemessene Höhe in Armlängenentfernung}}{\text{Armlänge}},$$

umgeformt:

Höhe Turm =

$$\text{Entfernung vom Turm} \cdot \frac{\text{gemessene Höhe in Armlängenentfernung}}{\text{Armlänge}}$$

$$= 2000 \cdot \frac{2\frac{1}{3} \cdot 0{,}038}{0{,}51} \approx 347 \text{ (Höhe in m).}$$

Nach Timos Schätzung ist der Berliner Fernsehturm etwa 350 m hoch.
Ungenauigkeiten sind: Abstand vom Fernsehturm ist nicht exakt; perspektivische Verzerrung; grob gerundete Anzahl der Daumenlängen.
Anmerkung: Der Berliner Fernsehturm ist 368 m hoch.

b) Er hat recht, in der Nähe des hohen Turms verfälscht die perspektivische Verzerrung das Ergebnis sehr stark.

c) Sie kann wie Timo in Aufgabe a) den Turm anpeilen und mit dem 2. Strahlensatz die Entfernung vom Dom abschätzen. Es gilt:

$$\frac{\text{gemessene Höhe in Armlängenentfernung}}{\text{Armlänge}} = \frac{\text{Höhe Dom}}{\text{Entfernung vom Dom}},$$

umgeformt:

$$\text{Entfernung vom Dom} = \frac{\text{Höhe Dom} \cdot \text{Armlänge}}{\text{gemessene Höhe in Armlängenentfernung}}.$$

d) Nehmen wir an: Armlänge = 50 cm; Daumenbreite 1 cm.
Unbekannt ist, wie viele Daumenbreiten sie in Armlängenentfernung gemessen hat:
Anzahl Daumenbreiten = x
Nach den Ergebnissen aus Aufgabe c) wäre:
$4000\,\text{m} = \frac{157\,\text{m} \cdot 0{,}5\,\text{m}}{x \cdot 0{,}01\,\text{m}}$.
Umstellen ergibt:
$x \approx 1{,}96 \approx 2$.
Hannah hat also den Turm mit etwa 2 Daumenbreiten angepeilt.

e) vgl. vorige Skizzen zum Strahlensatz

f) 1,75 mm

g) Berechnet: Höhe des Flutlichtmastes ≈ 67 m
Anmerkung: Tatsächlich sind diese Bremer Flutlichtmasten 61 m hoch.

h) Berechnete Entfernung: ≈ 592 m.
Marie ist etwa 600 m vom Leuchtturm entfernt.

i) Höhe · Breite: 1,5 mm · 7,5 mm

Übung 10 Seite 103

a) parallel
b) parallel
c) *nicht* parallel
d) *nicht* parallel
e) *nicht* parallel
f) *nicht* parallel
g) *nicht* parallel
h) *nicht* parallel

7.4 Ähnliche Figuren – Anwendungen

Übung 1 Seite 105

a) Die Figuren sind ähnlich zueinander, Ähnlichkeitsfaktor ist 1 : 1.
b) Die Figuren sind ähnlich zueinander, Ähnlichkeitsfaktor ist 1 : 1,5.
c) Die Figuren sind ähnlich zueinander, Ähnlichkeitsfaktor ist 1 : 2.

Übung 2 Seite 105

a) Zu Aufgabe 1a): Drehung um 90° und zentrische Streckung mit $k = 1{,}5$. (Auch Verknüpfungen aus drei oder mehr Abbildungen sind möglich.)
Es gibt verschiedene Möglichkeiten, Reihenfolge, Drehpunkt und Streckzentrum passend zu kombinieren, z. B.:

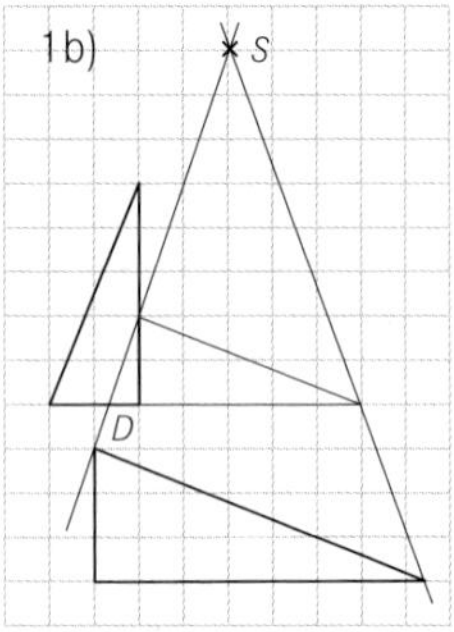

1. Drehung um 90° mit Drehpunkt D;
2. zentrische Streckung mit Streckzentrum S und $k = 1{,}5$

b) Zu Aufgabe 1c): Achsenspiegelung und zentrische Streckung mit $k = -0{,}5$ bzw. $k = 0{,}5$. (Auch Verknüpfungen aus drei oder mehr Abbildungen sind möglich.)
Es gibt verschiedene Möglichkeiten, Reihenfolge, Spiegelachse und Streckzentrum passend zu kombinieren, z. B.:
1. Achsenspiegelung an Spiegelachse A;
2. zentrische Streckung mit Streckzentrum S und $k = -0{,}5$

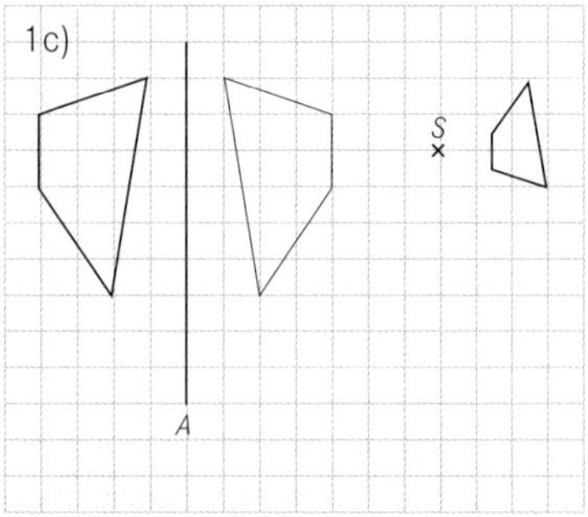

Übung 3 Seite 106

a) A ~ C ~ F; B ~ E; D ~ G ~ I
b) A → C: 2 : 1; C → F: 1 : 1; F → A: 1 : 2;
B → E: 1 : 1;
D → G: 1 : 1; G → I: 1 : 0,8; I → D: 1,2 : 1

c) C ≅ F; B ≅ E; D ≅ G

d) Es sind genau die Figuren zueinander kongruent, die zueinander den Ähnlichkeitsfaktor 1 haben.

Übung 4 Seite 106

a) ähnlich

b) nicht ähnlich (Begründung z. B.: Foto ist 2D; Baum ist 3D)

c) ähnlich

d) nicht ähnlich (verschiedene Form)

e) nicht ähnlich (Begründung z. B.: Foto ist 2D; Wirklichkeit ist 3D)

f) nicht ähnlich (verschiedene Form)

g) kongruent (gleiche Form und gleiche Größe)

h) ähnlich (alle Kreise haben dieselbe Form)

i) ähnlich (unterscheiden sich nur in der Größe)

Übung 5 Seite 107

a) kongruent zueinander;
Beweis: Spiegelung an der y-Achse

b) nicht ähnlich (damit auch nicht kongruent);
Figuren unterscheiden sich in den Winkeln

c) ähnlich zueinander;
Beweis (z. B.): zentrische Streckung mit $S(0|0)$ und $k = -2$

Übung 6 Seite 107

a) Verhältnis der Seitenlängen:

beim Originalbild: $\frac{2592}{1728} = \frac{3}{2} = 1{,}5$

Bildformat 9 × 13: $\frac{13}{9} = 1{,}\overline{4}$

Bildformat 10 × 15: $\frac{15}{10} = \frac{3}{2} = 1{,}5$

Bildformat 13 × 18: $\frac{18}{13} \approx 1{,}38$

Bildformat 42 × 59: $\frac{59}{42} \approx 1{,}40$

Ähnlich zum Format des Originalbildes ist nur das Format 10 × 15.

b) Wenn sie ein anderes Format für die Abzüge wählt, wird nicht das ganze Originalbild abgedruckt oder es bleibt ein Rand oder das Bild wird verzerrt dargestellt.

c) Verhältnis der Seitenlängen:

$-\frac{2592}{1944} = \frac{4}{3} = 1{,}\overline{3}$

$-\frac{2592}{1851} \approx 1{,}40$

Nach den Berechnungen aus a) ist für die Formate 13 × 18 und das Poster die Einstellung 2 592 × 1 851 am besten geeignet. Für das Format 9 × 13 sind die Einstellungen 1 728 und 2 592 × 1 851 etwa gleich gut geeignet.

Übung 7 Seite 107

a) Die Höhe des Eiffelturms und des Modells sind wichtig, um den Streckfaktor zu bestimmen. Die Entfernung ist wichtig, um das Streckzentrum zu bestimmen.

b) Nur wenn das Modell ebenso ausgerichtet wird wie der echte Eiffelturm, kann es eine zentrische Streckung werden.

c) $k = \frac{300\,\text{m}}{0{,}20\,\text{m}} = 1\,500$

d) Das Streckzentrum liegt auf Bodenhöhe ca. 500 m vom Modell des Eiffelturms entfernt, genau in der zu Paris entgegengesetzten Richtung.

e) $k = -1\,500$
Das Streckzentrum liegt wieder ca. 500 m vom Modell des Eiffelturms entfernt, jetzt aber genau in Richtung Paris und knapp 20 cm über Bodenhöhe.

Test

Übun[redacted] Seite 108

a) A[redacted]$5|3)$; $C'(1{,}5|1)$; $D'(2|2{,}5)$

b) $k = -$[redacted]

c) $A(2|-4)$; [redacted]$(3|1)$

Übung 2 Seite 108

a) Das Streckzentrum ist an der vorderen, unteren rechten Ecke der Würfel.
Kantenlänge: Originalwert = 1 m; Bildwert = $\frac{1}{3}$ m;
Oberflächeninhalt: Originalwert = 6 m²; Bildwert = $\frac{2}{3}\,\text{m}^2$;
Volumen: Originalwert = 1 m³; Bildwert = $\frac{1}{27}\,\text{m}^3$

b) $k = 4$;
Oberflächeninhalt Bildprisma = 1 360 cm²

Übung 3 Seite 108

	a	b	c	d	e	f	g	h	i
a)	8	4	9	12	6	13,5	7	$2\frac{1}{3}$	5,25
b)	35	40	3	21	24	1,8	35	$18\frac{2}{3}$	1,4

Übung 4 Seite 109

a) $\frac{6 \cdot 0{,}012\,\text{m}}{0{,}55\,\text{m}} \cdot 200\,\text{m} \approx 26{,}2\,\text{m}$

Der Turm ist etwa 26 m hoch.

b) Vorsicht bei den Angaben Radius und Durchmesser!

$\frac{2 \cdot 85\,\text{cm}}{2{,}5 \cdot 1{,}2\,\text{cm}} \cdot 55\,\text{cm} \approx 31{,}17\,\text{m}.$

Die Zielscheibe ist ungefähr 31 m entfernt.

Übung 5 Seite 109

A ~ O (Ähnlichkeitsfaktor 2 : 1)
B ≅ O (Ähnlichkeitsfaktor 1 : 1)
E ≅ O (Ähnlichkeitsfaktor 1 : 1)

Bibliographisches Institut GmbH, Mecklenburgische Straße 53, 14197 Berlin
ISBN 978-3-411-87085-1